·21世纪高等院校创新教材·

普通高等教育“十一五”规划教材

现代机械工程图学题典

黄 丽 朱希夫 主编

U0313576

科学出版社

北京

内 容 简 介

本题典与《现代机械工程图学教程》配套使用，编排顺序与教材体系保持一致，使学与练相促进。在习题选编上，除画法几何部分建立和巩固空间的想像能力外，同时还加强了对基本形体、基本组合体空间想像力方面的训练，充分提高和培养读者的分析与空间想像能力，在此基础上通过对机件的表达方法、零件图和装配图的练习进一步提高制图能力。

本题典适用于普通高等学校机械工程类各专业的“工程图学(工程制图)”课程的练习，也可作为高职高专、独立学院、网络学院、成人教育学院等同类专业相应课程的练习。

图书在版编目（CIP）数据

现代机械工程图学题典/黄丽，朱希夫主编. －北京：科学出版社，2007

21 世纪高等院校创新教材. 普通高等教育“十一五”规划教材

ISBN 978-7-03-020338-0

Ⅰ.现… Ⅱ.①黄…②朱… Ⅲ.机械制图－高等学校－习题 Ⅳ.TH126-44

中国版本图书馆 CIP 数据核字（2007）第 150478 号

责任编辑：王雨舸／责任校对：梅 莹／责任印制：董艳辉／封面设计：宝 典

科学出版社 出版

北京东黄城根北街 16 号

邮政编码：100717

http://www.sciencep.com

武汉科利德印务有限公司印刷

科学出版社发行 各地新华书店经销

*

2007 年 9 月第 一 版　开本：787×1092 1/16

2008 年 6 月第二次印刷　印张：11 3/4

印数：5 001—10 000　字数：140 000

定价：19.00 元

（如有印装质量问题，我社负责调换）

《现代机械工程图学题典》编委会

主　编　黄　丽　朱希夫

副主编　王　琳　王慧源

编　委（以姓氏笔画为序）

万　勇　王　琳　王成刚　王洪成　王慧源

匡　珑　朱希夫　朱建霞　刘雪红　祁型虹

杨红涛　陈　全　余晓琴　张仪哲　范　林

郑　芳　赵奇平　胡　敏　姚　勇　黄　丽

游险峰

前　言

“工程图学”是工科类各专业及其他相关专业的基础课之一，而对于机械工程类各专业来说，与其他工科类专业相比，“工程图学”的内容更多、要求更高、学时也更多，为了与一般工科类专业开设的“工程图学”有所区别，机械工程类各专业开设的“工程图学”课可称为“机械工程图学”。

机械工程类专业虽然属于传统的老专业，但由于课程体系的不断完善，毕业生的就业面广、社会需求量大，而且随着世界上发达国家的装备制造业向我国的转移，今后对机械工程类人才的需求会越来越大。长期以来，在一般的理工科大学和综合性大学中，不仅都设有一个或多个机械工程类专业，而且招生的人数也较多。因此，在机械工程类专业的课程体系中，必须充分发挥“机械工程图学”课程的作用，为培养经济和社会发展需要的机械工程专业人才服务。

计算机科学与技术的不断进步对传统的“工程图学”教育产生了极其深刻的影响，计算机绘图的出现和不断完善，就是计算机技术与“工程图学”相结合的丰硕成果。计算机绘图是应用计算机软件（系统软件、基础软件、绘图应用软件）和硬件（主机、图形输入及输出设备）处理图形信息，从而实现图形的生成、显示及输出的计算机应用技术。计算机绘图与手工绘图相比，具有绘图精度高、速度快，修改、复制方便，易于保存和管理，可促进产品设计的标准化、系列化等许多优点，因此发展迅速，应用也越来越广。近年来，随着计算机绘图软件功能的不断增强，计算机绘图已经不仅仅只是绘制机械图样的重要手段，而且已经成为计算机辅助设计和计算机辅助制造的重要组成部分。

目前，计算机绘图在制造企业和设计部门已经得到了广泛的应用，不仅大型企业和设计、研究机构已基本实现了计算机辅助设计，而且即使是中小型企业，计算机绘图也非常普及，因此，计算机绘图已成为机械工程类各专业的工程技术人员必须掌握的基本技能之一。机械类专业的毕业生，如果不能掌握计算机绘图的基础知识和基本技能，不仅影响相关的课程设计和毕业设计的质量，在就业时就更缺乏竞争力，难以找到理想的工作。因此，必须对机械类专业的学生进行计算机绘图的教学和训练，而且这一任务应当由“机械工程图学”课程来承担。

要想在“机械工程图学”课程中对学生进行计算机绘图的教学和训练，必须要有相应的教材。近年来出版的工程图学类教材中，虽然已有不少编入了计算机绘图基础方面的内容，从最初的使用 Basic 语言、C 语言等高级语言编程绘图，到最近的使用绘图软件（主要是 AutoCAD）绘图，都有所介绍，但还没有成为教材的主要内容之一。这一方面是由于没有对传统“画法几何与机械制图”的体系、内容进行较大的改革，没有足够的学时进行计算机绘图方面的教学；另一方面也由于当时大部分企业的计算机绘图还不是很普及，社会对机械类专业人才还没有提出计算机绘图的强烈需求，加上许多高等学校也不具备全面进行计算机绘图教育的硬件条件，因此，在“机械工程图学”课程中没有对学生进行系统的计算机绘图教育和训练，致使部分学生到毕业时也没有掌握计算机绘图的基础知识和基本技能。

近年来，通过教育部“本科教学工作水平评估”的促进和推动，以及各级教育主管部门的重视和高校自身的努力，大部分高等学校的教学条件已有了很大的改善，具备了全面进行计算机绘图教学的硬件基础。另一方面，随着计算机教育的普及，学生都掌握了一定的计算机知识和操作技能，具备了学习计算机绘图的条件，而工程图学的教师也已经熟练地掌握了计算机绘图的知识和技能，可以承担计算机绘图的教学任务。因此，在“机械工程图学”课程中对学生进行系统的计算机绘图教育和训练，现在正当其时。

本套教程正是在调查分析当前社会的需求、高校的教学设备状况、学生和教师状况的基础上，为适应社会对机械工程类专业人才培养的需求而编写的。在编写的指导思想上，以加强培养学生的综合素质和创新能力为出发点，以提高学生的读图能力和绘图技能为主要目标，处理好基础理论知识与工程实践应用、学习知识与培养能力的关系，使教学内容、教学方法与教学手段相协调，力求在不增加学生负担的前提下，充分利用教学资源，调动学生学习的积极性和主动性，在教材体系和内容的编排上，力求简明适用，精讲多练。

本套教程的主要特色是：

（1）突出了计算机绘图软件的教学和训练，计划画法几何、机械制图和计算机绘图的教学时数各占三分之一左右。使学生了解计算机绘图的有关知识，初步掌握计算机绘图的技能，能利用AutoCAD绘制一般的机械工程图样，并能利用参数化实体建模软件SolidWorks进行简单机械零件的三维建模。处理好绘仪器图、草图训练与计算机绘图的关系，既要加强计算机绘图的教学与训练，同时也不能忽视传统手工绘图的要求与规范，正如在日常生活中人们虽然经常使用计算器，但在学校里仍然不能忽视对学生进行笔算、心算的训练一样。本套教程之所以在“机械工程图学”前面冠以“现代”二字，就是因为突出了计算机绘图的缘故。

（2）为了达到既加强计算机绘图的讲解与训练、又不增加总学时数的目的，编者对所在高校机械类专业的毕业生就本课程内容的实用性进行过问卷调查，并结合自身长期从事教学和机械设计的经验，对于画法几何方面的内容，进行了适当的删繁就简处理。本套教程没有刻意追求内容的理论性、系统性，而是兼顾空间思维能力的培养和实用、够用的原则，简化了空间几何元素的定位和度量问题，删去了投影变换部分旋转法的内容，对于轴测图的内容，考虑到在计算机绘图部分已介绍了三维造型，也进行了适当的简化。

此外，本套教程将基本立体的截交、相贯作为形成组合体的方式，放在组合体部分进行介绍；在教程中还采用了最新的国家标准。

本套教程适用于普通高等学校机械工程类各专业的“工程图学”（或“工程制图”）课，也可作为独立学院、网络学院、成人教育学院等同类专业的教材，还可供有关的科研和工程技术人员参考、查阅。

主教程是在武汉理工大学王成刚、张佑林、赵奇平主编的《工程图学简明教程》（第二版）和王琳、朱建霞、黄丽主编的《工程制图》（第二版）的基础上，按照高等学校工科制图课程教学指导委员会制订的《工程制图教学基本要求》，吸收了多种同类教材的长处，并结合武汉理工大学工程图学部全体教师多年教学实践的经验编写而成，由张佑林、王琳主编，王成刚、赵奇平、黄丽任副主编。与主教程配套使用的题典由黄丽、朱希夫主编，王琳、王慧源任副主编。武汉理工大学工程图学部的全体教师也参与了讨论和部分编写工作，并提出了一些宝贵的意见和建议。

虽然编者有心致力于机械类工程图学教学改革方面的尝试，期望能为此做一些有益的工作，在本套教程的编写过程中，力图做到体系合理、内容适用、文辞通顺、图表简明，以便于教学，但限于时间、水平和经验，教程中的错漏不足之处，恳请使用本套教程的教师和读者不吝指正，共同为机械类工程图学的教学改革添砖加瓦。

编　者

2007 年 8 月

目　录

练习1　机械制图的基本知识

练习1-1　机械制图的基本知识

1. 字体练习。

销 键 孔 槽 齿 轮 千 斤 顶 机 油 泵 管 钳 旋 塞 虎 钳 技 术 要 求

制 图 校 对 审 核 比 例 重 量 件 数 材 料 专 业 班 级 学 制 图 校 对 审 核 比 例 重 量 件 数

班级　　姓名　　学号

2. 字体练习。

1 2 3 4 5 6 7 8 9 0 ∅*RABCDEFGHIJKL* Ⅰ Ⅱ Ⅲ Ⅳ Ⅴ Ⅵ Ⅶ Ⅷ Ⅸ Ⅹ

MNOPQRSTUVWXYZ *abcdefghijklmnopqrstuvwxyz*

班级　　姓名　　学号

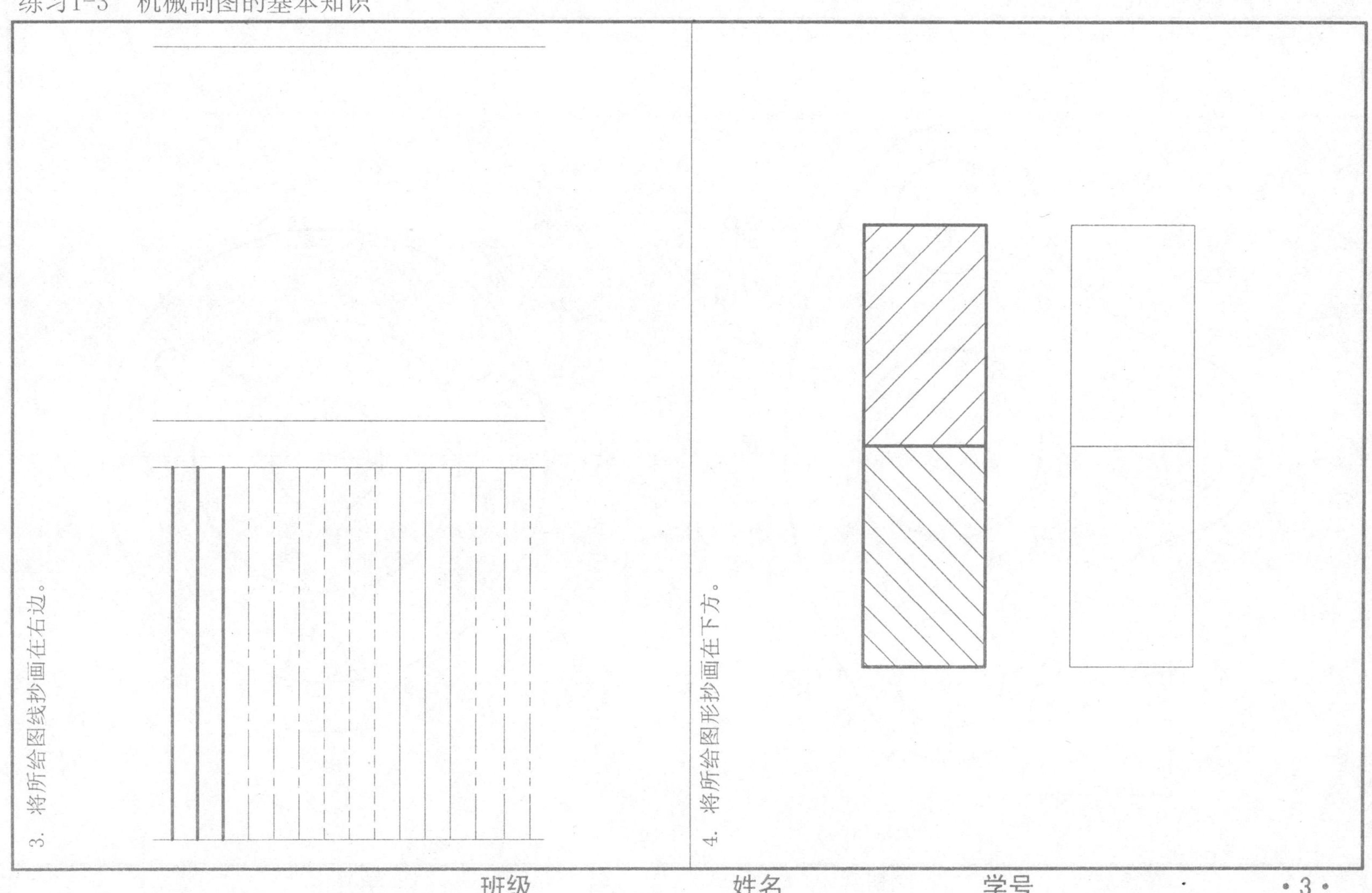

3. 将所给图线抄画在右边。

4. 将所给图形抄画在下方。

班级　　　　姓名　　　　学号

5. 将所给图形抄画在A3图纸上（选择合适的比例），并标注尺寸。

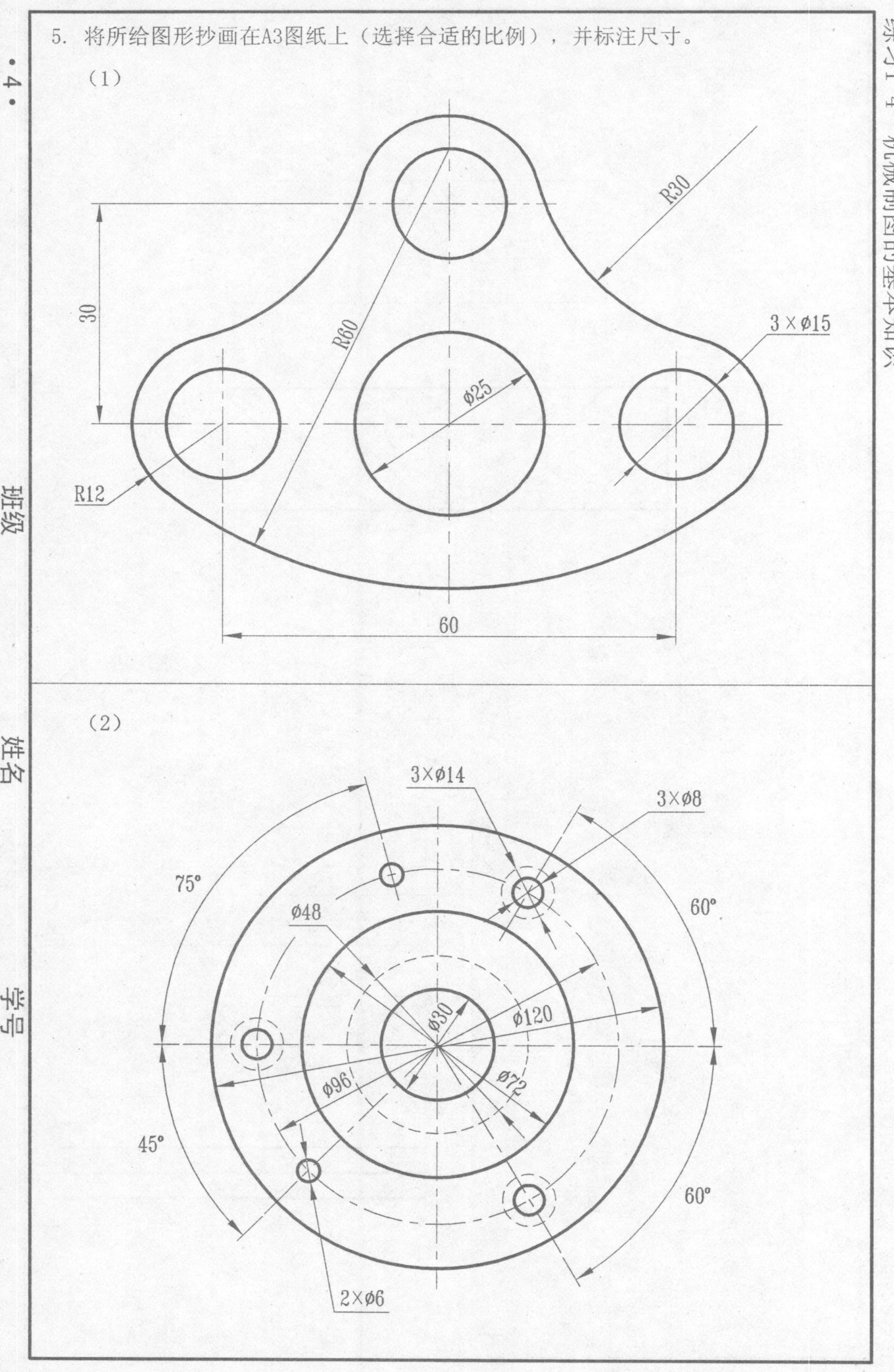
（1）
R30
30
R60
3×φ15
φ25
R12
60
（2）
3×φ14
3×φ8
75°
φ48
60°
φ30
φ120
φ96
φ72
45°
60°
2×φ6

6. 将所给图形抄画在A3图纸上（选择合适的比例），并标注尺寸。

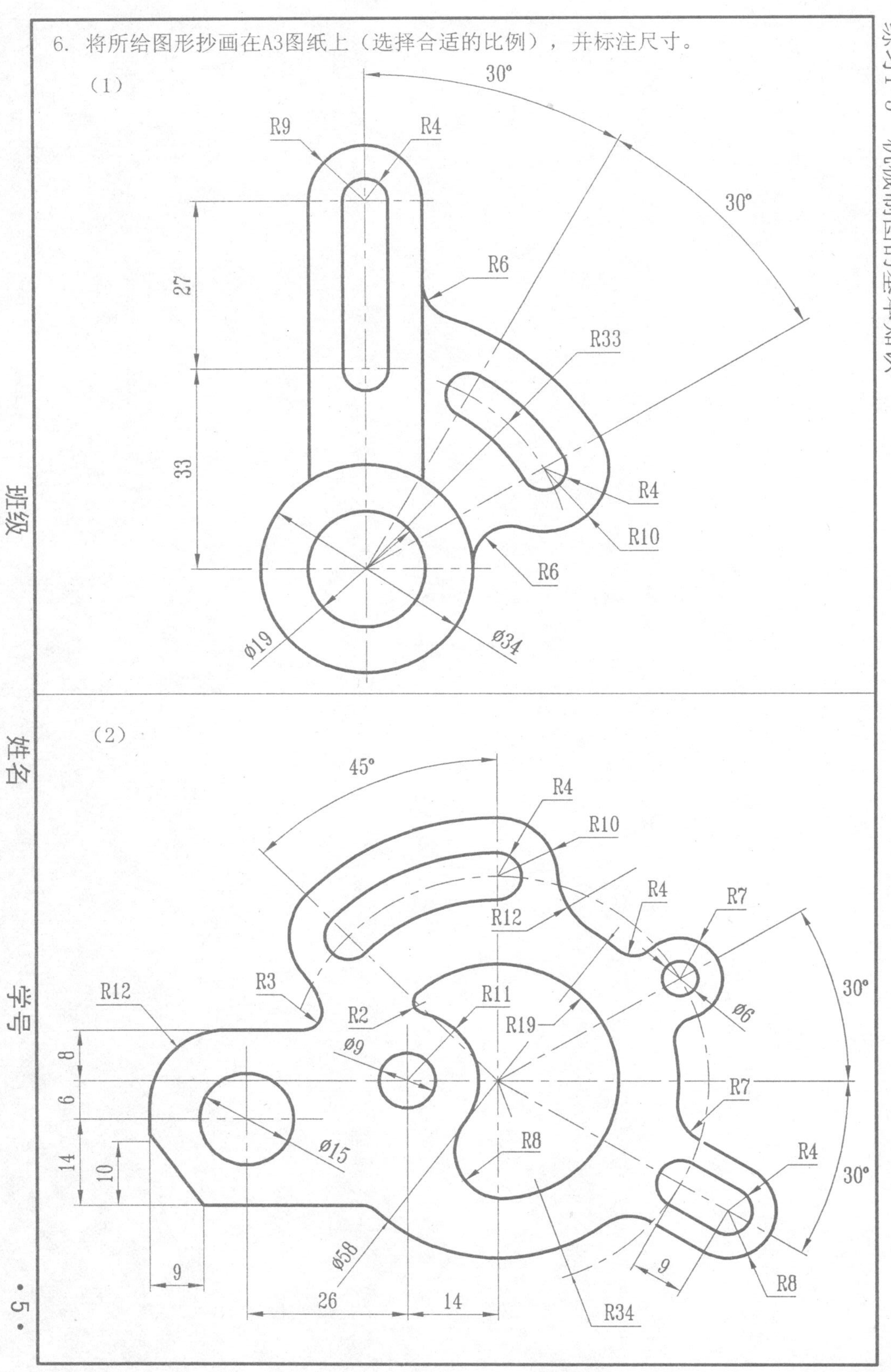
(1)
30°
R9
R4
30°
R6
27
R33
33
R4
R10
R6
Ø19
Ø34
(2)
45°
R4
R10
R4
R7
R12
R3
R12
R2
R11
30°
R19
Ø6
Ø9
8
6
R7
R8
Ø15
R4
14
10
30°
Ø58
9
R8
9
26
14
R34

练习2　投影理论的基础知识

练习2-1　投影理论的基础知识

1. 已知空间点A、B、C，试绘出它们的三面投影图。

2. 完成下列各点的第三面投影，并比较它们的相对位置。

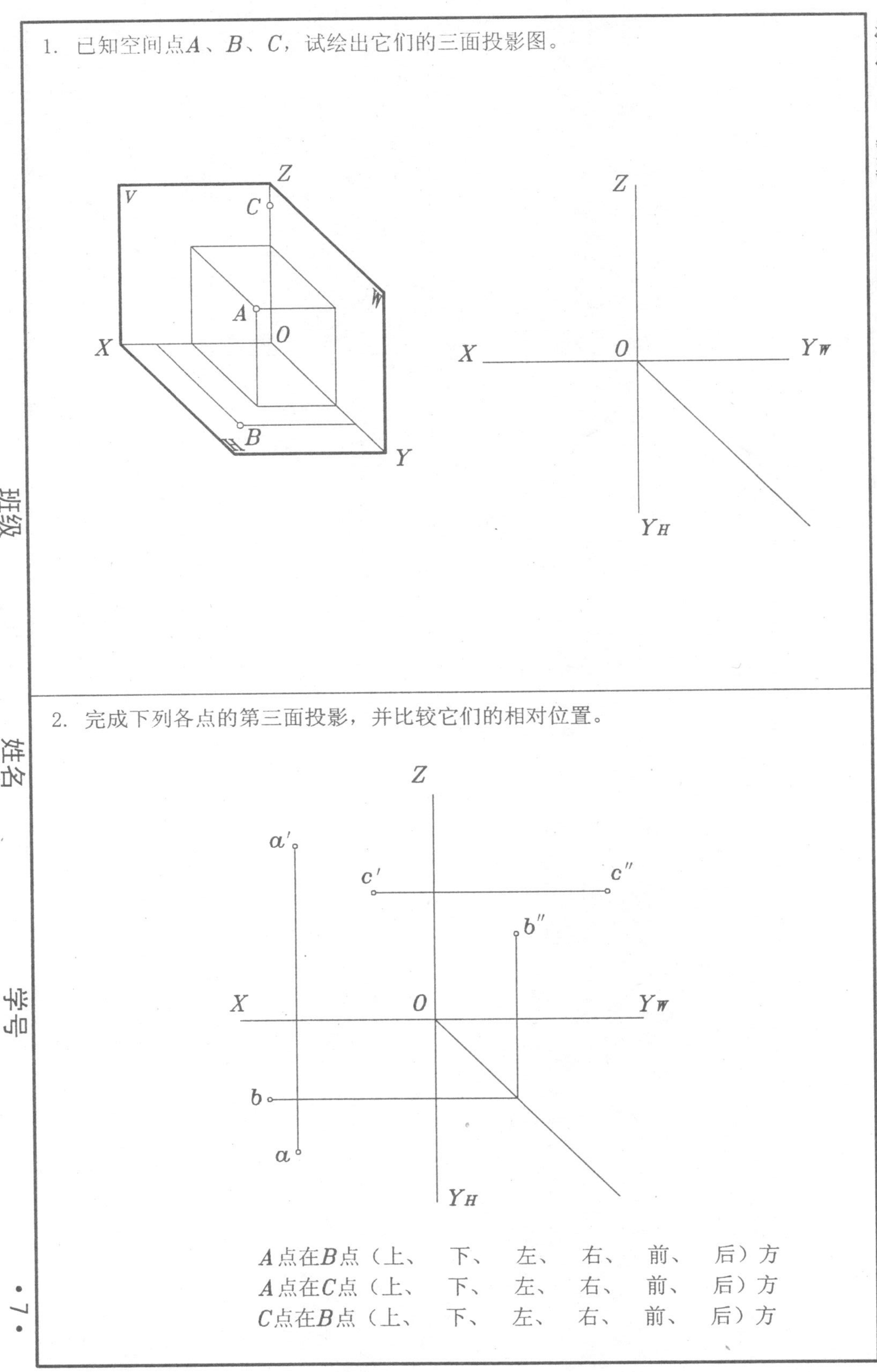

Z
V
C
W
A
O
X
B
H
Y
Z
X
O
Y_W
Y_H
Z
a′
c′
c″
b″
X
O
Y_W
b
a
Y_H

A点在B点（上、　下、　左、　右、　前、　后）方

A点在C点（上、　下、　左、　右、　前、　后）方

C点在B点（上、　下、　左、　右、　前、　后）方

3. 绘出下列各点的三面投影。
A（50，30，30）　*B*（50，30，40）
C（20，30，20）　*D*（20，40，20）

4. 绘出直线*AB*的第三面投影。

5. 绘出直线*CD*的第三面投影。

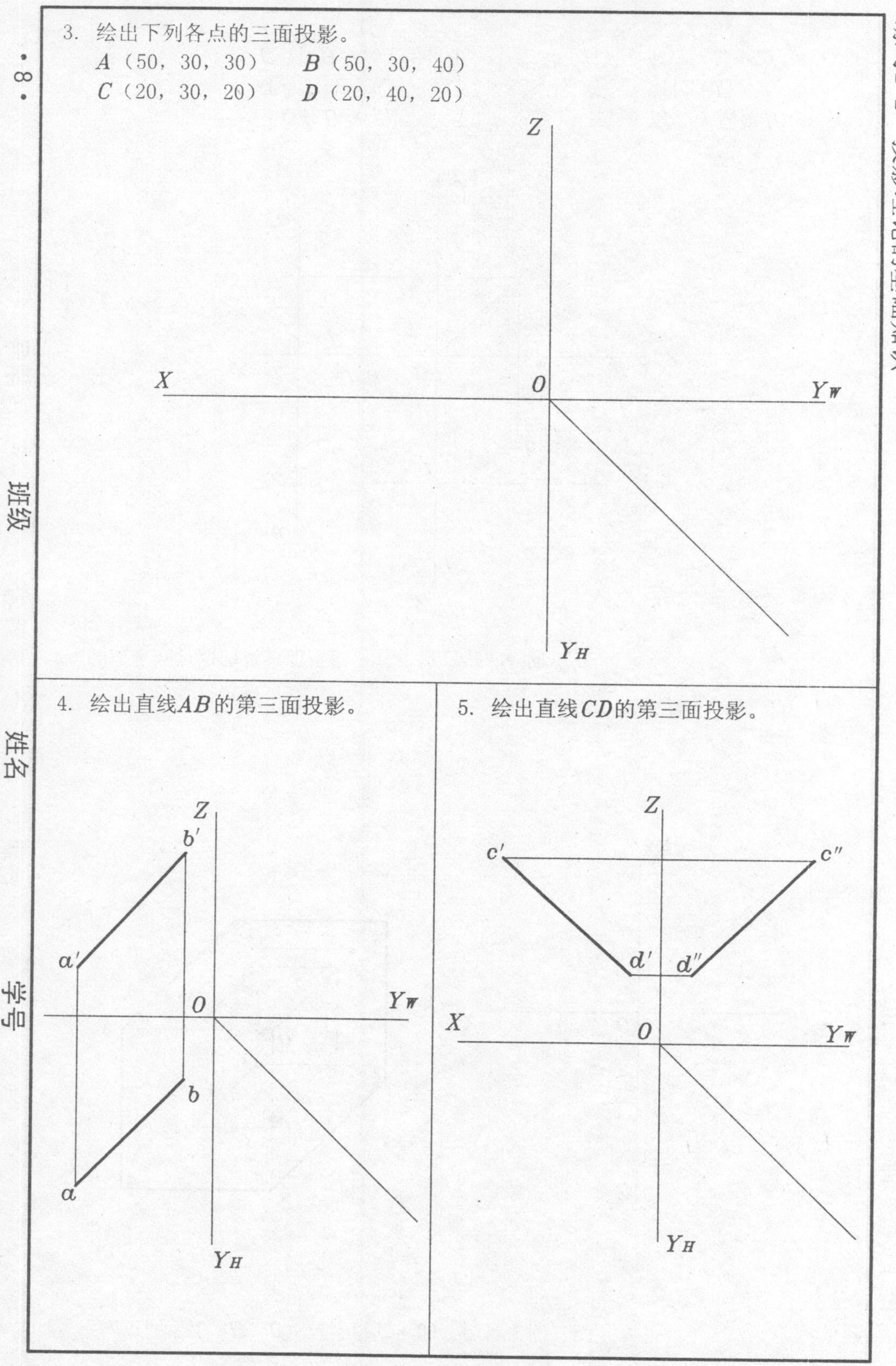
Z
X
O
Y_W
Y_H
b′
a′
b
a
c′
c″
d′
d″

班级　　姓名　　学号

6. 判别下列直线属于六种特殊位置直线中的哪一种。

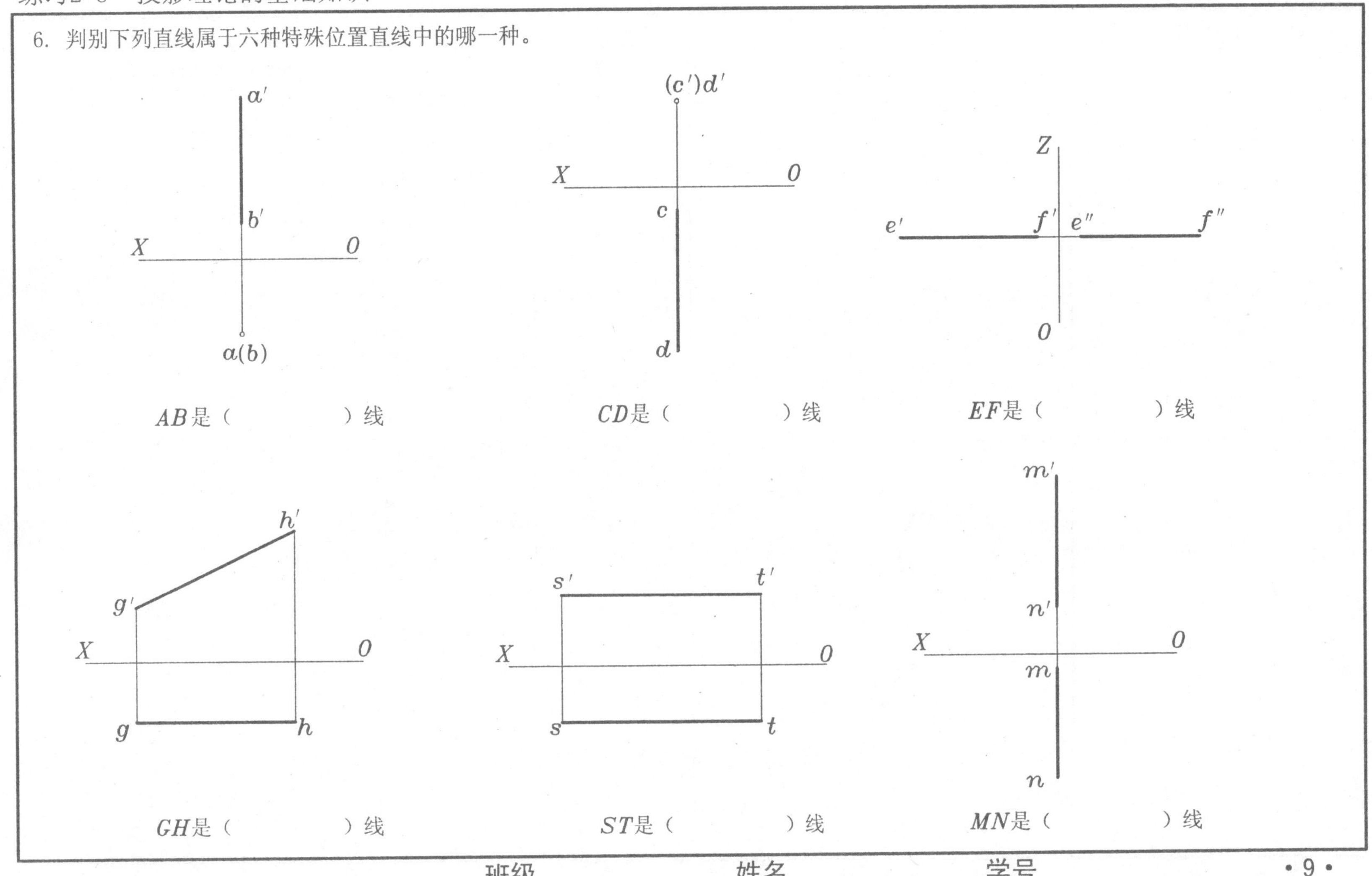
a′
b′
X
0
a(b)
(c′)d′
X
0
c
d
Z
e′
f′
e″
f″
0
h′
g′
X
0
g
h
s′
t′
X
0
s
t
m′
n′
X
0
m
n

AB是（　　　　　）线　　CD是（　　　　　）线　　EF是（　　　　　）线

GH是（　　　　　）线　　ST是（　　　　　）线　　MN是（　　　　　）线

7. K点在AB直线上，求K点的水平投影。

8. 过点D作一正平线AB，使端点A位于H面上，直线AB与H面的倾角为30°，线段实长为50 mm，在直线AB上再取一点C，使AC：CB=2：1。

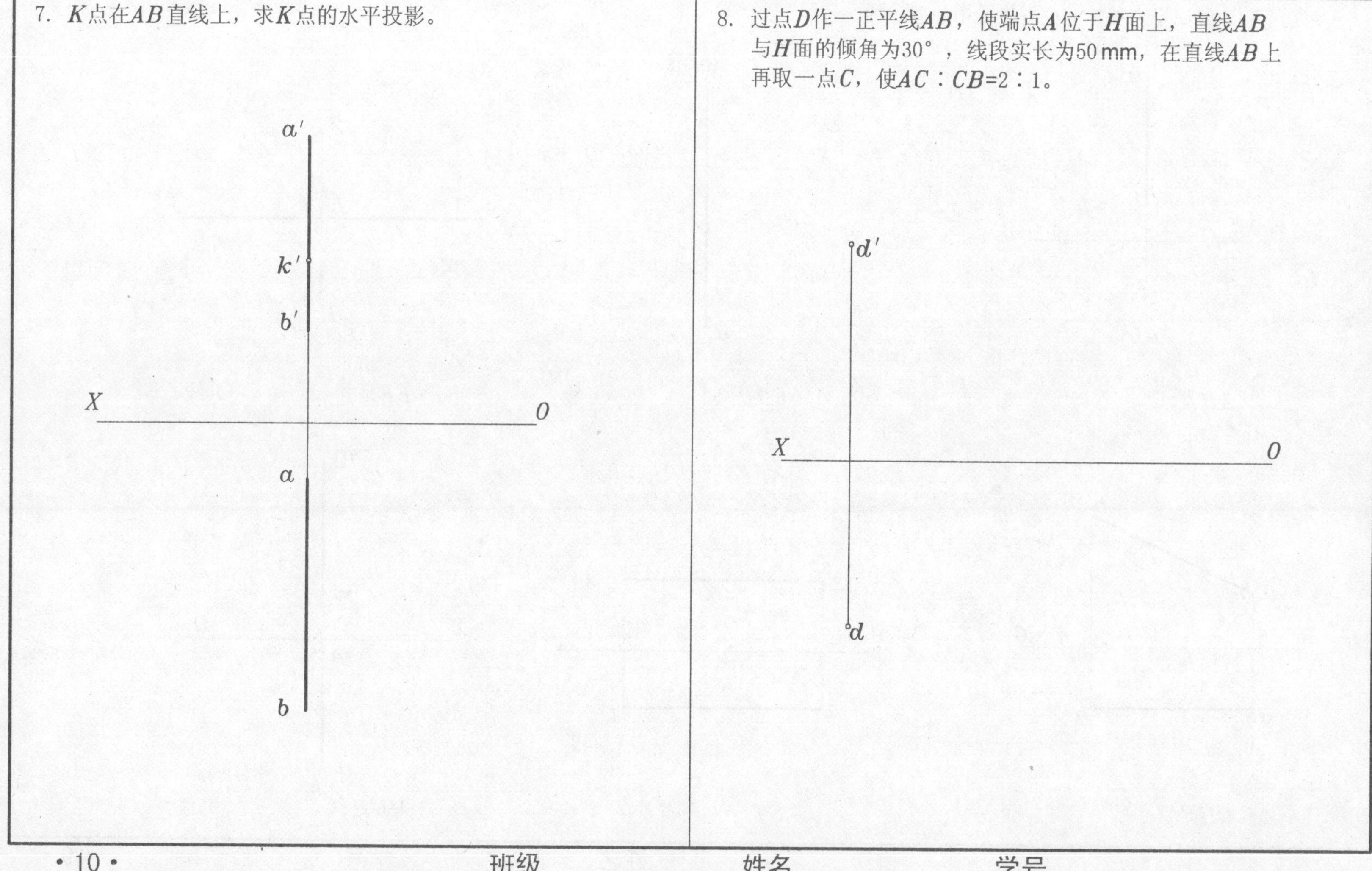
a′
k′
b′
X
0
a
b
d′
X
0
d

班级　　姓名　　学号

9. 已知正平线AB在V面前方20mm，求作它的其余两面投影并在该线段上取一点K，使AK=20mm。

10. 绘出直线AB线段的实长及对投影面的倾角α、β、γ。

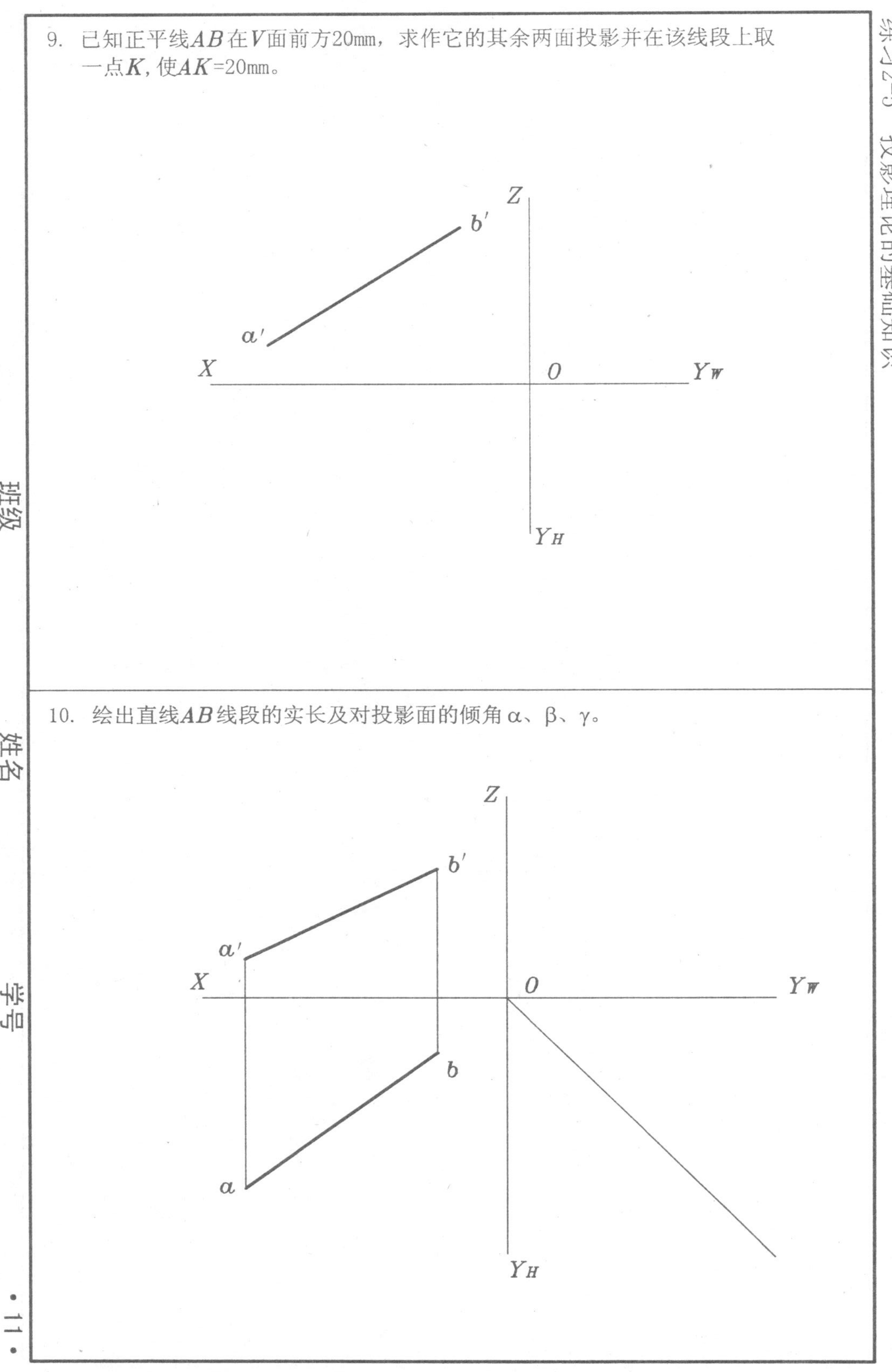
Z
b'
a'
X
O
Y_W
Y_H
Z
b'
a'
X
O
Y_W
b
a
Y_H

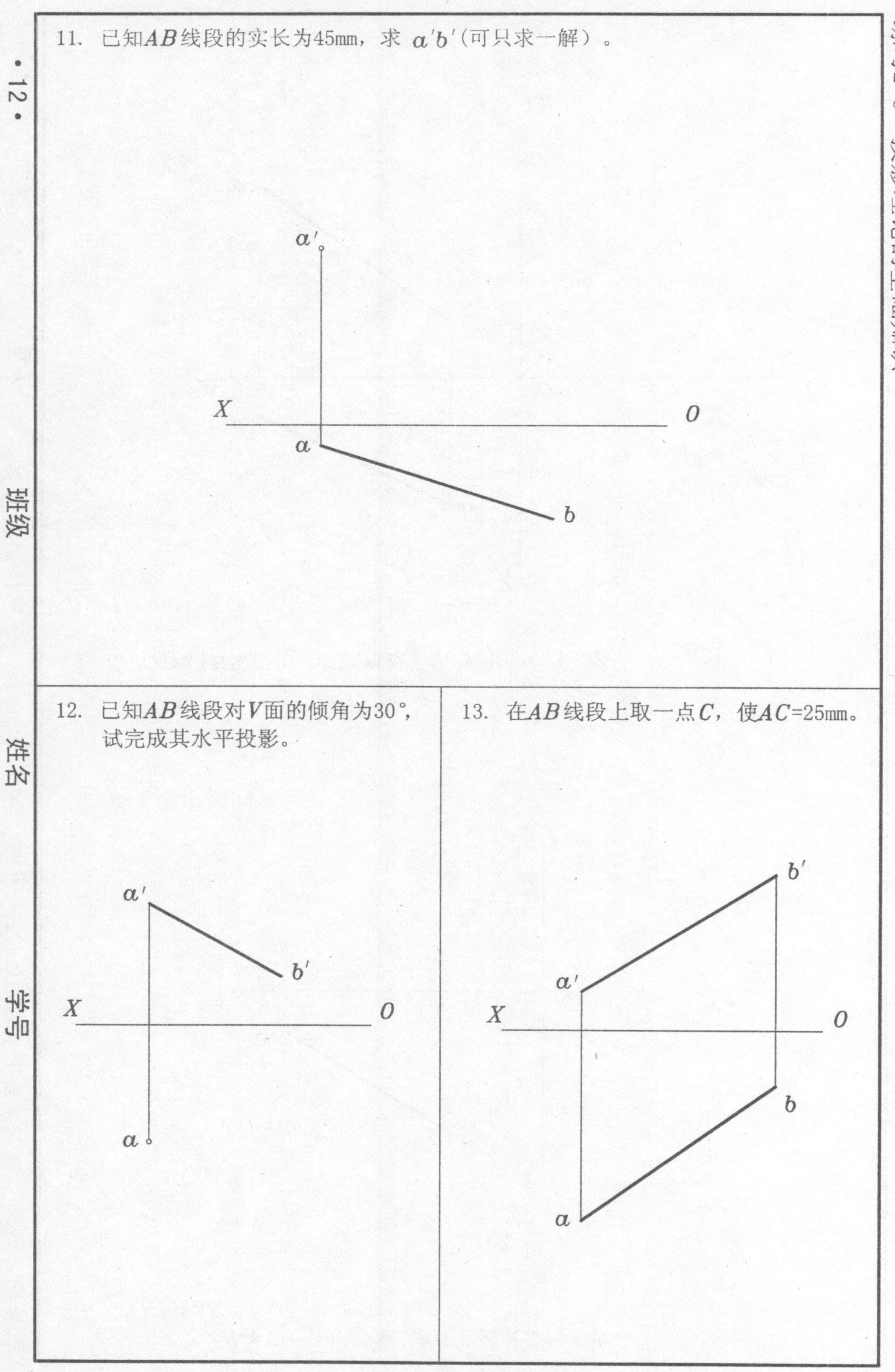
11. 已知AB线段的实长为45mm，求 a'b'（可只求一解）。
a'
X
O
a
b
12. 已知AB线段对V面的倾角为30°，
试完成其水平投影。
a'
b'
X
O
a
13. 在AB线段上取一点C，使AC=25mm。
b'
a'
X
O
b
a

班级　　　　姓名　　　　学号

14. 判别两直线的相对位置。

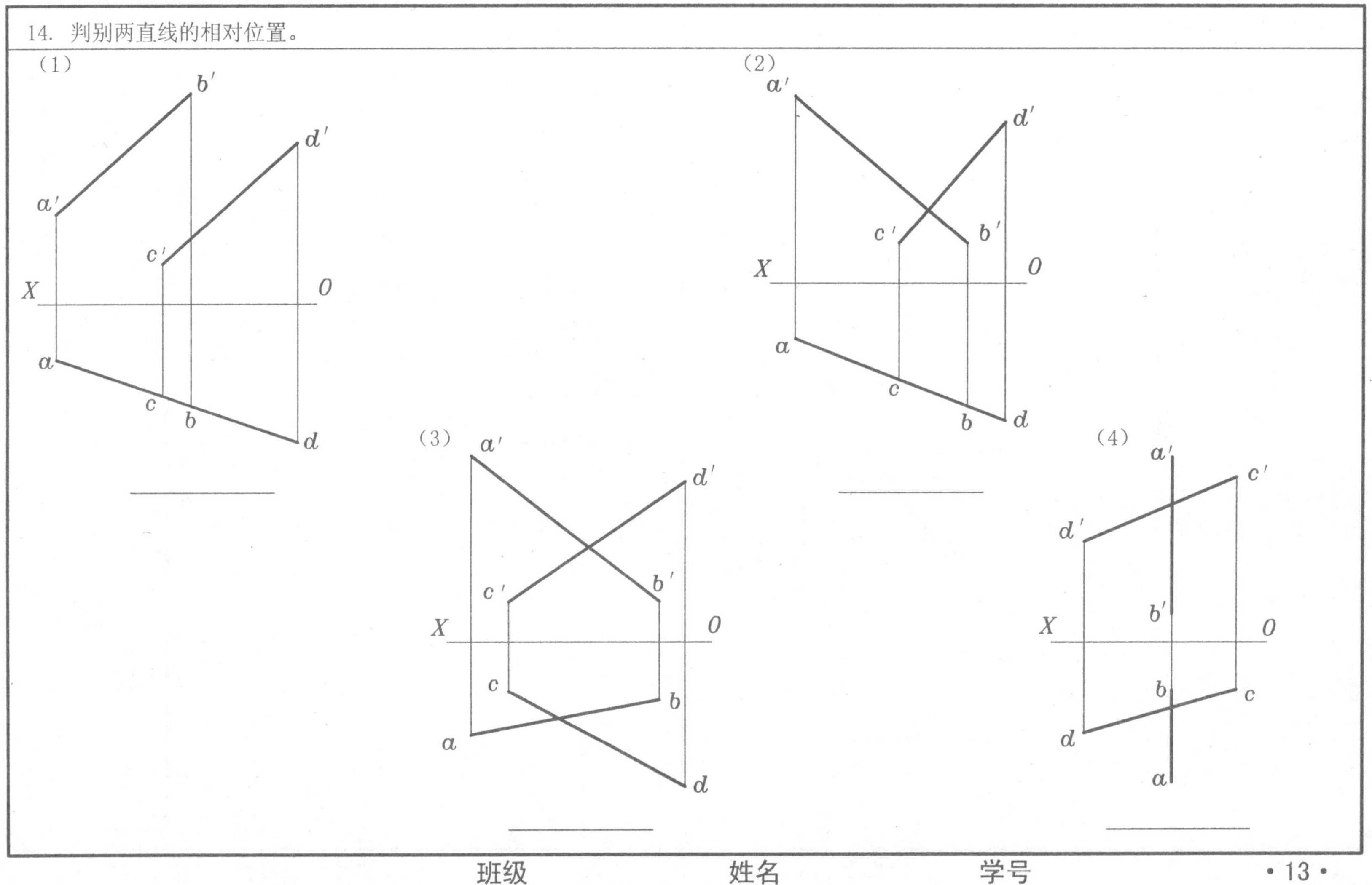
(1)
b′
d′
a′
c′
X
O
a
c
b
d
(2)
a′
d′
c′
b′
X
O
a
c
b
d
(3)
a′
d′
c′
b′
X
O
c
b
a
d
(4)
a′
c′
d′
b′
X
O
b
c
d
a

15. 判别两直线的相对位置。

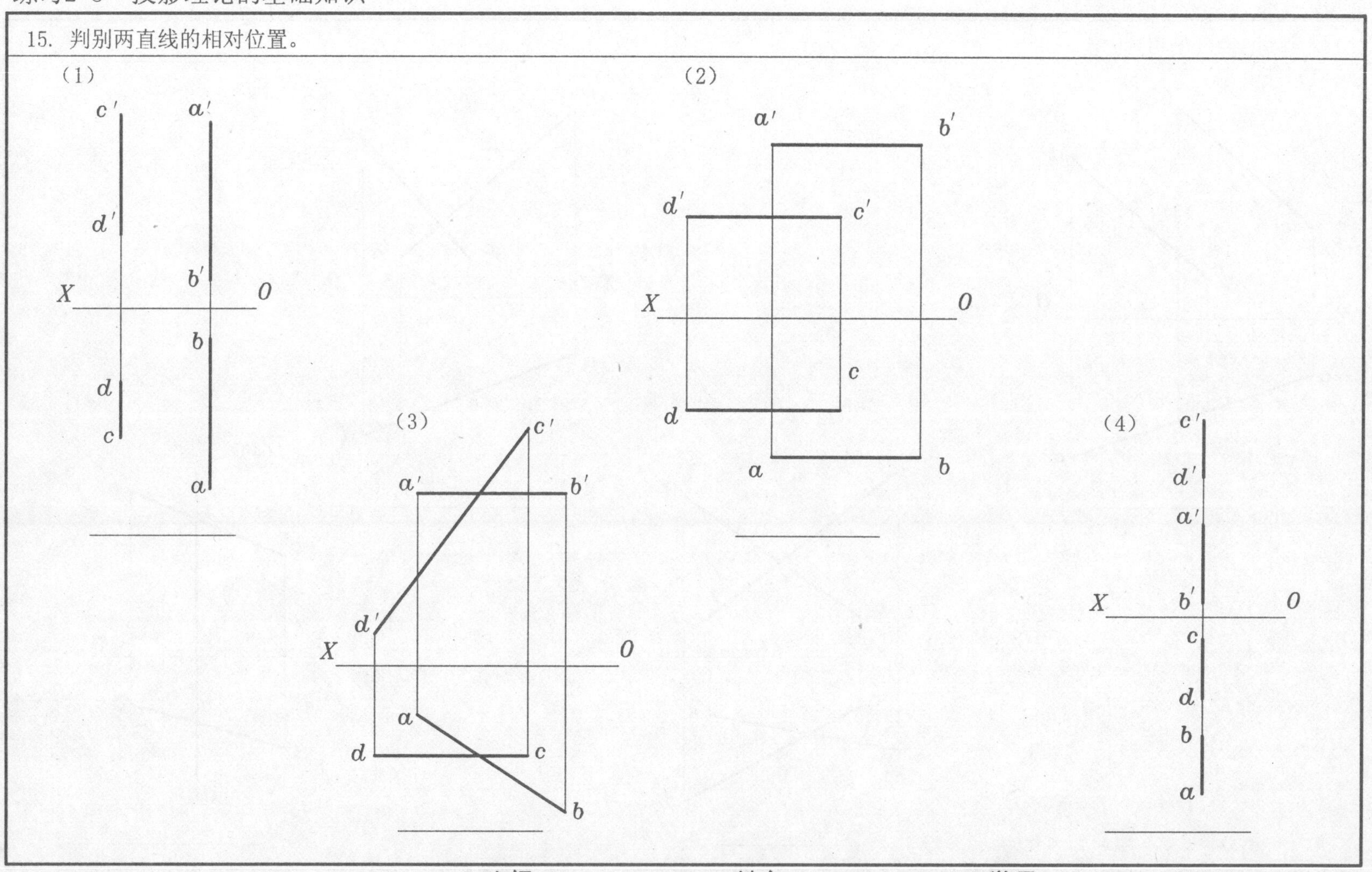
(1)
c′
a′
d′
b′
X
O
b
d
c
a
(2)
a′
b′
d′
c′
X
O
c
d
a
b
(3)
c′
a′
b′
d′
X
O
a
d
c
b
(4)
c′
d′
a′
X
b′
O
c
d
b
a

　班级　姓名　学号

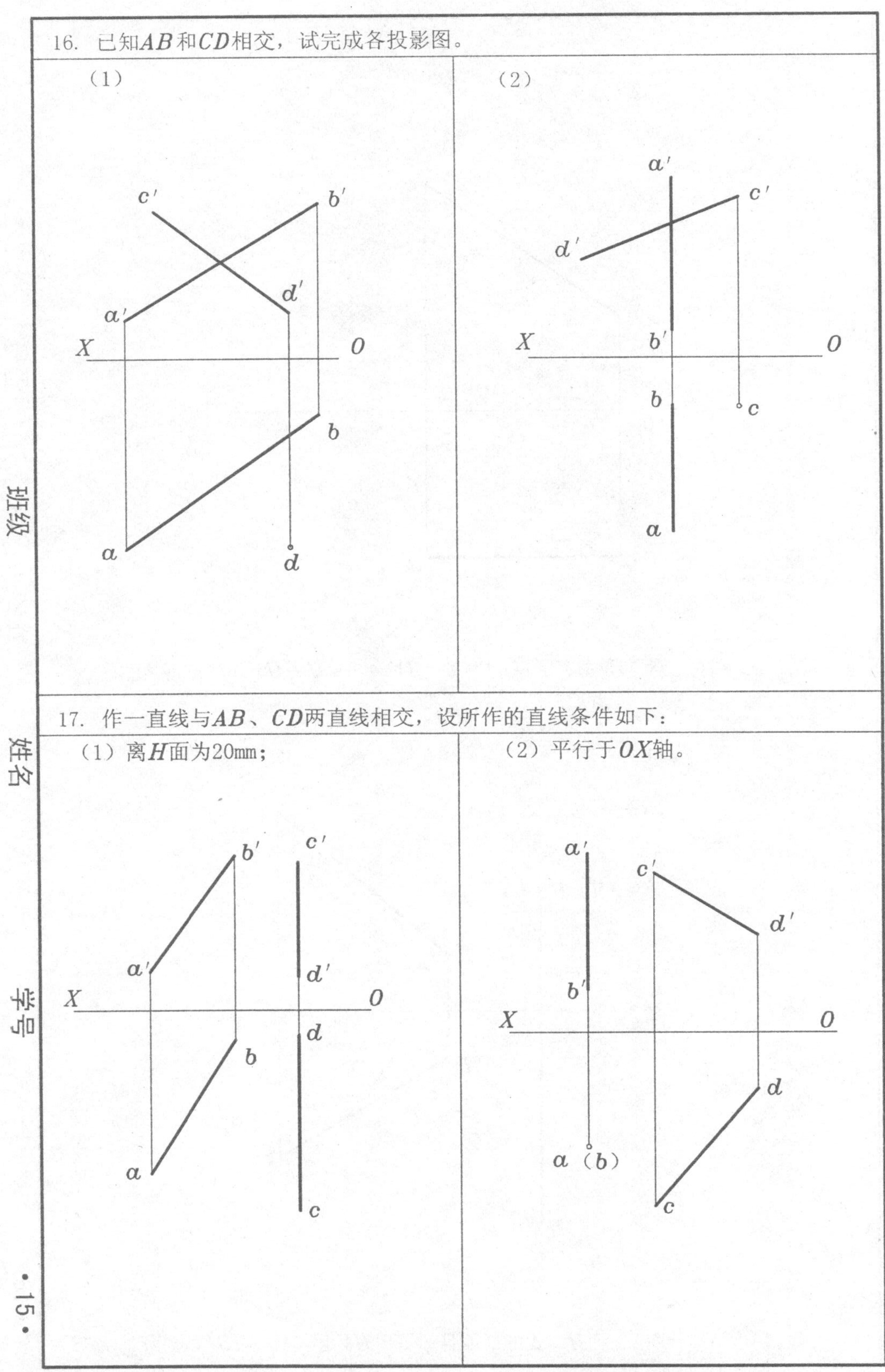
16. 已知AB和CD相交，试完成各投影图。
（1）
（2）
17. 作一直线与AB、CD两直线相交，设所作的直线条件如下：
（1）离H面为20mm；
（2）平行于OX轴。

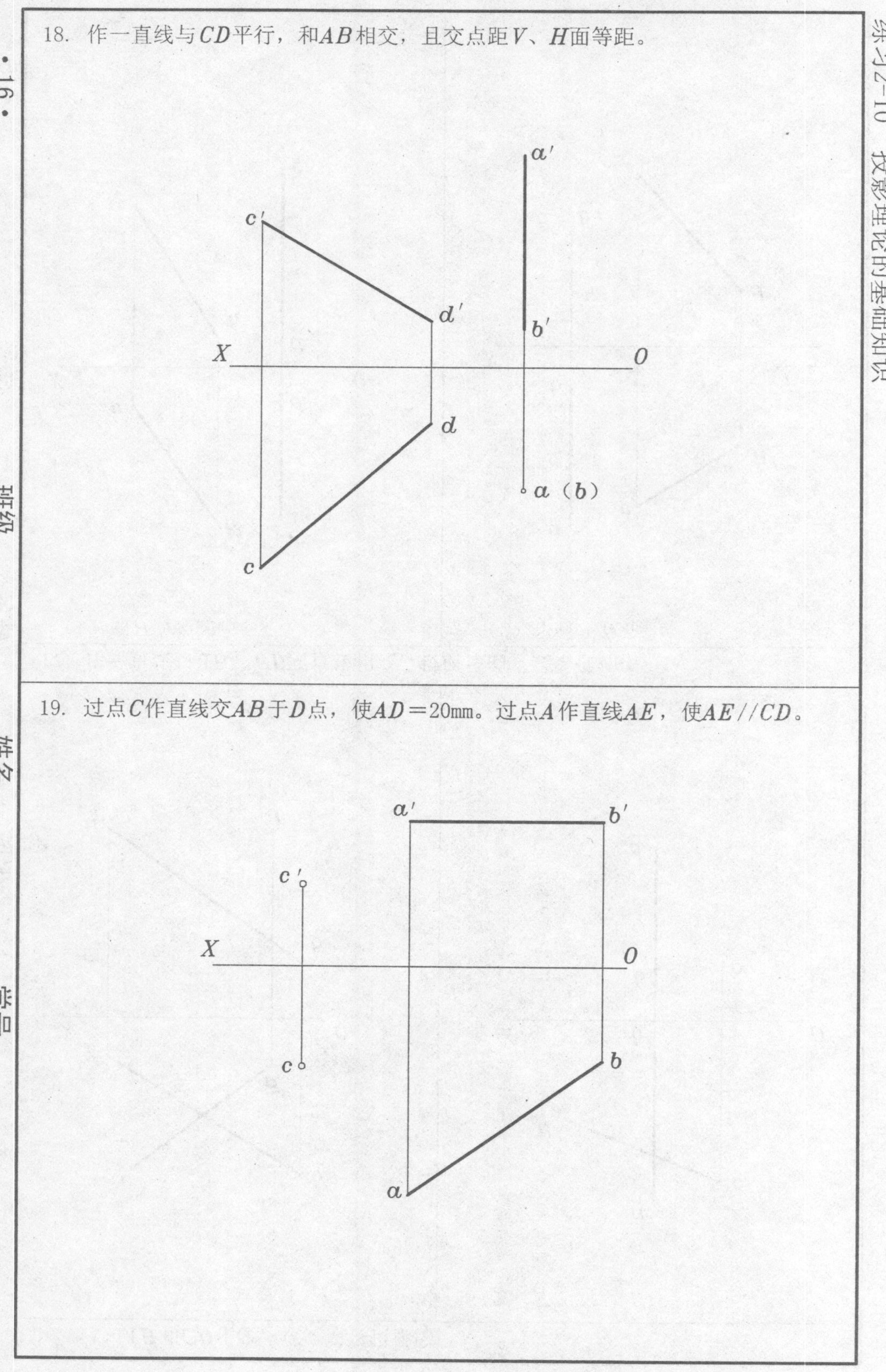
18. 作一直线与CD平行，和AB相交，且交点距V、H面等距。
a′
c′
d′
b′
X
O
d
a（b）
c
19. 过点C作直线交AB于D点，使AD=20mm。过点A作直线AE，使$AE//CD$。
a′
b′
c′
X
O
c
b
a

20. 标出下列图中重影点的投影。

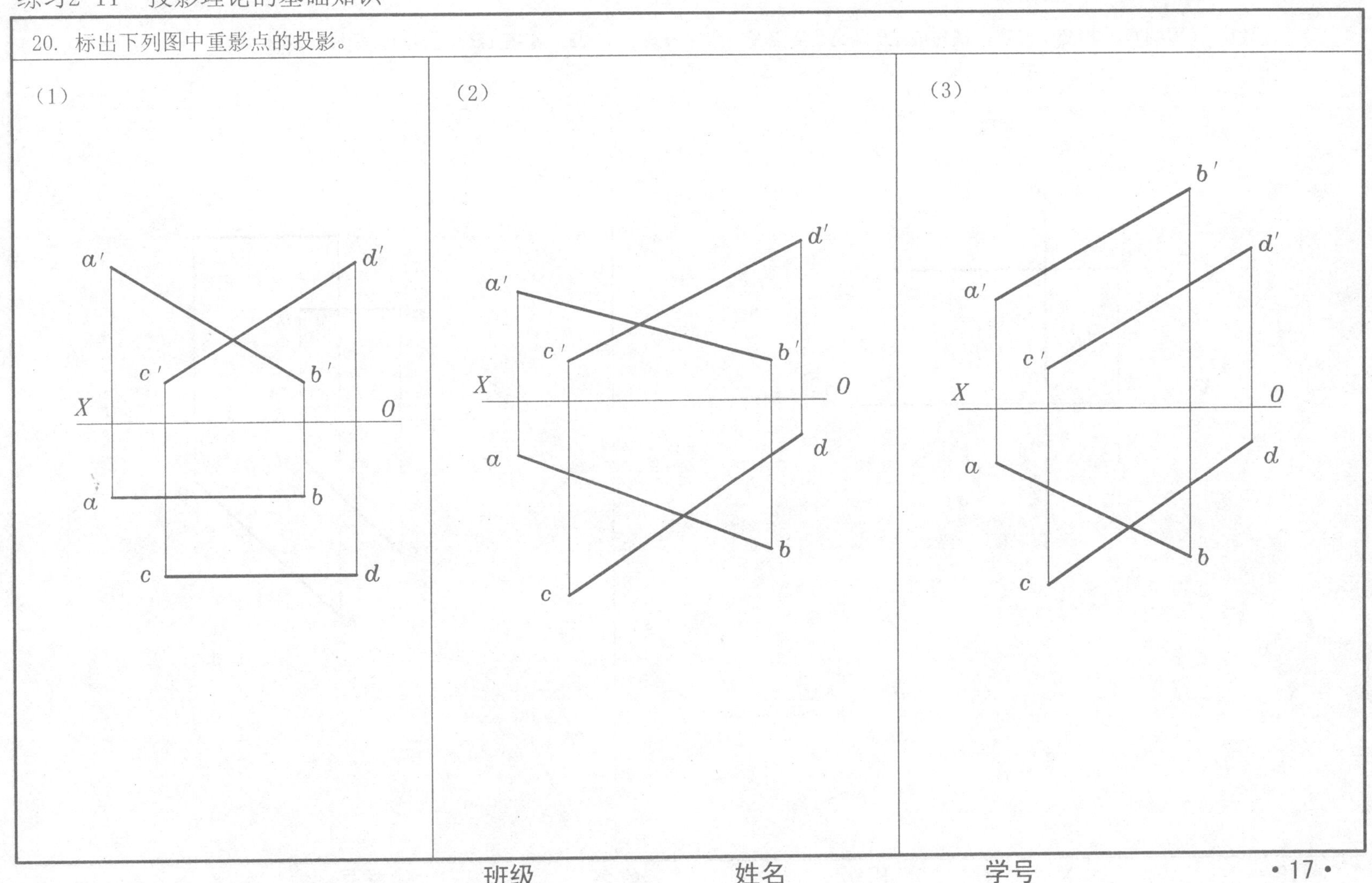
(1)
a′
d′
c′
b′
X
0
a
b
c
d
(2)
a′
d′
c′
b′
X
0
a
d
b
c
(3)
b′
d′
a′
c′
X
0
a
d
b
c

练习2-12　投影理论的基础知识

21. 已知AB、CD两直线相交于K点，试完成AB直线及交点K的水平投影。

22. 作出AB及CD的公垂线并求其实长。

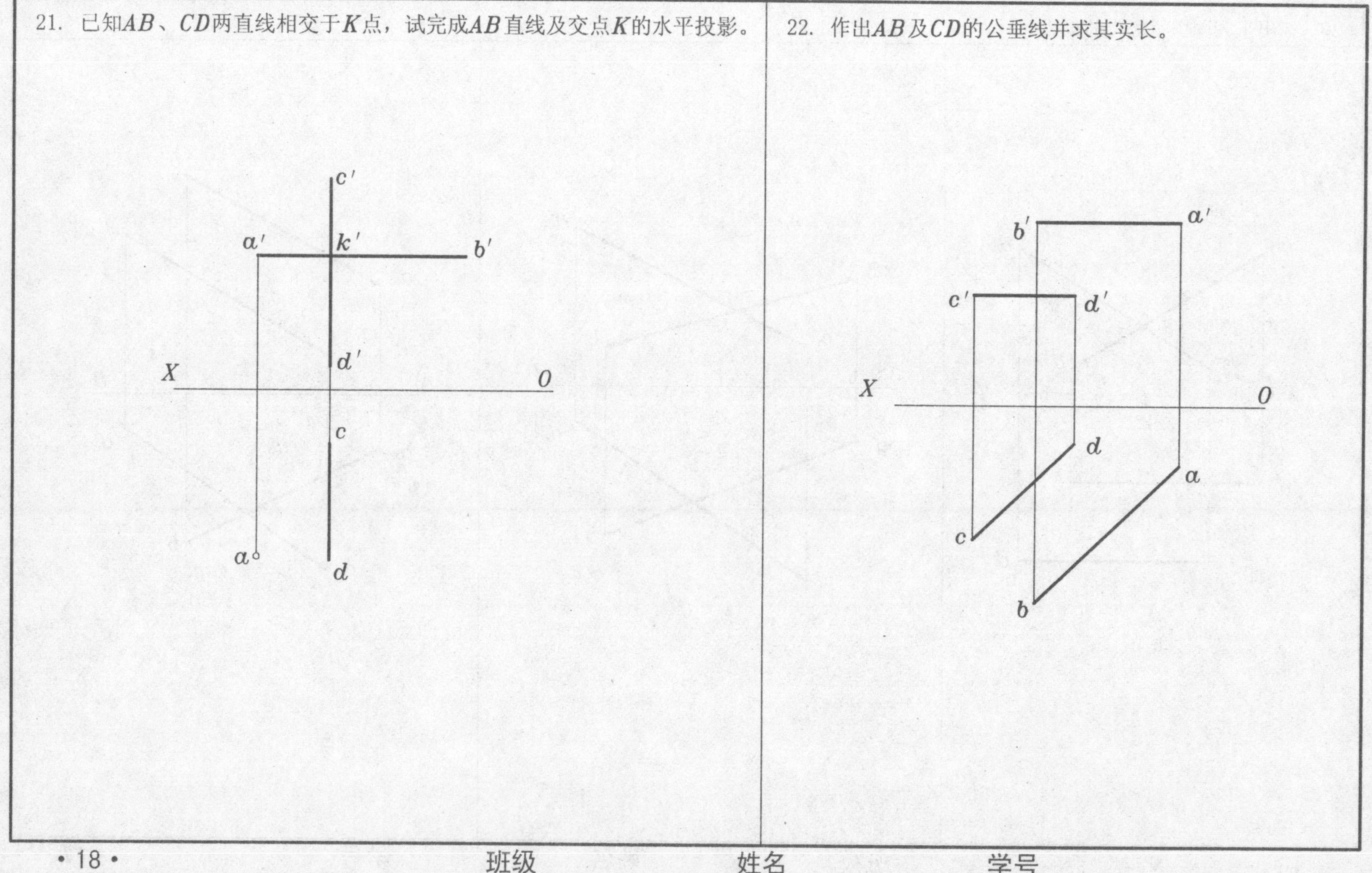
c′
a′
k′
b′
d′
X
0
c
a
d
b′
a′
c′
d′
X
0
d
a
c
b

班级　　　　姓名　　　　学号

23. 正方形$ABCD$中的AB边在水平线AM上，试完成其两面投影。

24. 过点C作直线CD，使之与直线AB垂直相交。

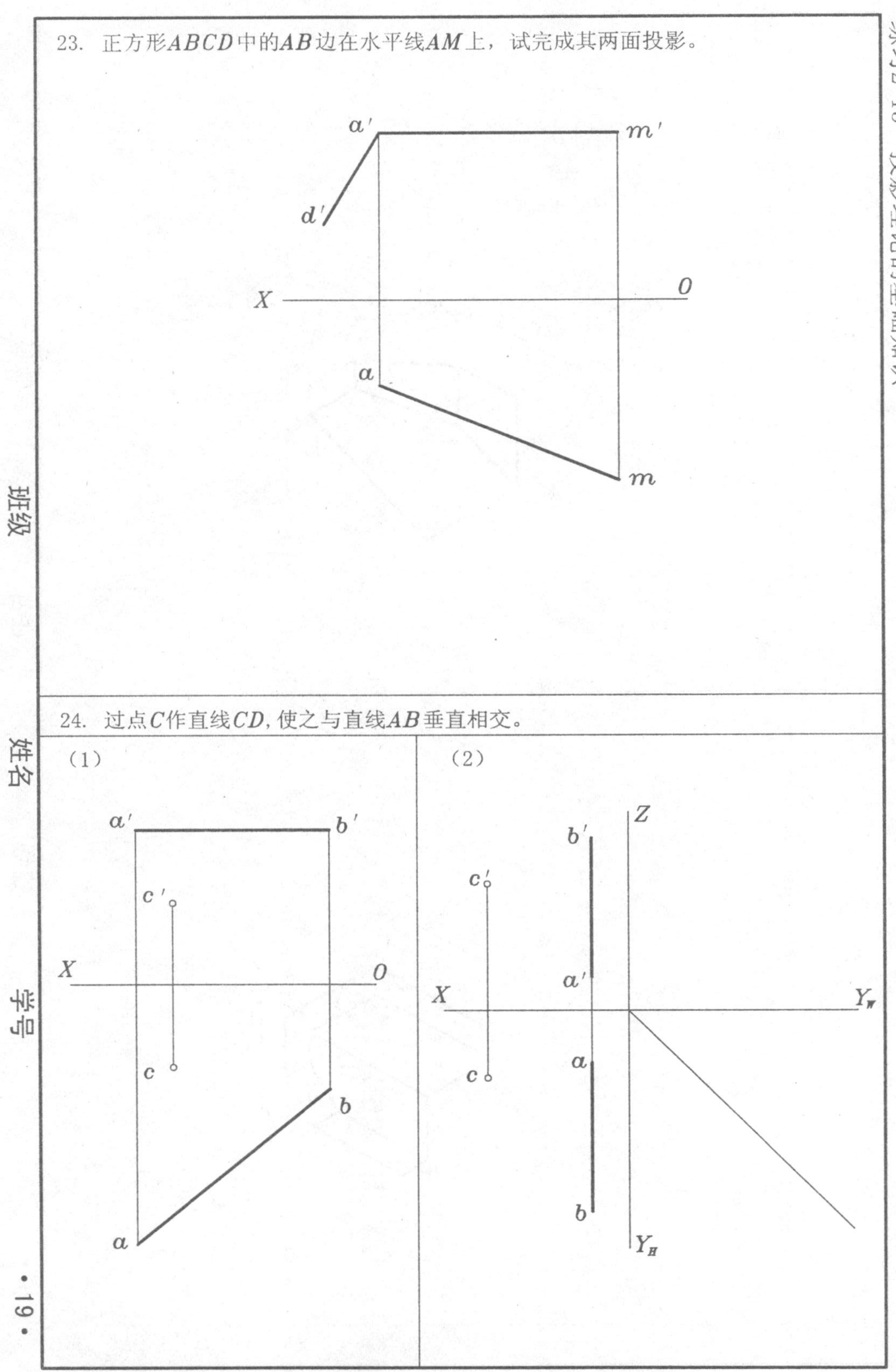
a′
m′
d′
X
O
a
m
(1)
a′
b′
c′
X
O
c
b
a
(2)
Z
b′
c′
a′
X
Y_W
a
c
b
Y_H

25. 指明A、B、C、D平面为何种位置平面。

(1)

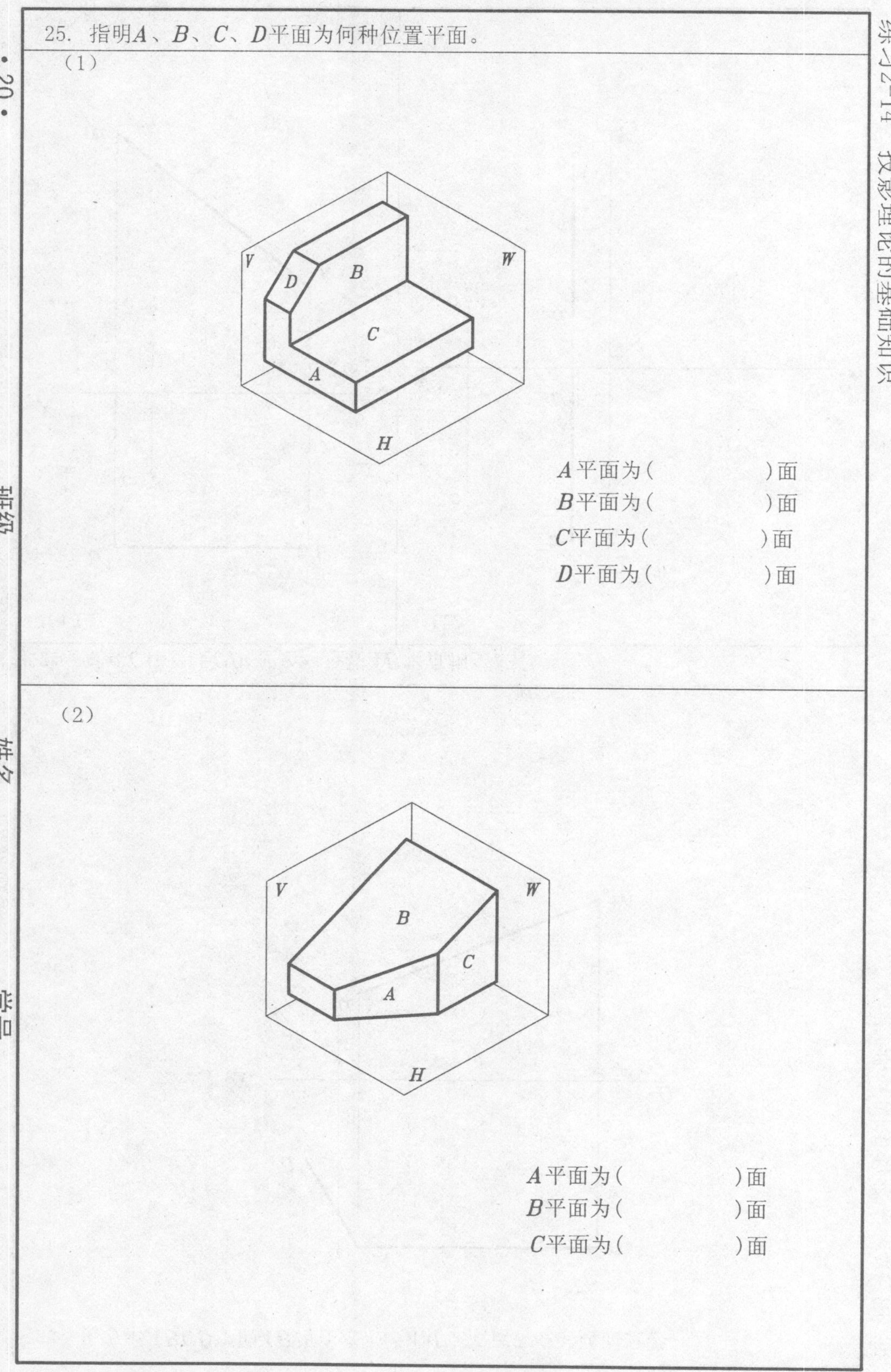
V
W
H
A
B
C
D
V
W
H
A
B
C

A平面为（　　　　）面

B平面为（　　　　）面

C平面为（　　　　）面

D平面为（　　　　）面

(2)

A平面为（　　　　）面

B平面为（　　　　）面

C平面为（　　　　）面

26. 作出下列各平面的第三面投影，并判别它们相对于投影面为何种位置平面。

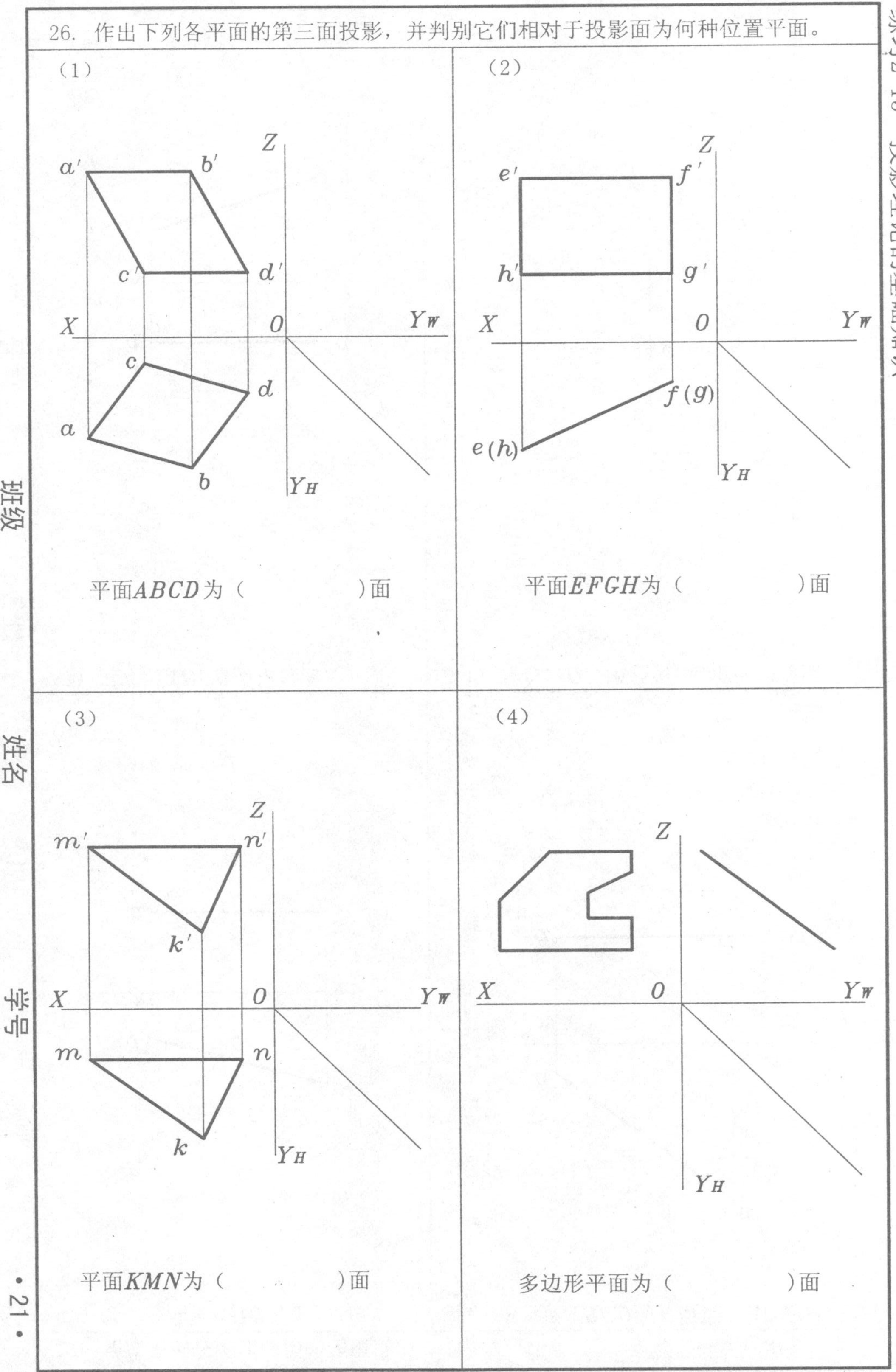
(1)
Z
a′
b′
c′
d′
X
0
Y_W
c
d
a
b
Y_H
(2)
Z
e′
f′
h′
g′
X
0
Y_W
f(g)
e(h)
Y_H
(3)
Z
m′
n′
k′
X
0
Y_W
m
n
k
Y_H
(4)
Z
X
0
Y_W
Y_H

平面ABCD为（　　　）面

平面EFGH为（　　　）面

平面KMN为（　　　）面

多边形平面为（　　　）面

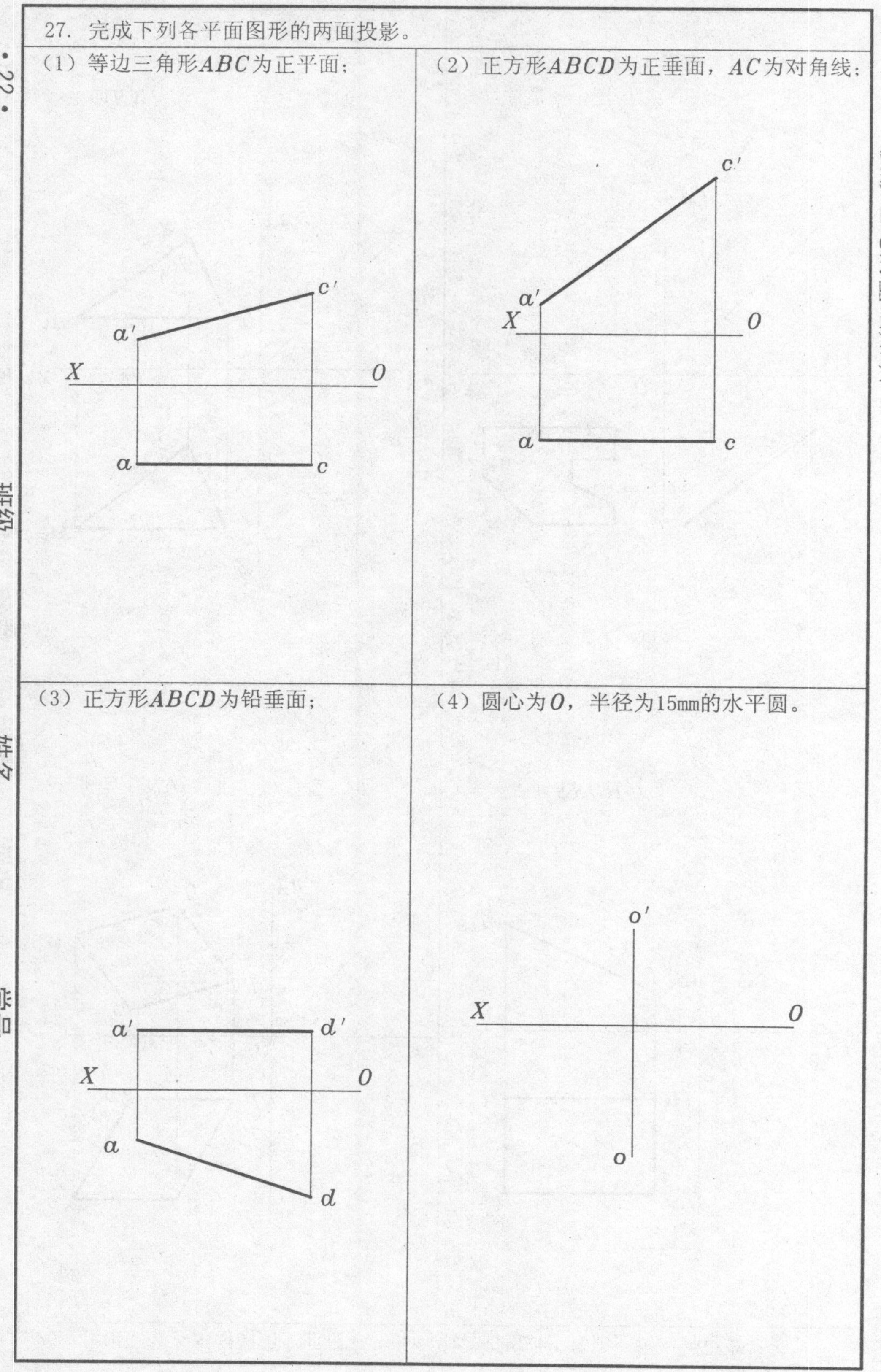
27. 完成下列各平面图形的两面投影。
（1）等边三角形ABC为正平面；
（2）正方形$ABCD$为正垂面，AC为对角线；
（3）正方形$ABCD$为铅垂面；
（4）圆心为O，半径为15mm的水平圆。

28. 完成平面五边形的水平投影。

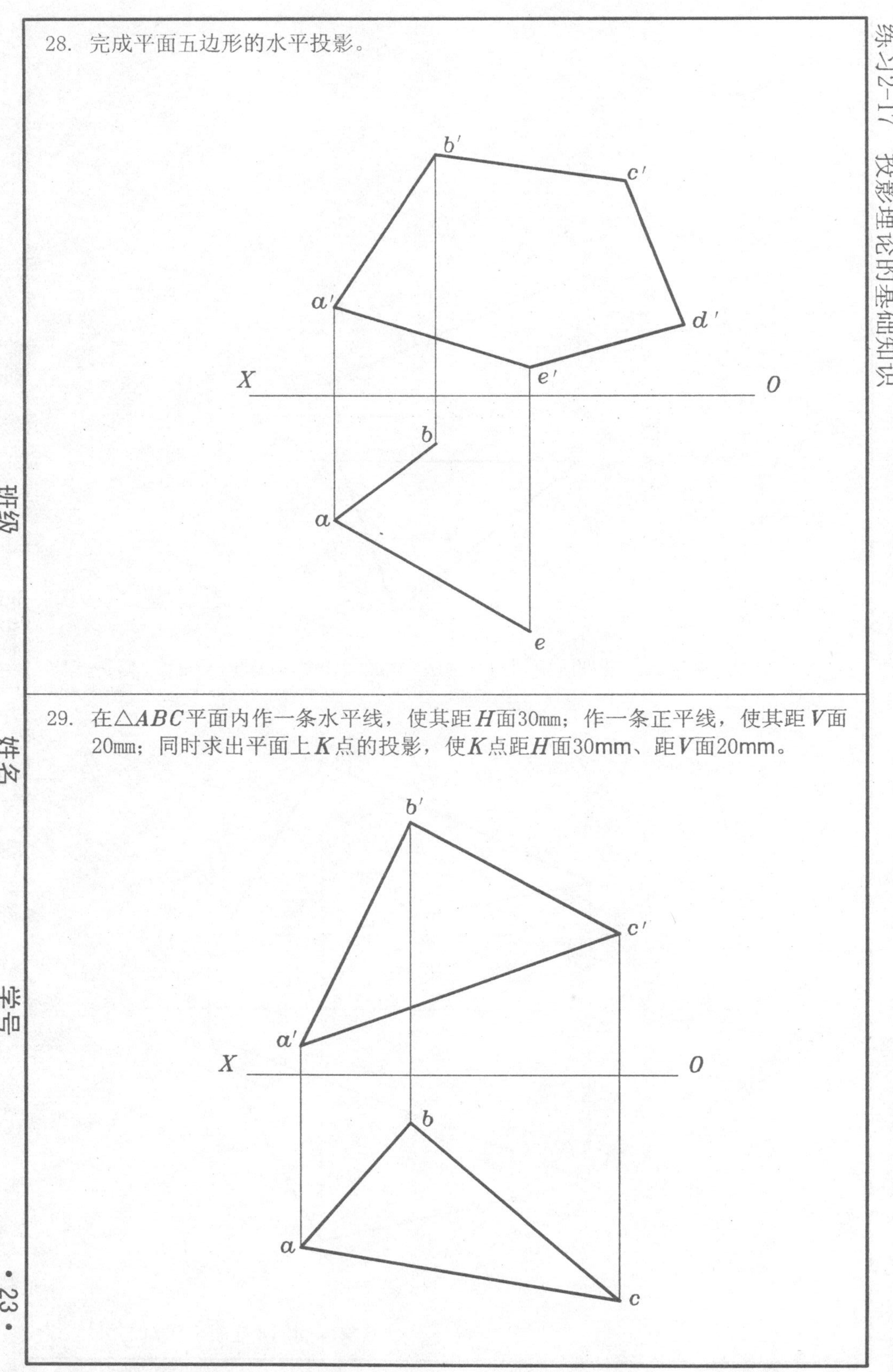

b′
c′
a′
d′
X
e′
O
b
a
e

29. 在△*ABC*平面内作一条水平线，使其距*H*面30mm；作一条正平线，使其距*V*面20mm；同时求出平面上*K*点的投影，使*K*点距*H*面30mm、距*V*面20mm。

b′
c′
a′
X
O
b
a
c

30. 求$\triangle ABC$平面对V面的倾角β。

31. 已知$\triangle ABC$平面对H面的倾角α=30°，作出该平面的水平投影（$a'c'//X$）。

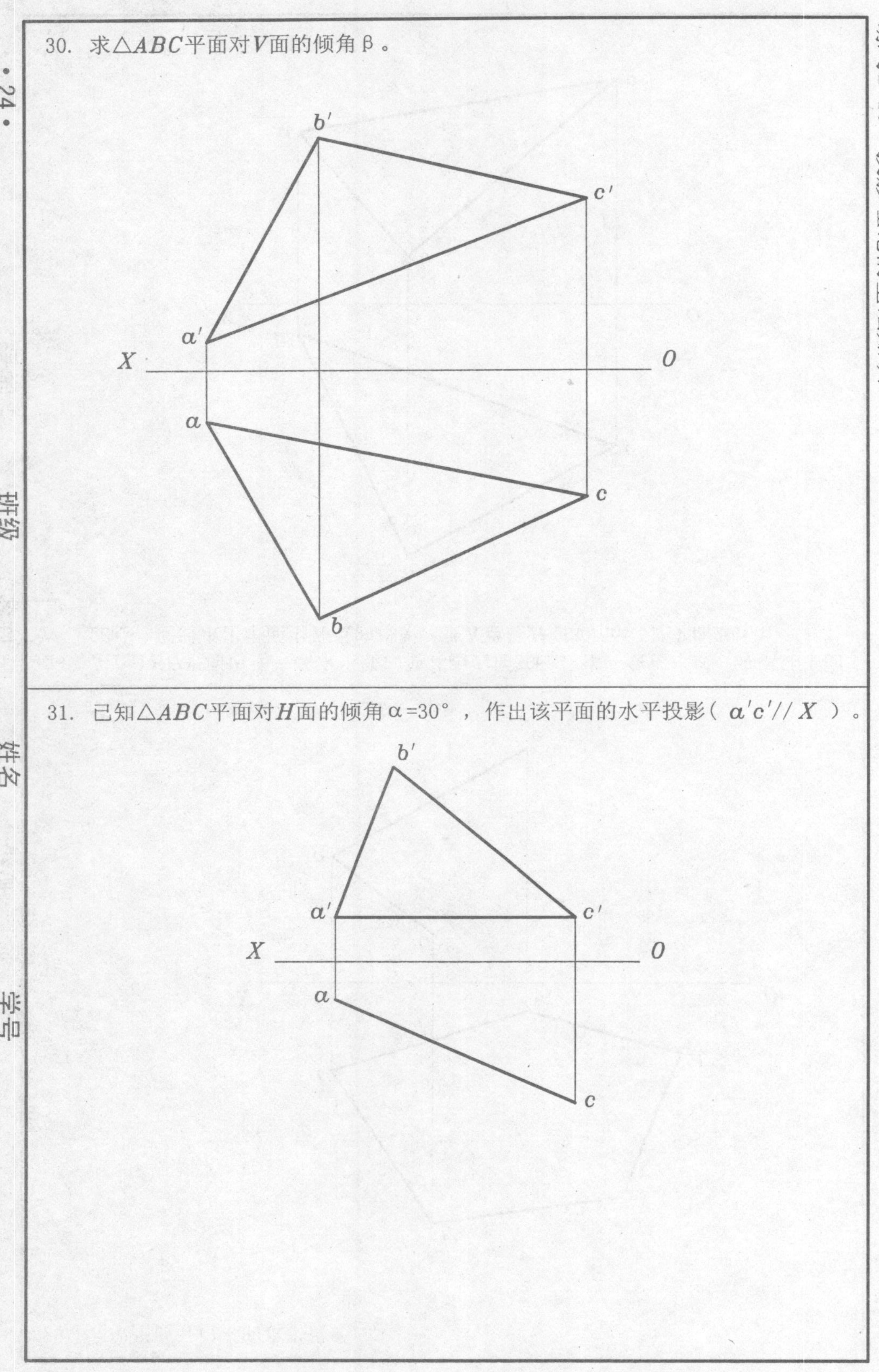
b'
c'
a'
X
O
a
c
b
b'
a'
c'
X
O
a
c

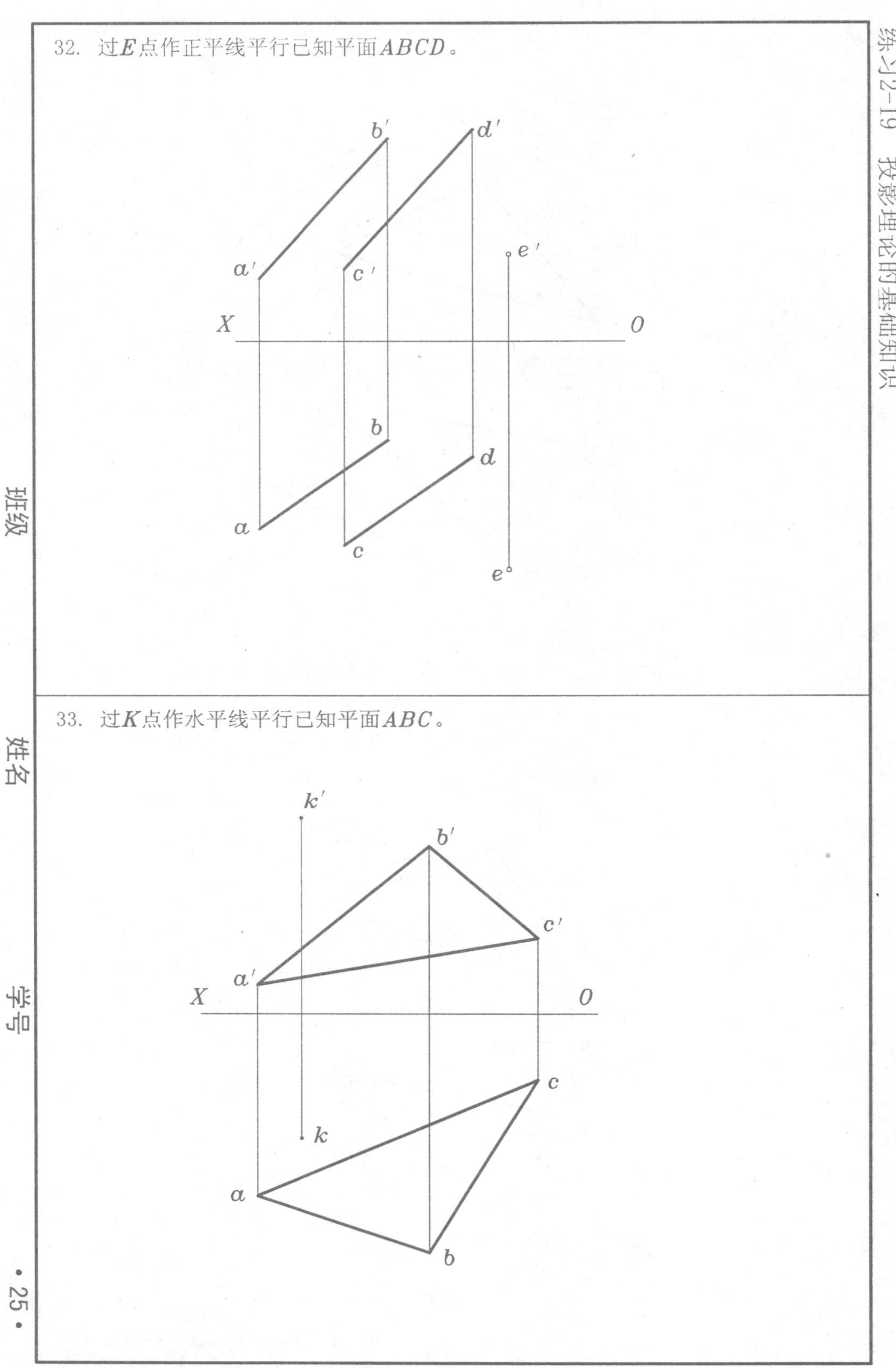
32. 过$\boldsymbol{E}$点作正平线平行已知平面$ABCD$。
b′
d′
e′
a′
c′
X
O
b
d
a
c
e
33. 过$\boldsymbol{K}$点作水平线平行已知平面ABC。
k′
b′
c′
a′
X
O
c
k
a
b

34. 判别直线DF和平面ABC是否平行。（　　）

35. 判别直线DF和平面ABC是否平行。（　　）

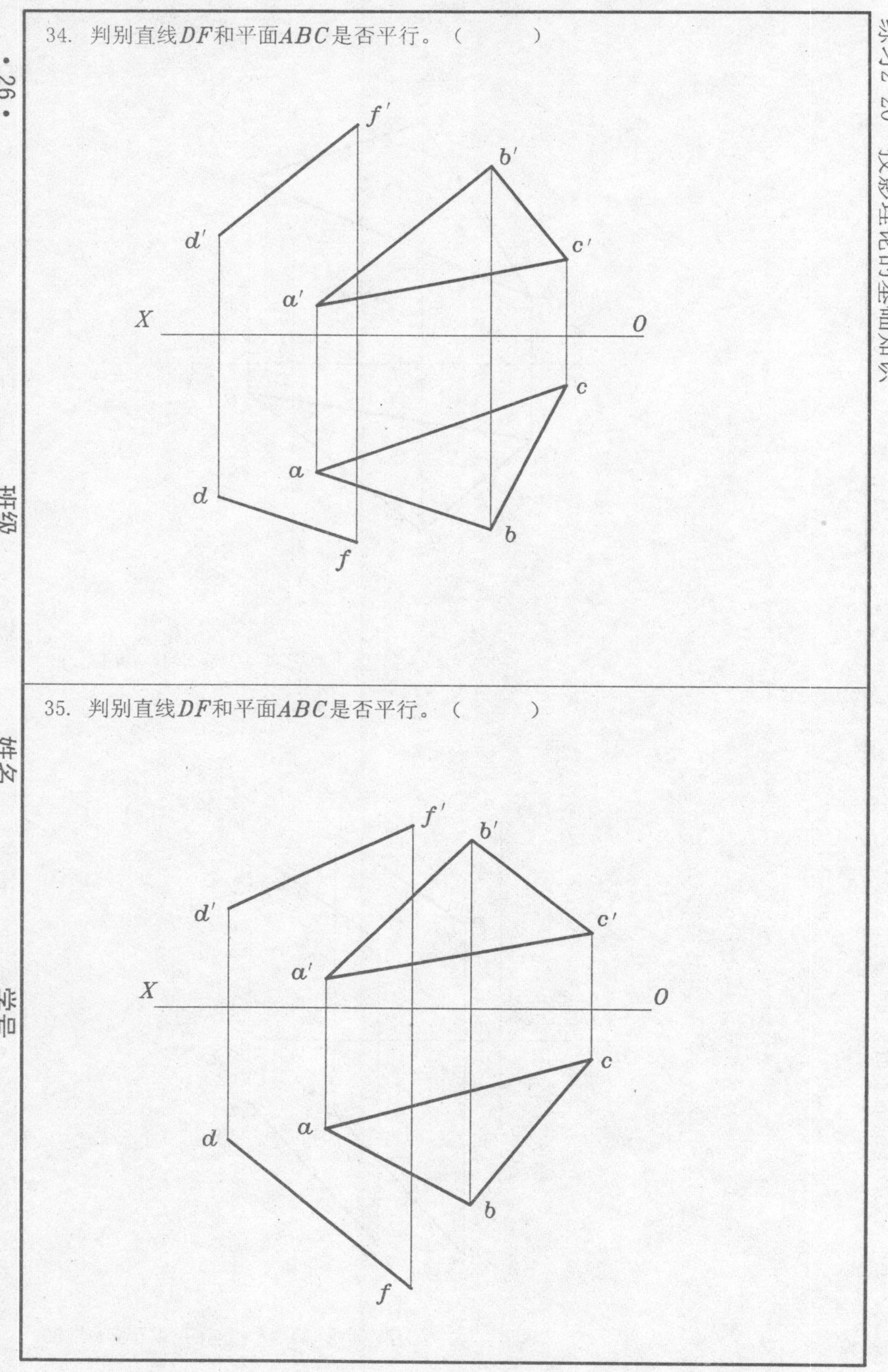

f'
b'
d'
c'
a'
X
O
c
a
d
b
f
f'
b'
d'
c'
a'
X
O
c
a
d
b
f

班级　　　　　姓名　　　　　学号

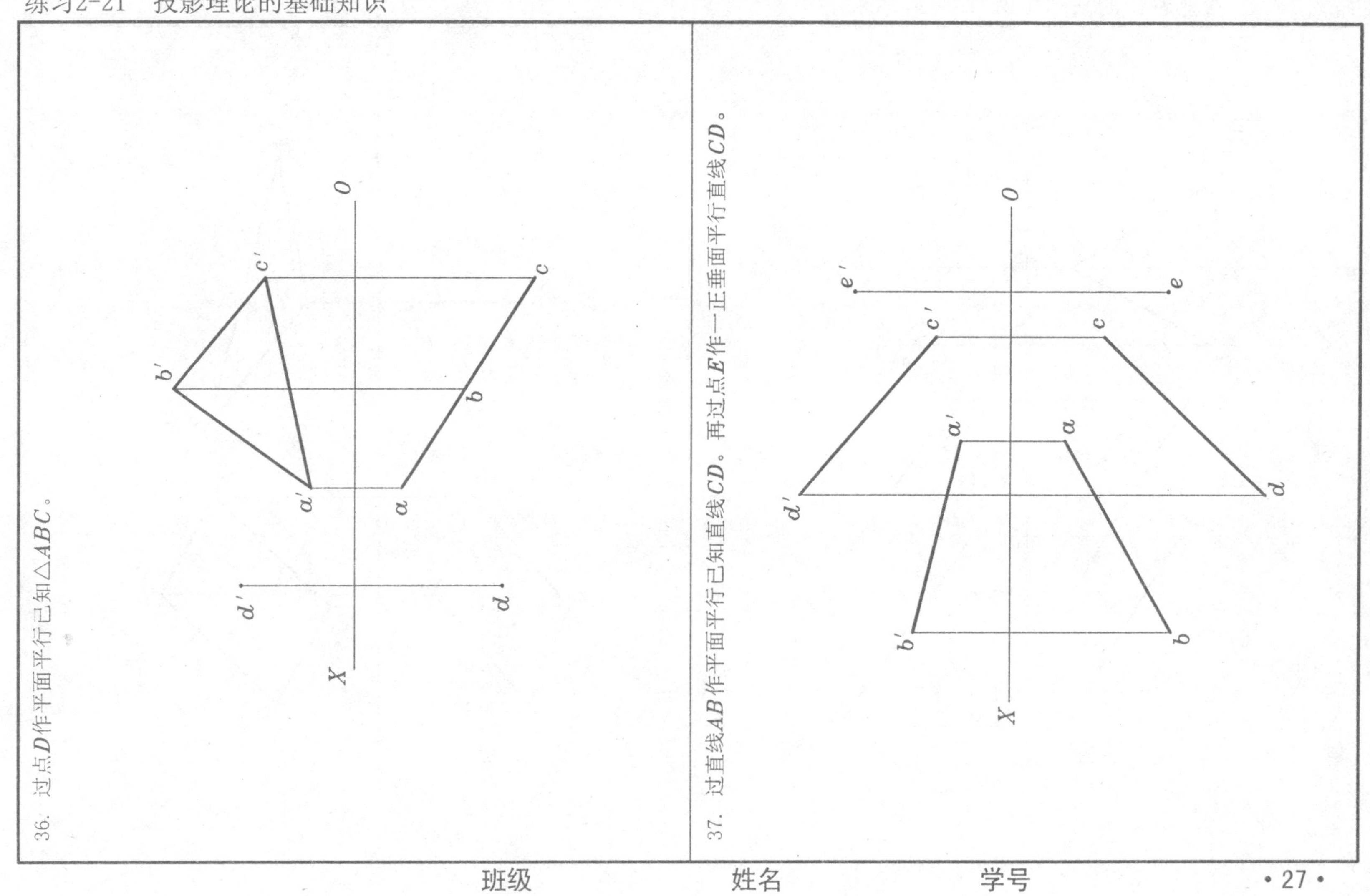
O
X
a′
b′
c′
d′
a
b
c
d
e′
e

36. 过点D作平面平行已知$\triangle ABC$。

37. 过直线AB作平面平行已知直线CD。再过点E作一正垂面平行直线CD。

38. 判别两平面是否平行？（　　）

39. 已知两平面平行，试补全平面GEF的正面投影。

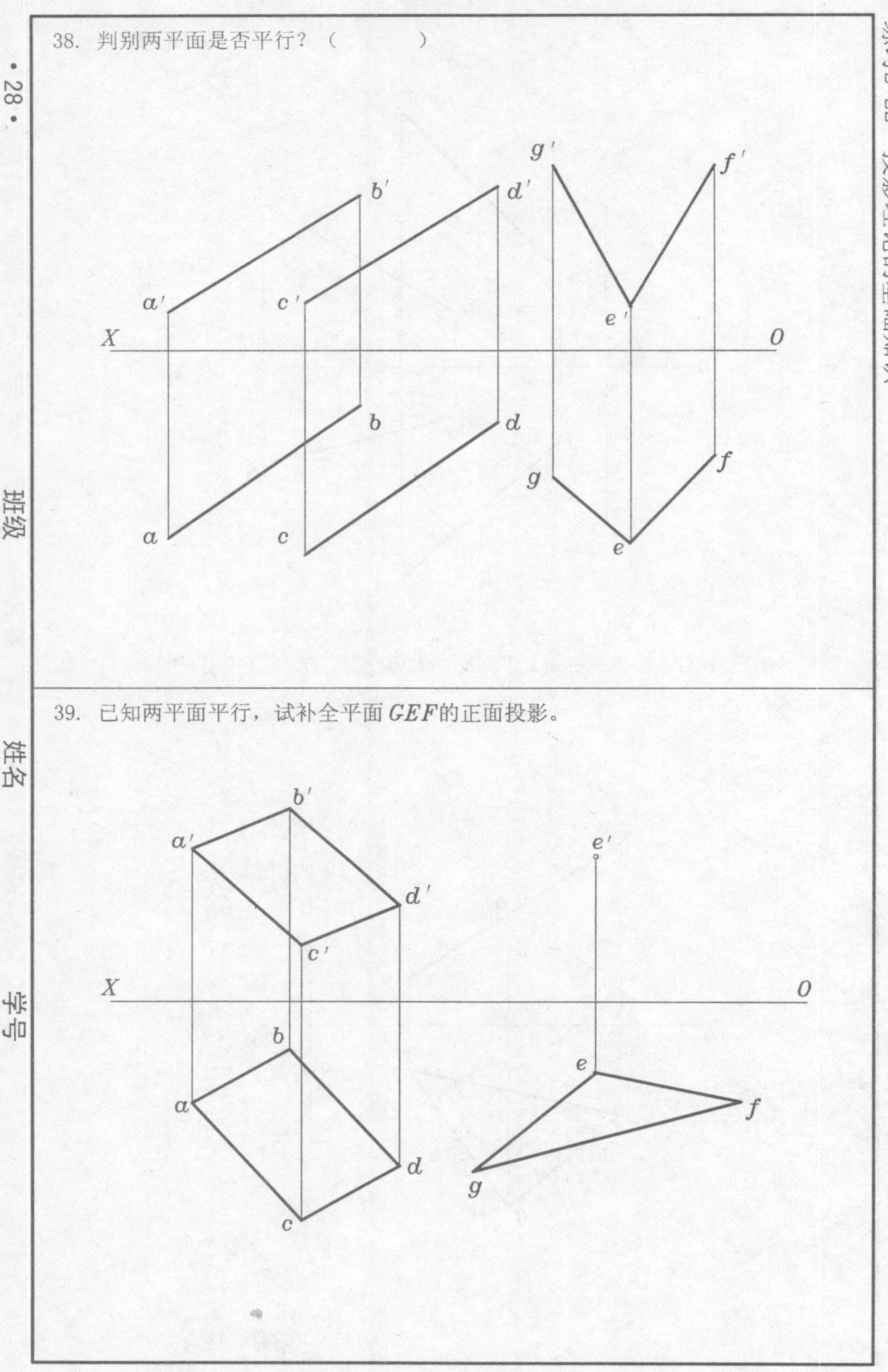

X
O
a'
b'
c'
d'
e'
f'
g'
a
b
c
d
e
f
g

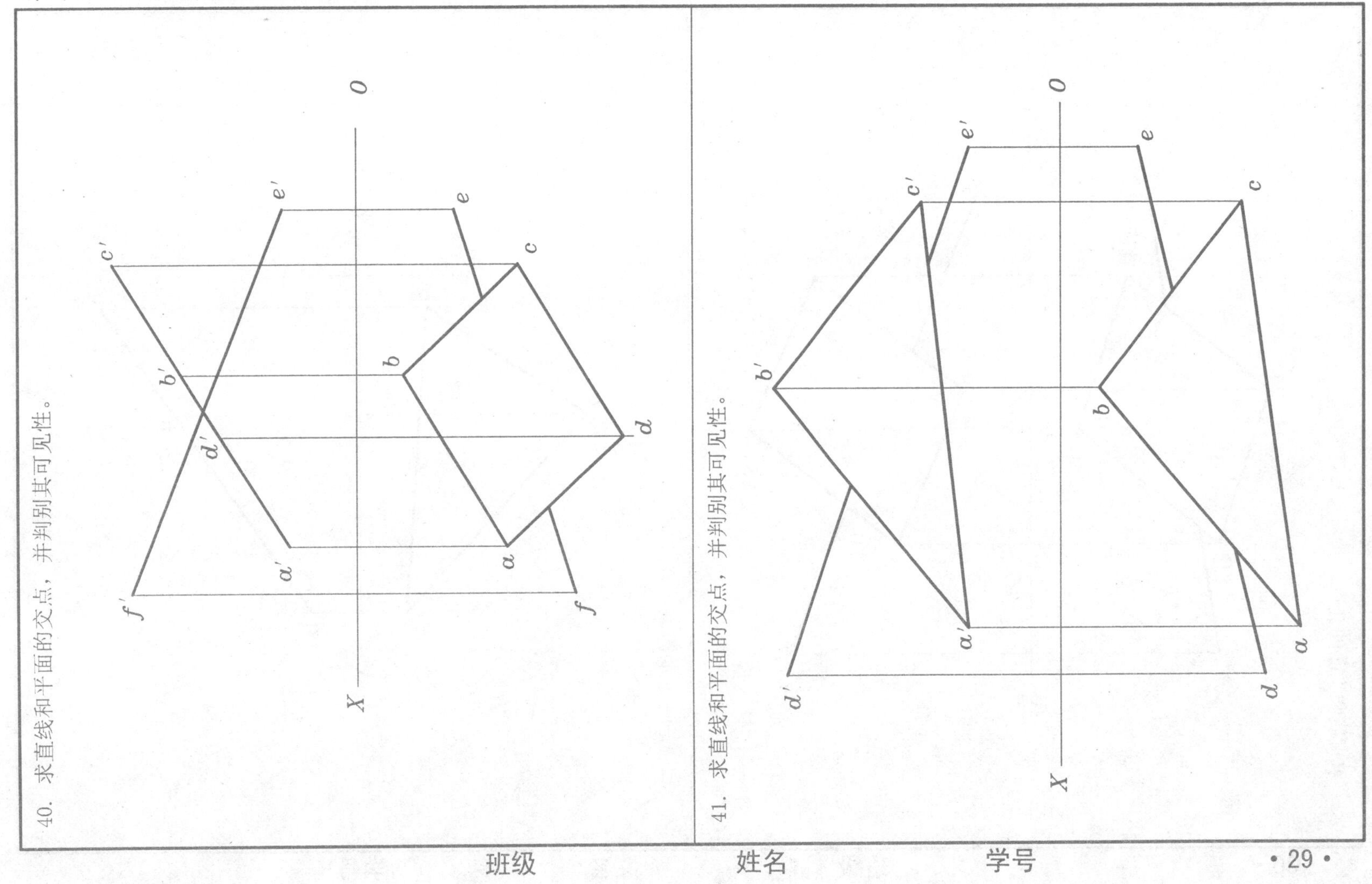

40. 求直线和平面的交点，并判别其可见性。

41. 求直线和平面的交点，并判别其可见性。

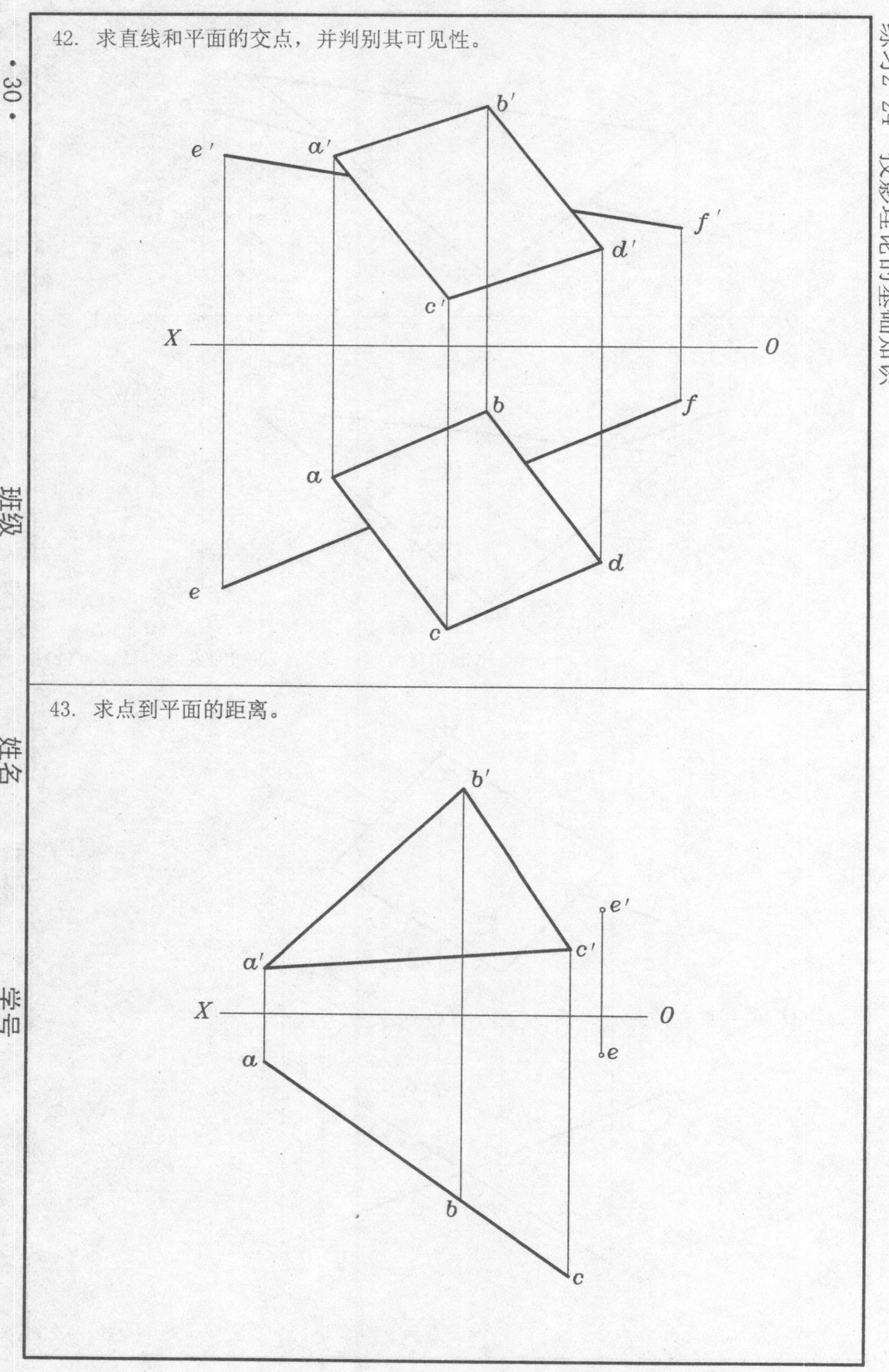
42. 求直线和平面的交点，并判别其可见性。
b′
e′
a′
f′
d′
c′
X
O
b
f
a
d
e
c
43. 求点到平面的距离。
b′
e′
a′
c′
X
O
a
e
b
c

班级　　　　　　姓名　　　　　　学号

44. 求两平面的交线，并判断其可见性。

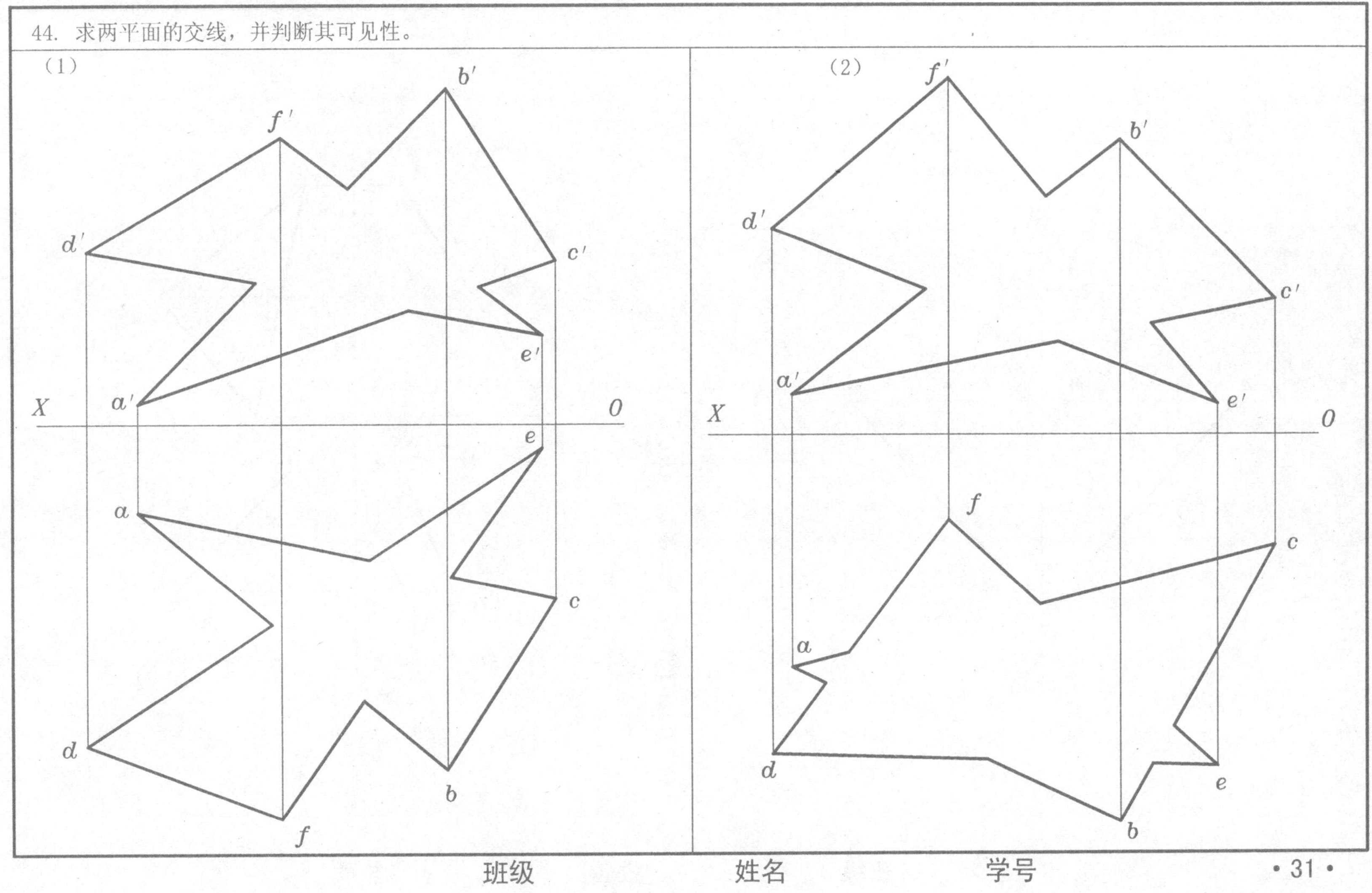
(1)
b′
f′
d′
c′
e′
a′
X
O
e
a
c
d
b
f
(2)
f′
b′
d′
c′
a′
e′
X
O
f
c
a
d
e
b

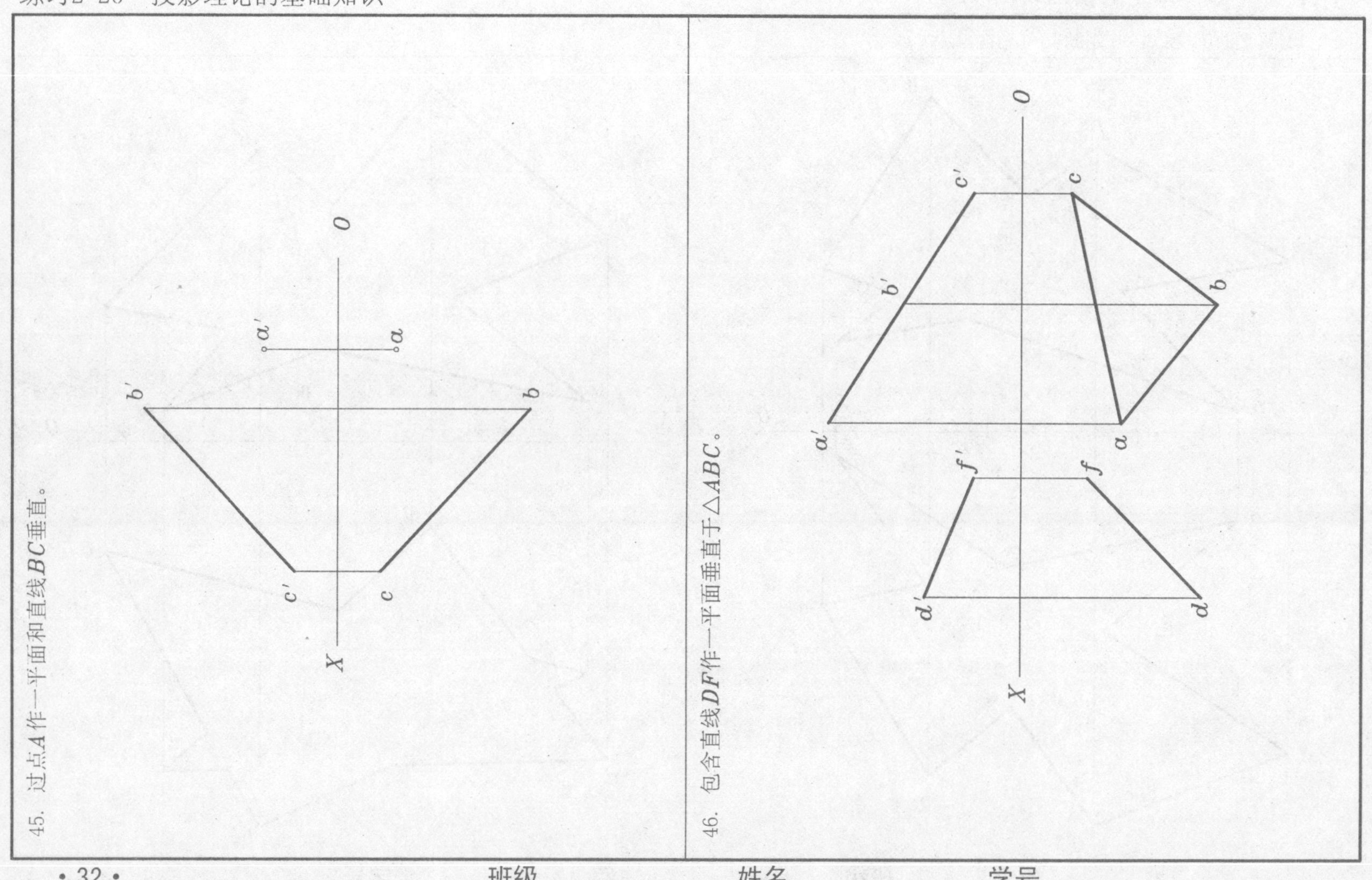
45. 过点A作一平面和直线BC垂直。
a'
a
b'
b
c'
c
X
O
46. 包含直线DF作一平面垂直于$\triangle ABC$。
a'
a
b'
b
c'
c
d'
d
f'
f
X
O

班级　　　　　　　　姓名　　　　　　　　学号

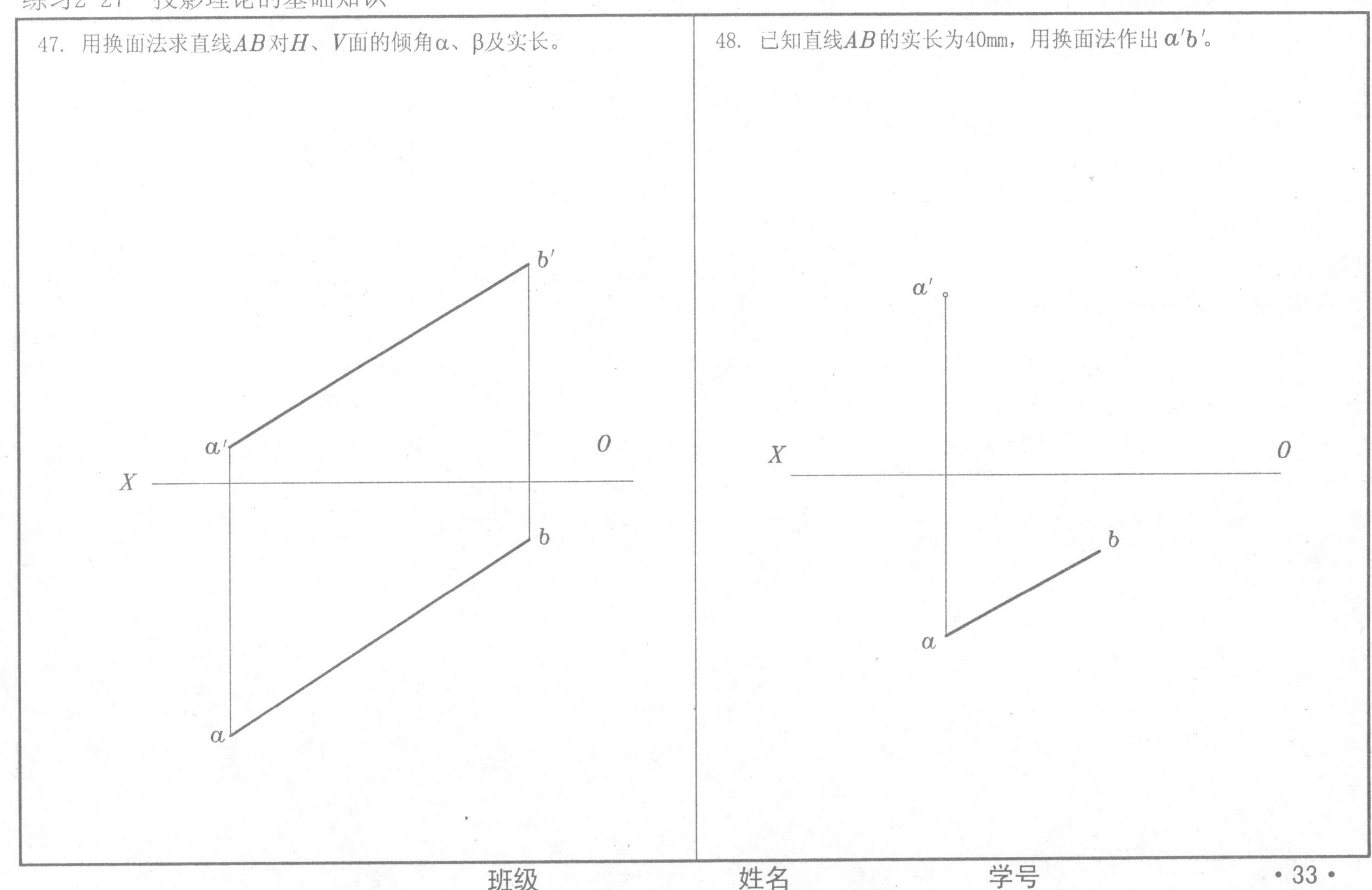
47. 用换面法求直线AB对H、V面的倾角α、β及实长。
b′
a′
X
O
b
a
48. 已知直线AB的实长为40mm，用换面法作出$a'b'$。
a′
X
O
b
a

班级　　　　姓名　　　　学号

49. 求点C到直线AB的距离及其投影。

50. 求平行两直线AB和CD的距离。

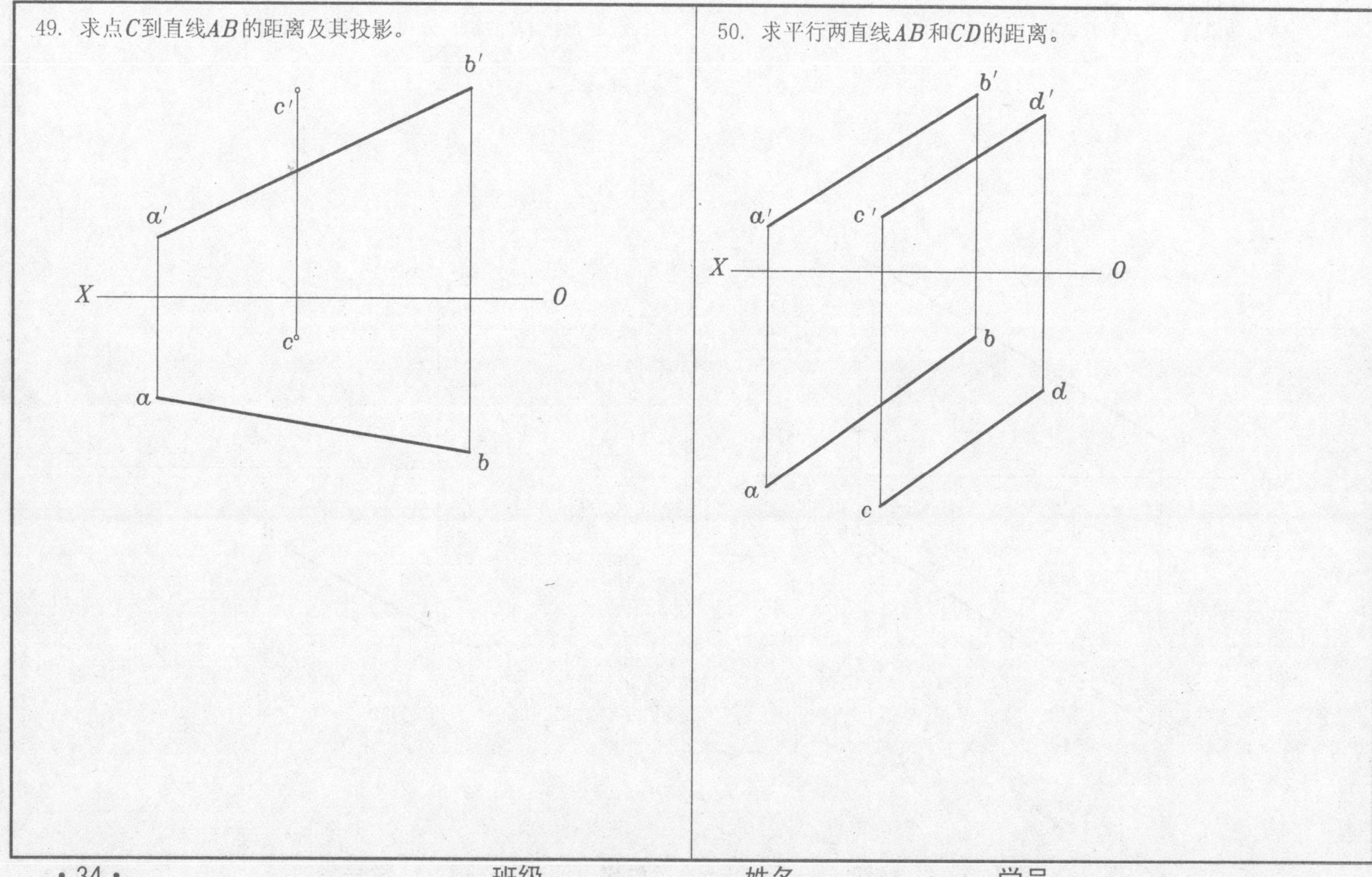
b′
c′
a′
X
O
c
a
b
b′
d′
a′
c′
X
O
b
d
a
c

班级　　姓名　　学号

51. 用换面法求两直线AB和CD的距离。

52. 用换面法求M点到$\triangle ABC$平面的距离MK的投影及实长。

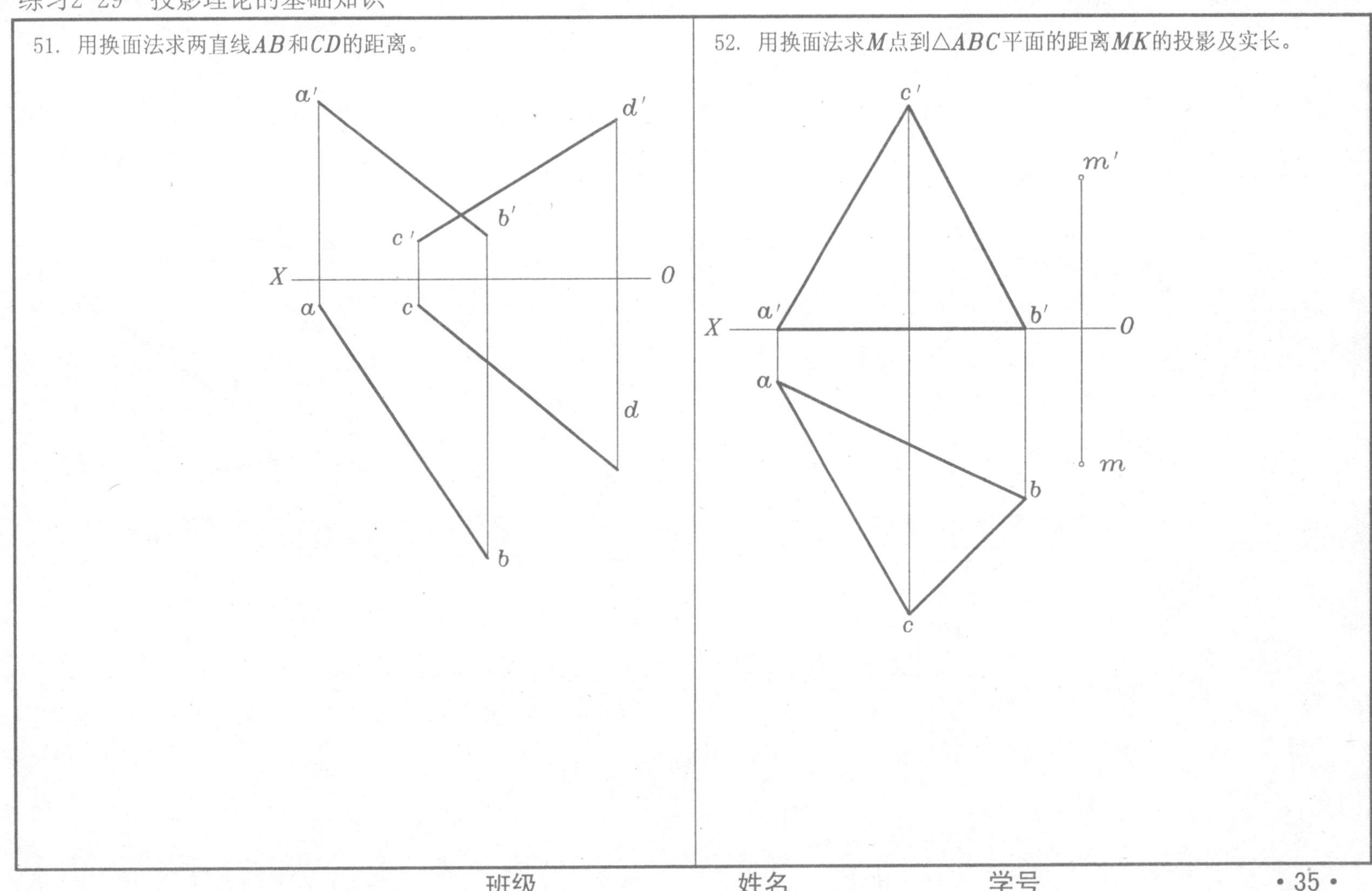
a′
d′
b′
c′
X
O
a
c
d
b
c′
m′
a′
b′
X
O
a
m
b
c

班级　　　　　姓名　　　　　学号

53. 用换面法求点到平面的距离和垂足的投影。

54. 用换面法求△ABC内切圆的圆心O。

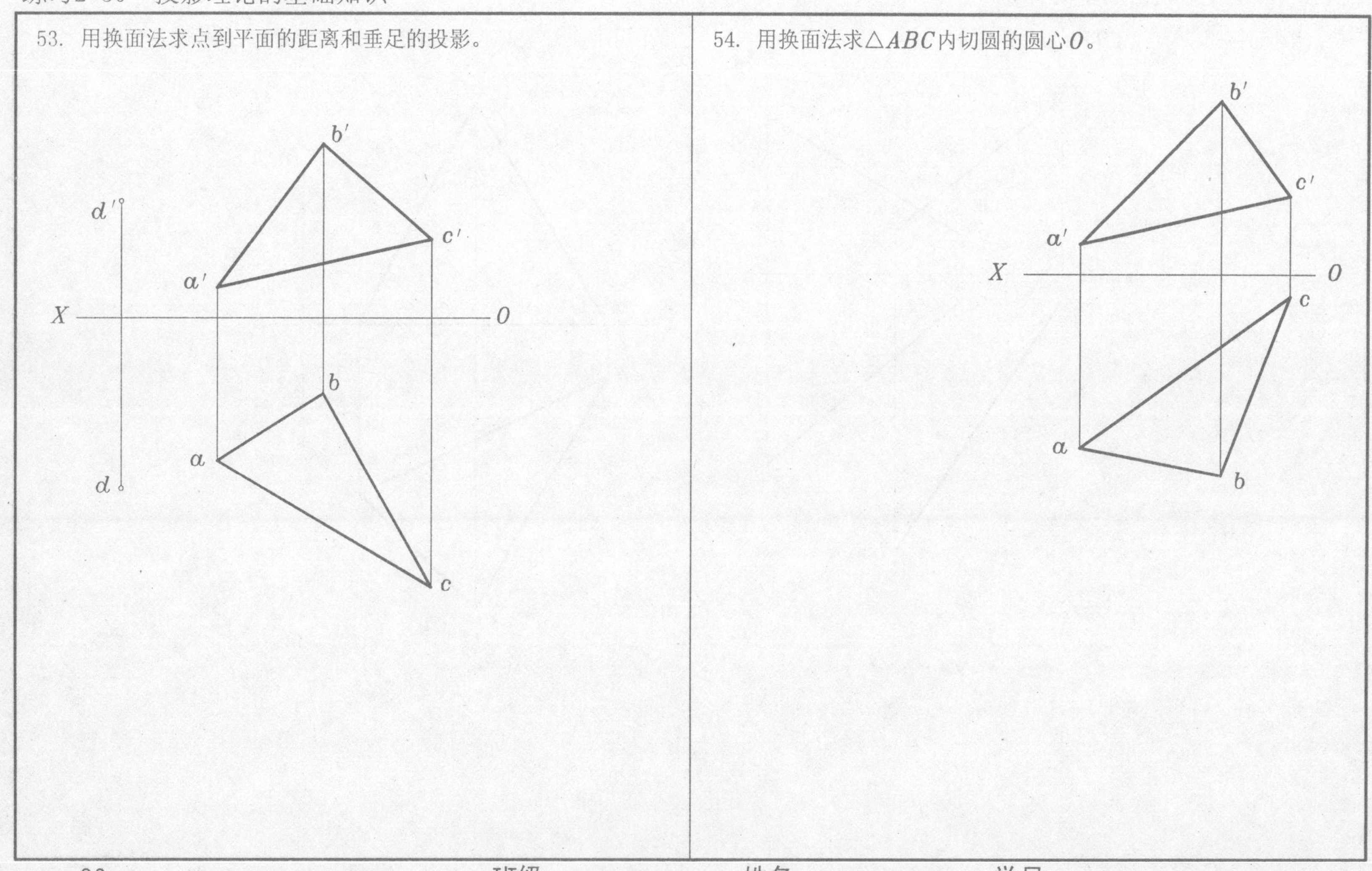

b′
d′
c′
a′
X
O
b
a
d
c
b′
c′
a′
X
O
c
a
b

班级　　　　姓名　　　　学号

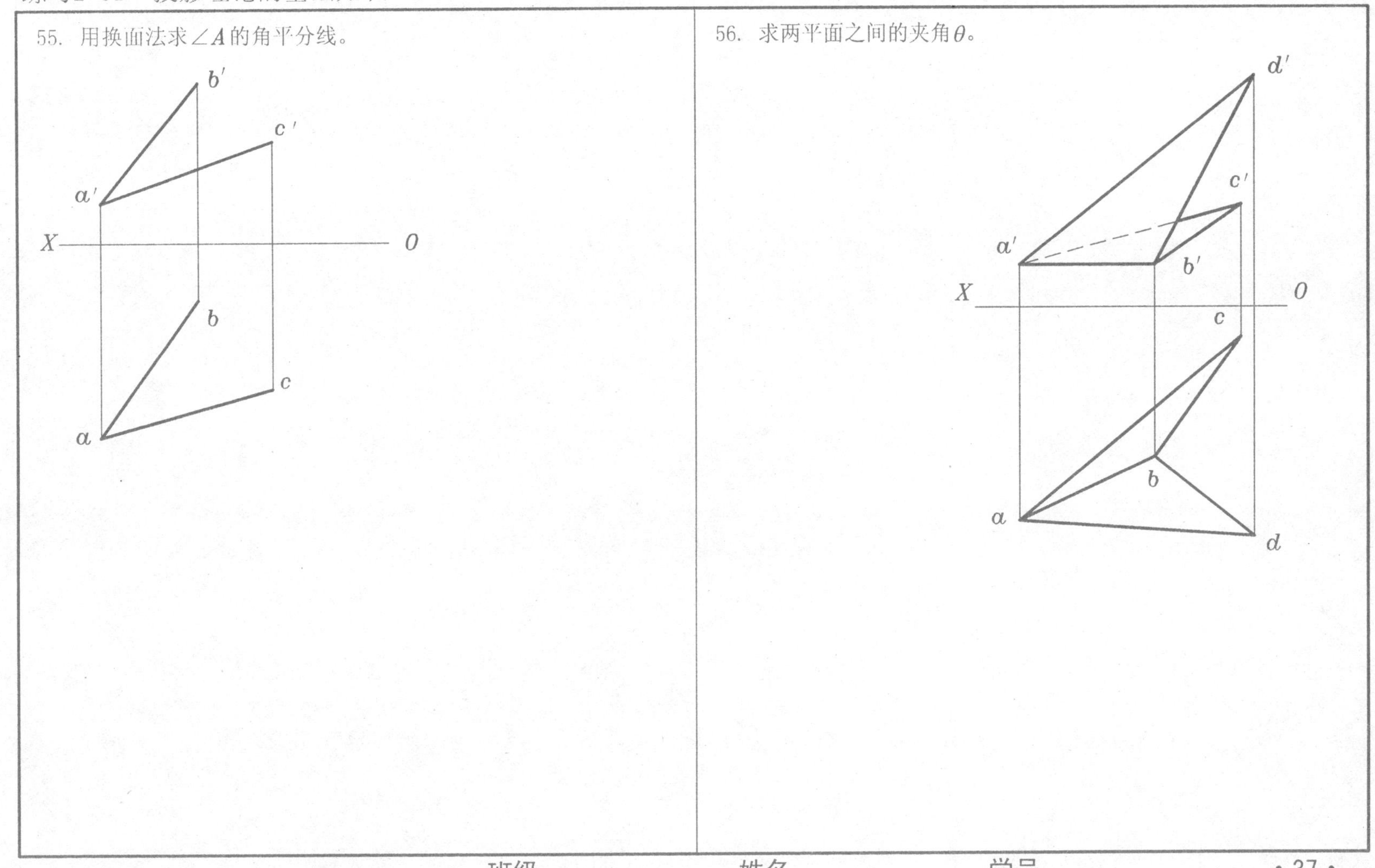
55. 用换面法求∠A的角平分线。
b′
c′
a′
X
O
b
c
a
56. 求两平面之间的夹角θ。
d′
c′
a′
b′
X
O
c
b
a
d

练习3　立体的基本投影

练习3-1　立体的基本投影

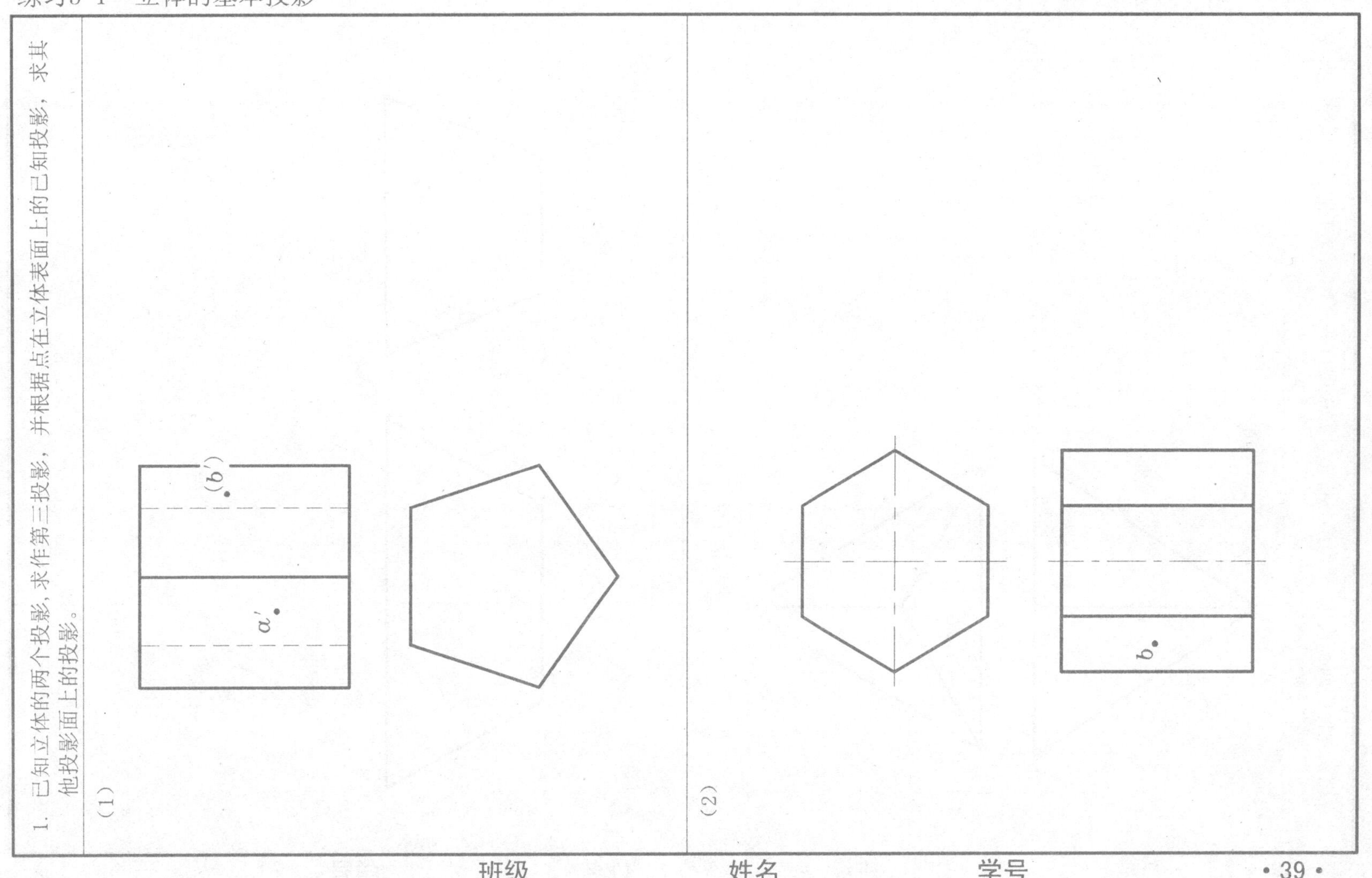
1. 已知立体的两个投影，求作第三投影，并根据点在立体表面上的已知投影，求其他投影面上的投影。
(1)
(b′)
a′
(2)
b

班级　　　　　　　　姓名　　　　　　　　学号

练习3-2　立体的基本投影

2. 已知立体的两个投影，求作第三投影，并根据点在立体表面上的已知投影，求其他投影面上的投影。

（1）

（2）

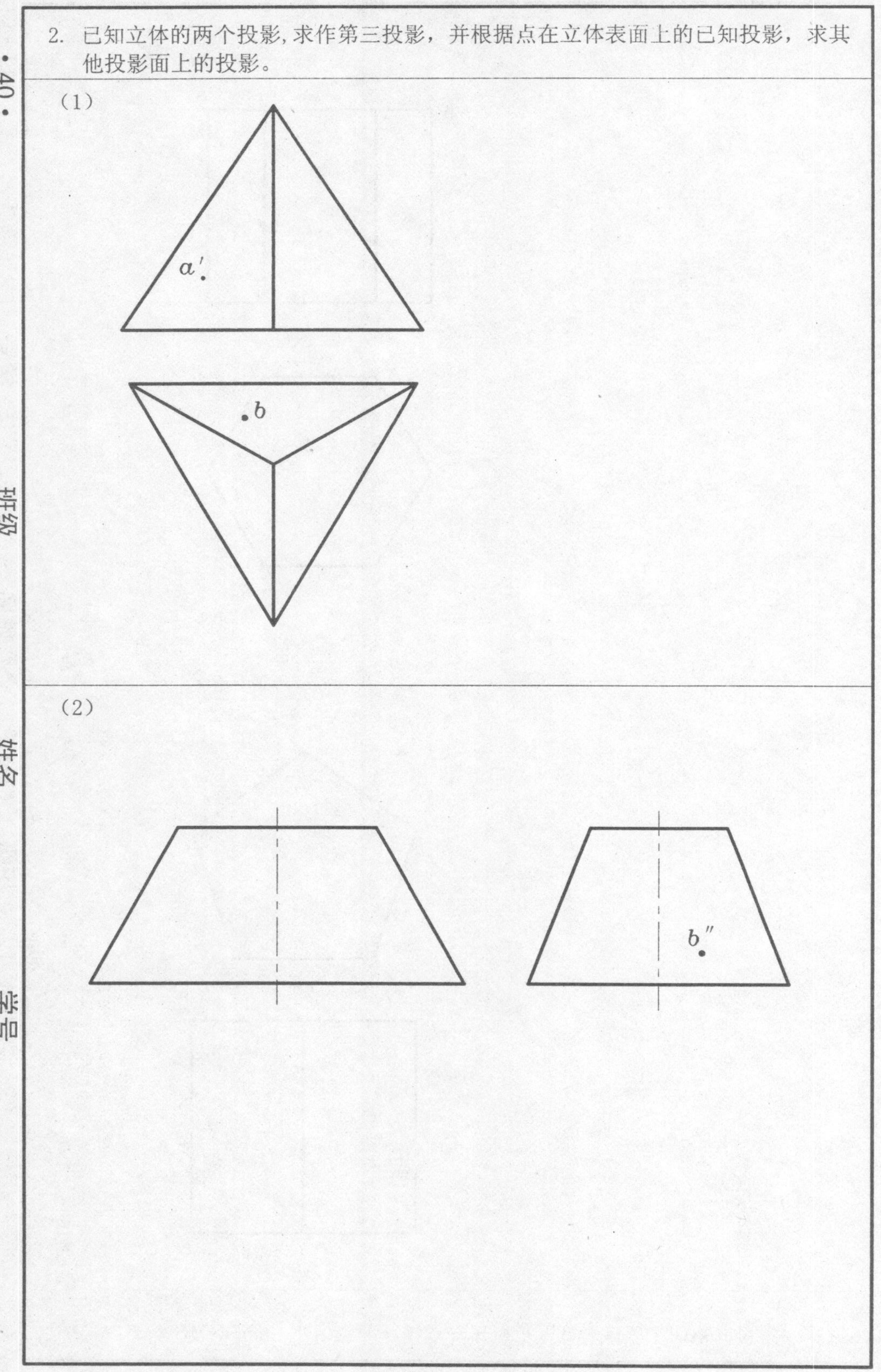

a'
b
b"

班级　　　　姓名　　　　学号

3. 分别求出圆柱体上轮廓转向线A、B、C、D在其他两投影面上的投影。

4. 求圆柱体表面点A、B及线段M在其他两投影上的投影。

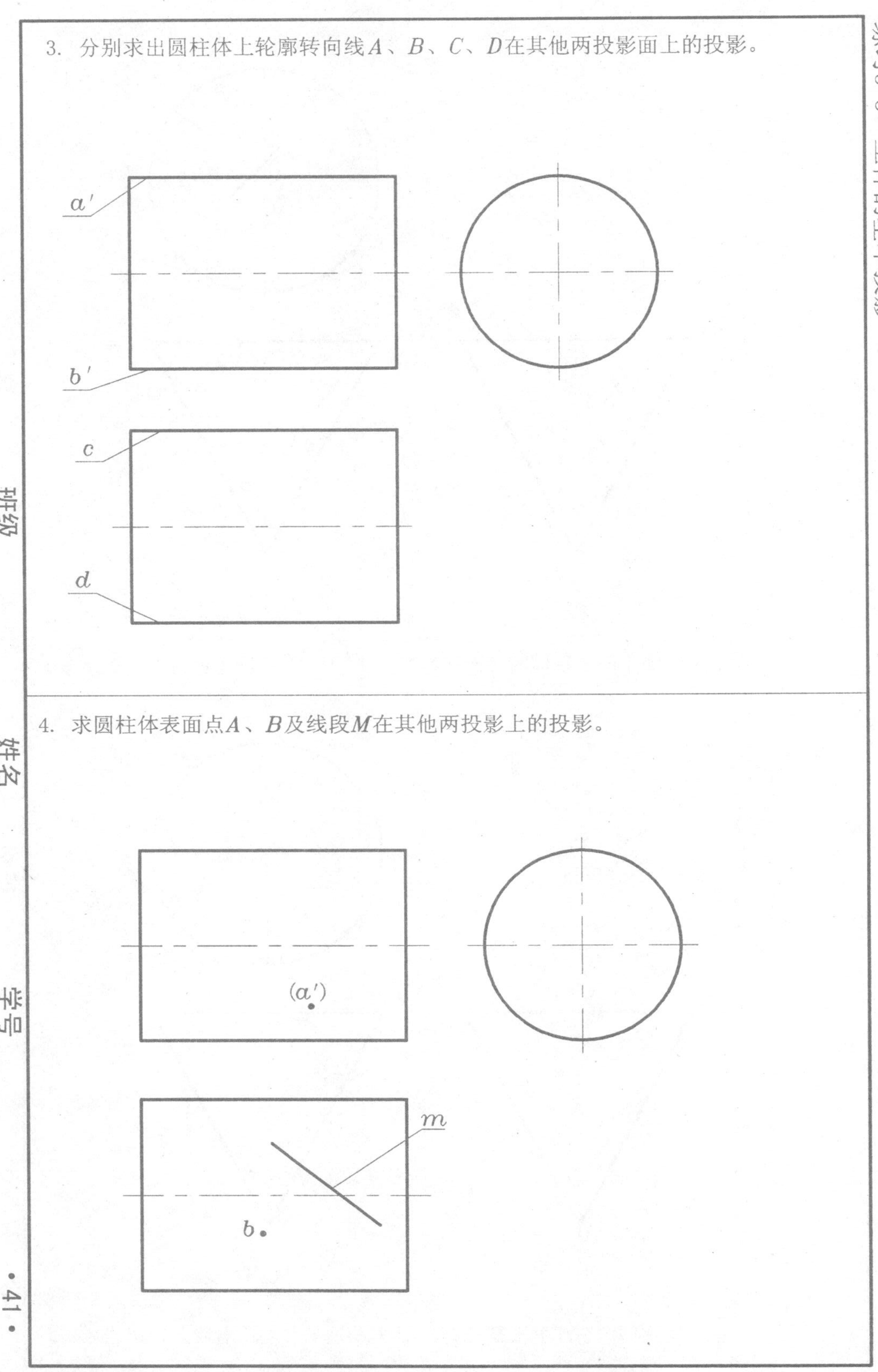
a′
b′
c
d
(a′)
m
b

练习3-4　立体的基本投影

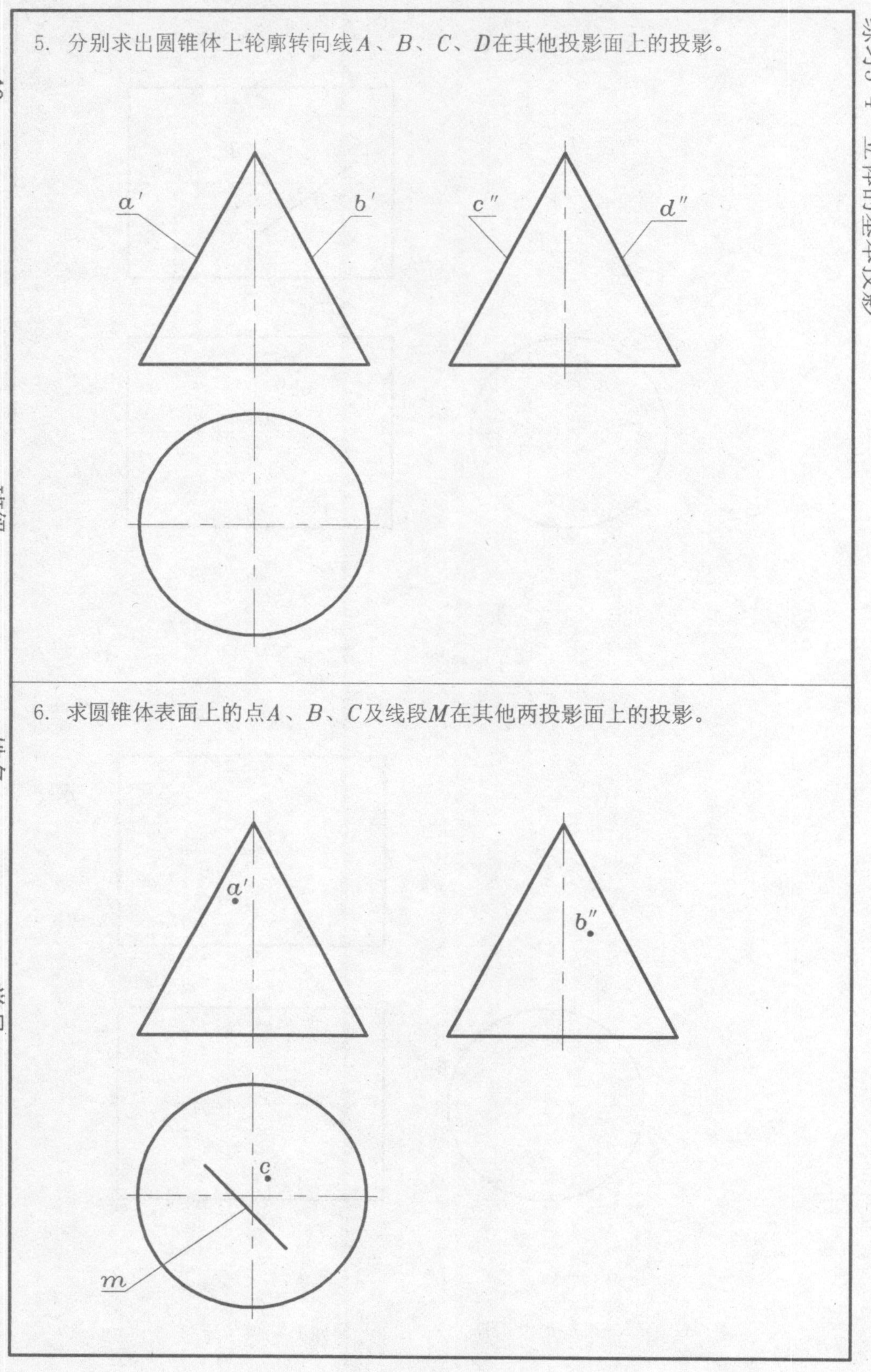
5. 分别求出圆锥体上轮廓转向线A、B、C、D在其他投影面上的投影。
a'
b'
c''
d''
6. 求圆锥体表面上的点A、B、C及线段M在其他两投影面上的投影。
a'
b''
c
m

班级　　　　姓名　　　　学号

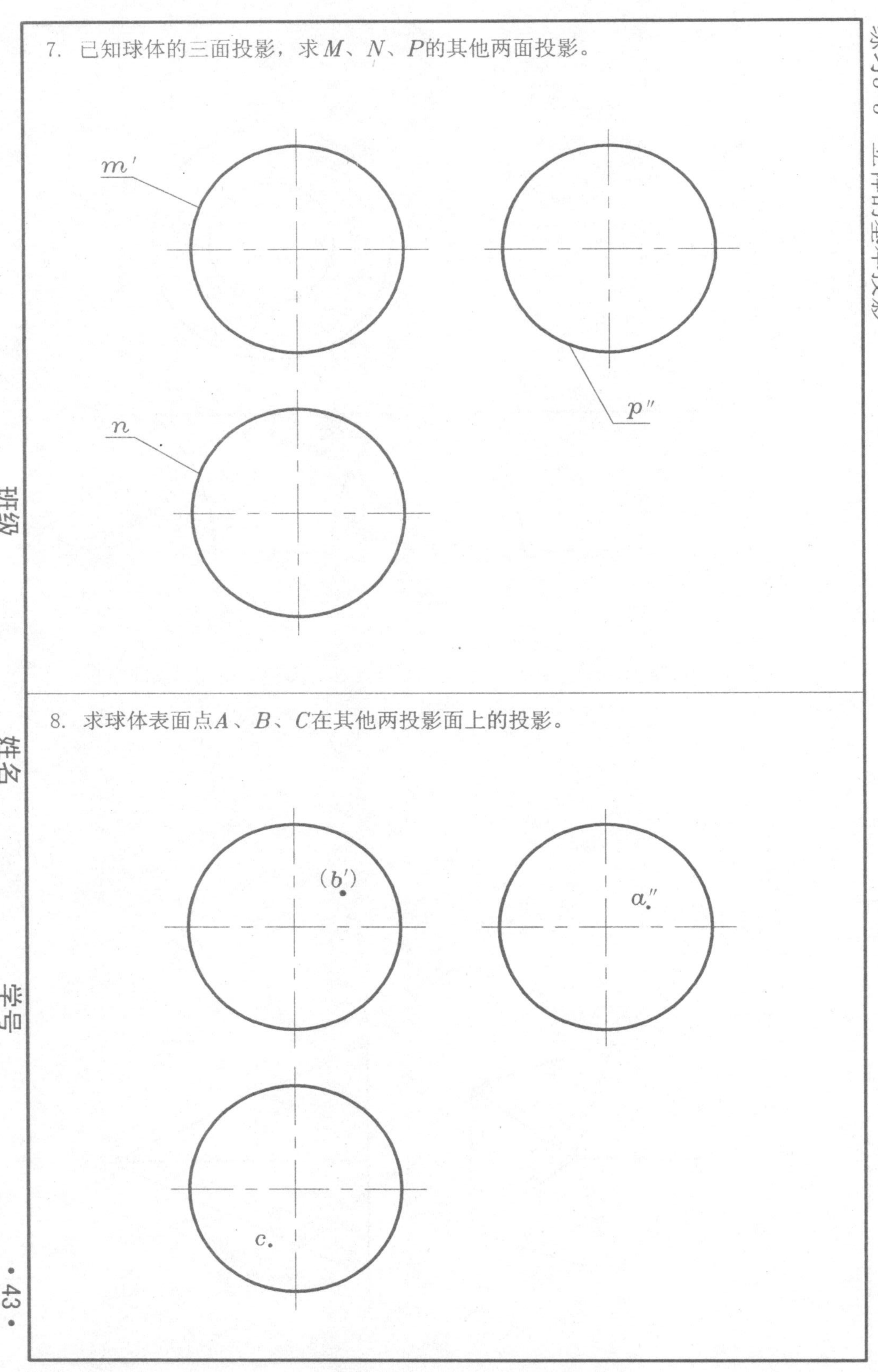

7. 已知球体的三面投影，求M、N、P的其他两面投影。
m'
p''
n
8. 求球体表面点A、B、C在其他两投影面上的投影。
(b')
a''
c

班级　　　　姓名　　　　学号

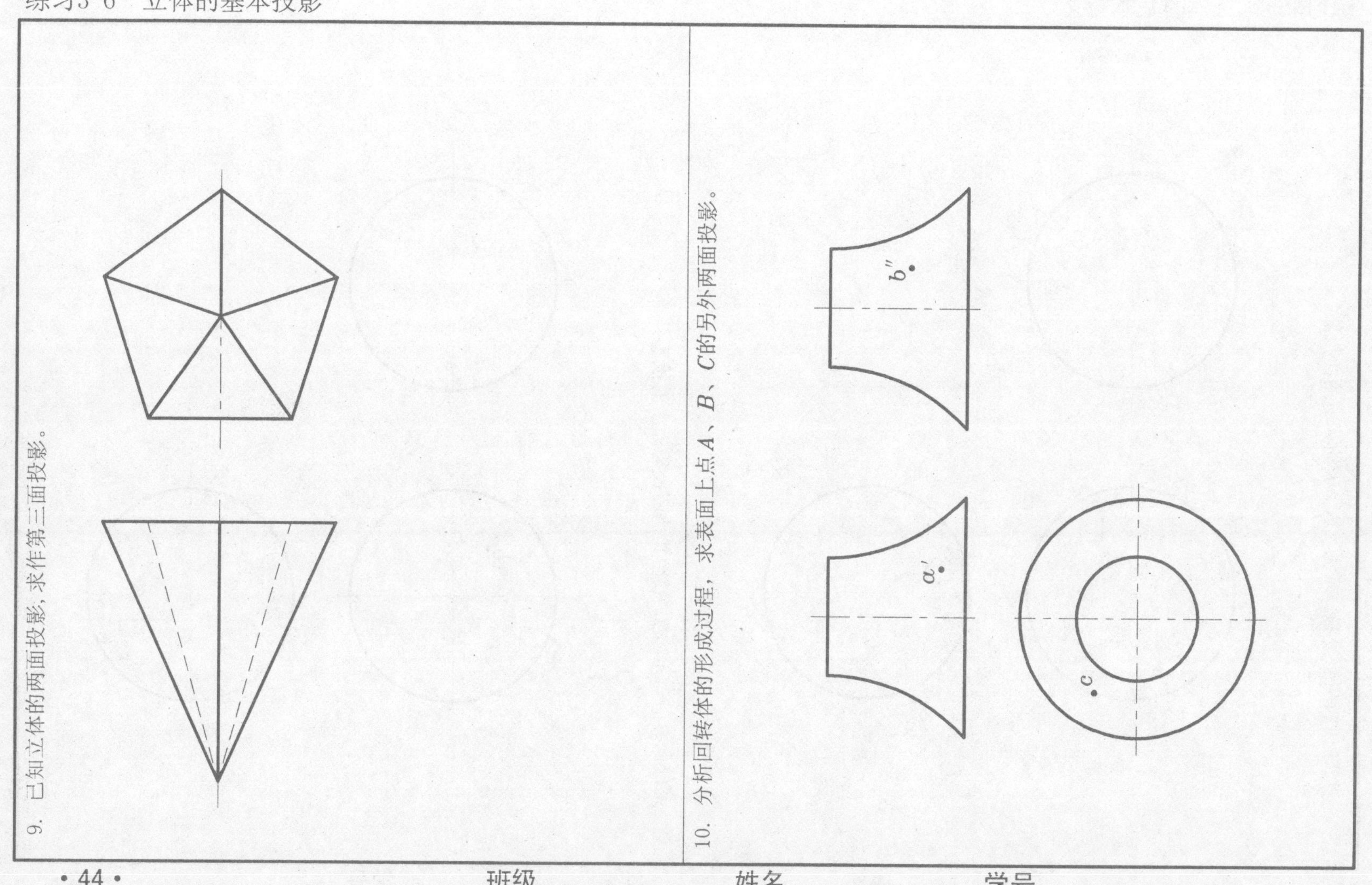
9. 已知立体的两面投影，求作第三面投影。
10. 分析回转体的形成过程，求表面上点A、B、C的另外两面投影。
b″
a′
c

练习4 组合体的投影

练习4-1 组合体的投影

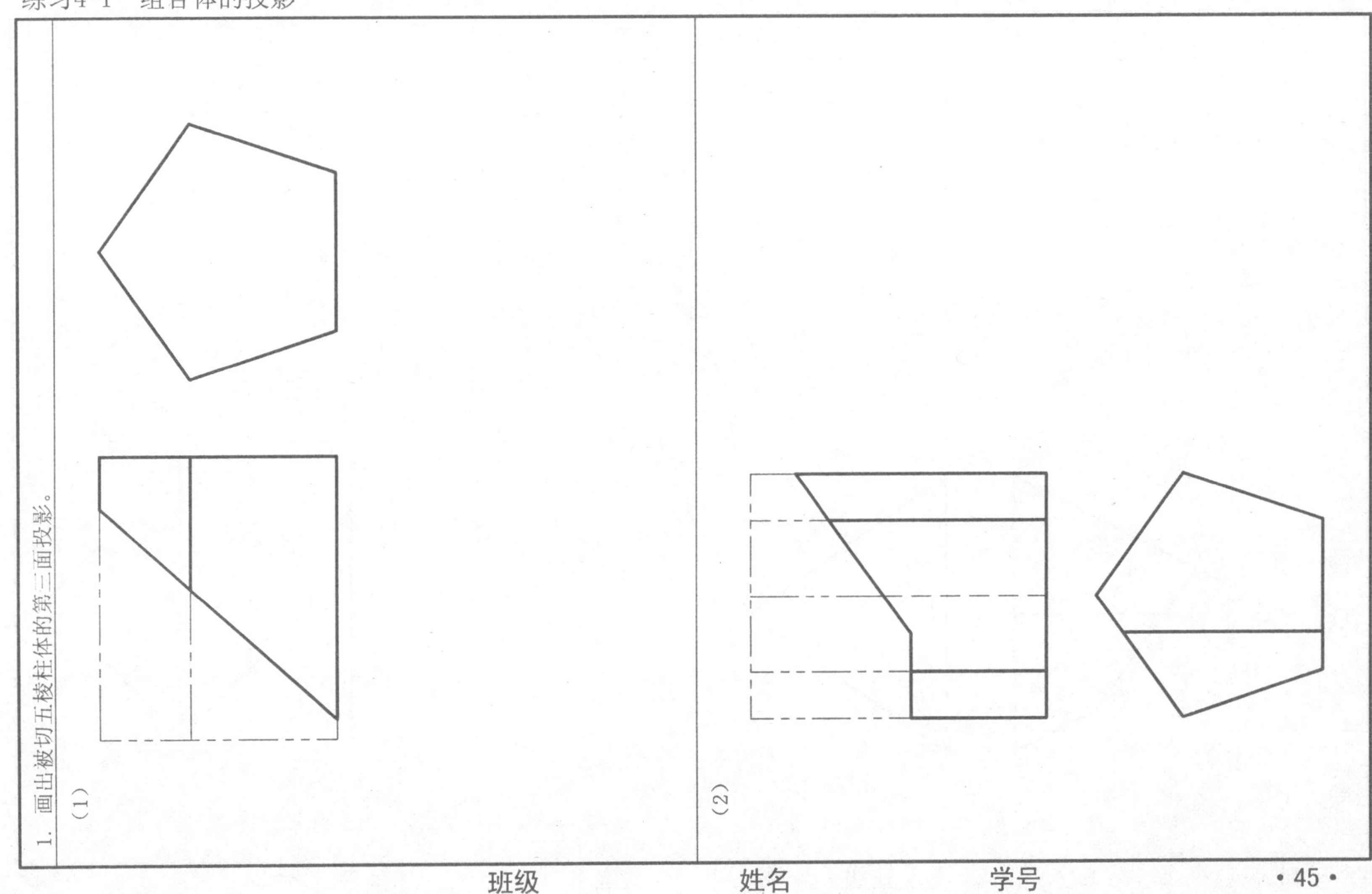
1. 画出被切五棱柱体的第三面投影。
（1）
（2）

班级 姓名 学号

2. 画出棱锥被切后的水平投影和侧面投影。

3. 画出棱锥被切后的水平投影和侧面投影。

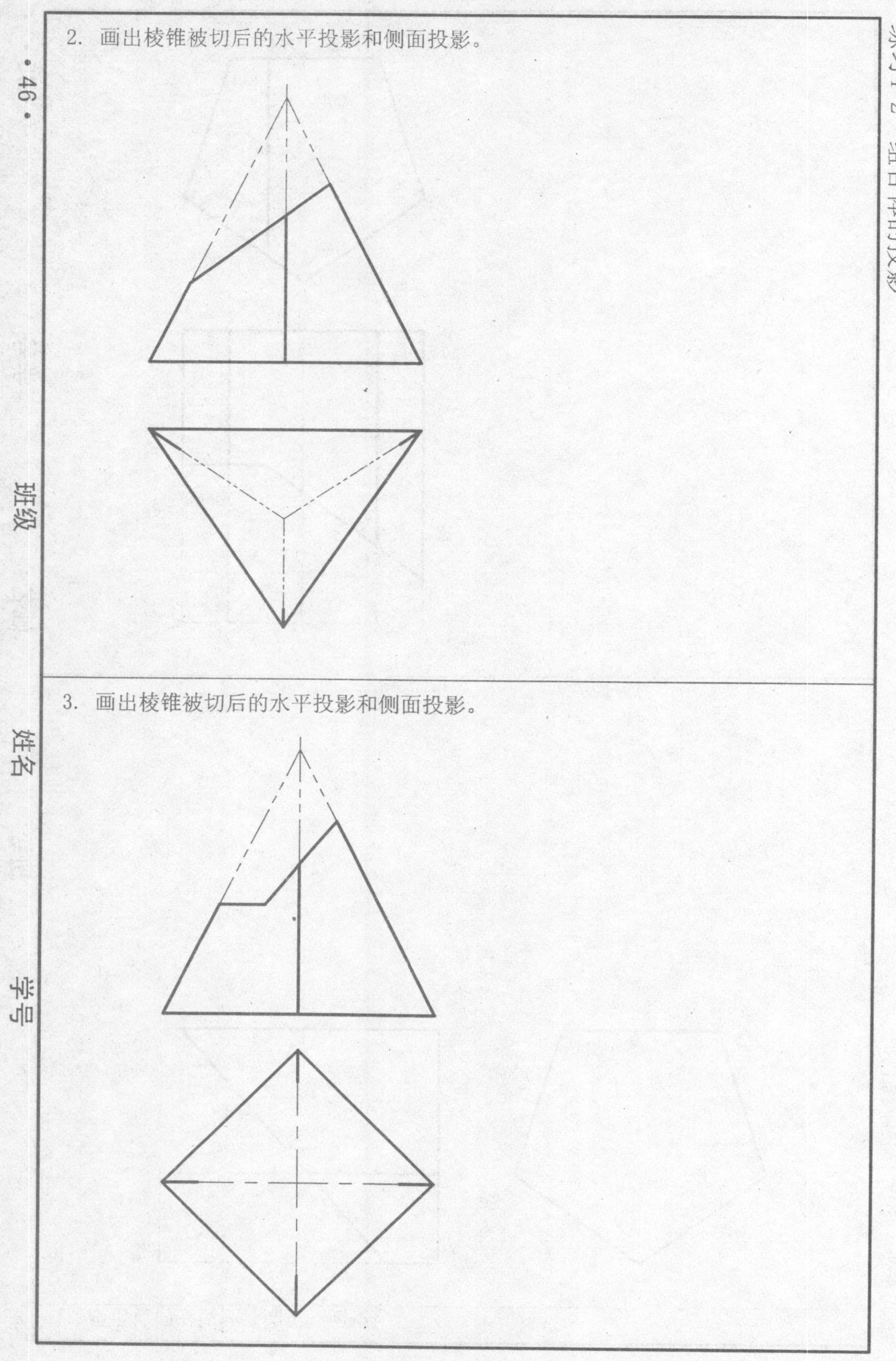

班级　　　　姓名　　　　学号

练习4-3　组合体的投影

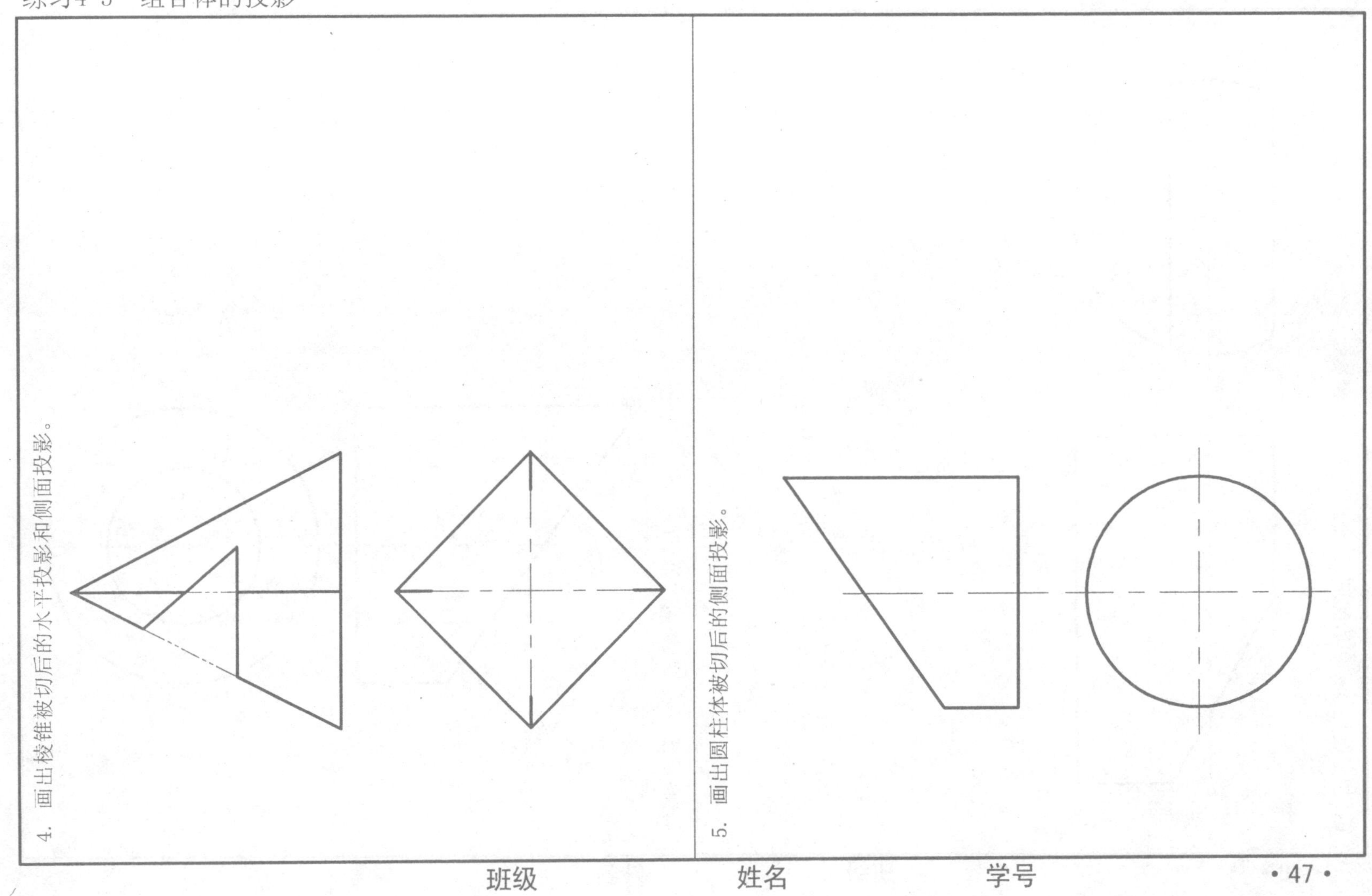

4. 画出棱锥被切后的水平投影和侧面投影。
5. 画出圆柱体被切后的侧面投影。

练习4-4　组合体的投影

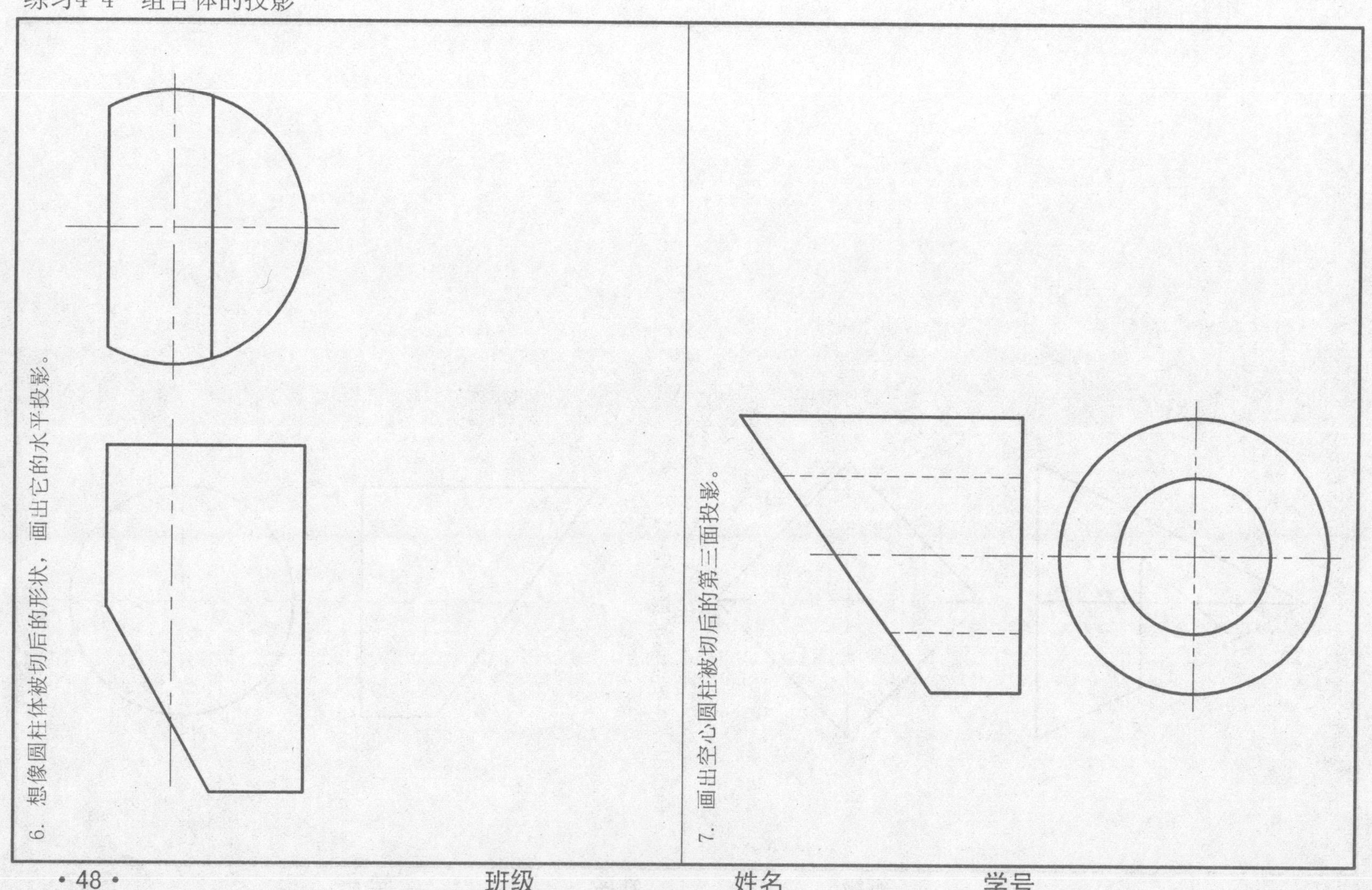
6. 想像圆柱体被切后的形状，画出它的水平投影。
7. 画出空心圆柱被切后的第三面投影。

8. 分析物体，完成平面立体被切后的水平投影和侧面投影。

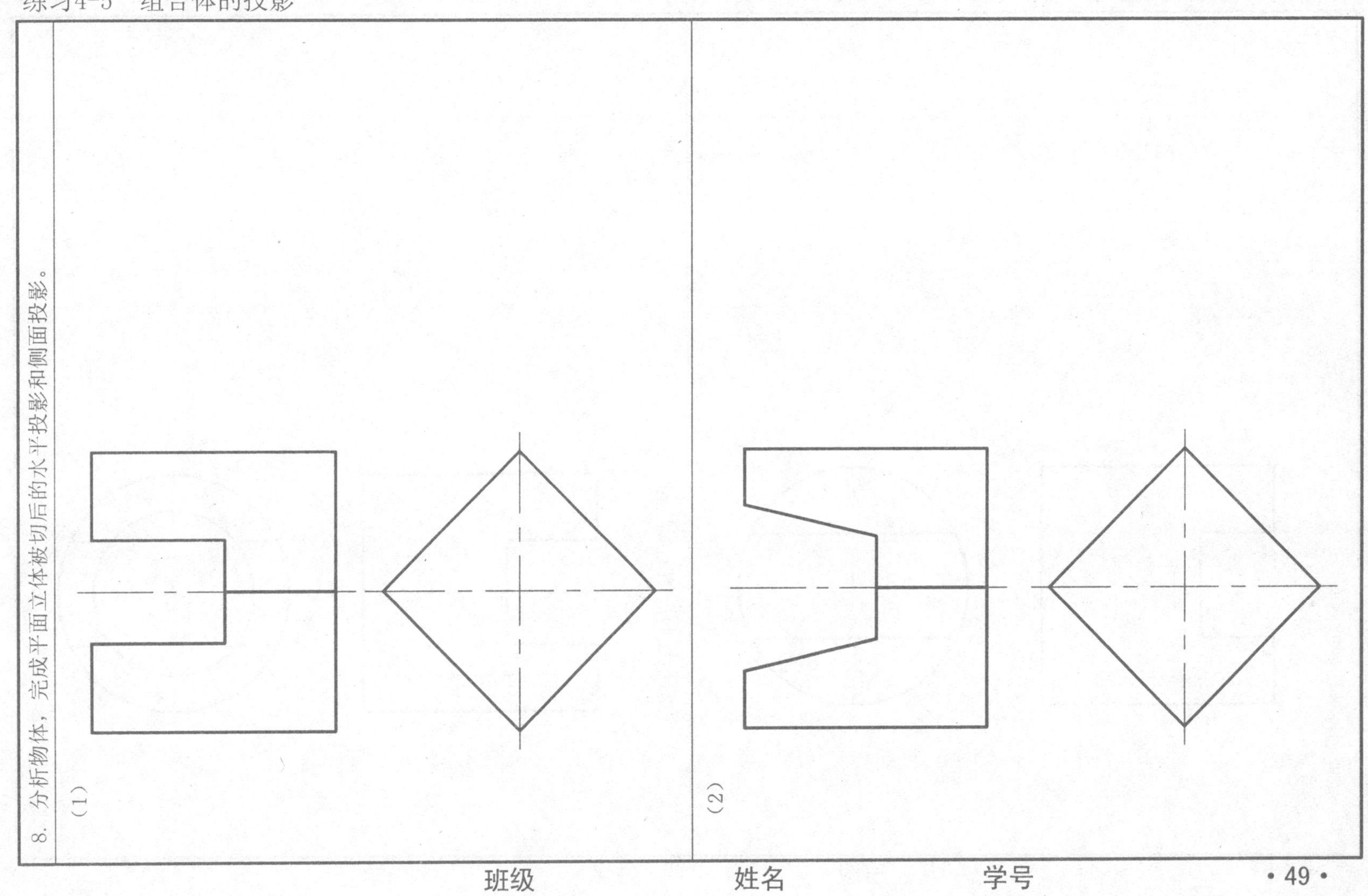
(1)
(2)

班级　　　　姓名　　　　学号

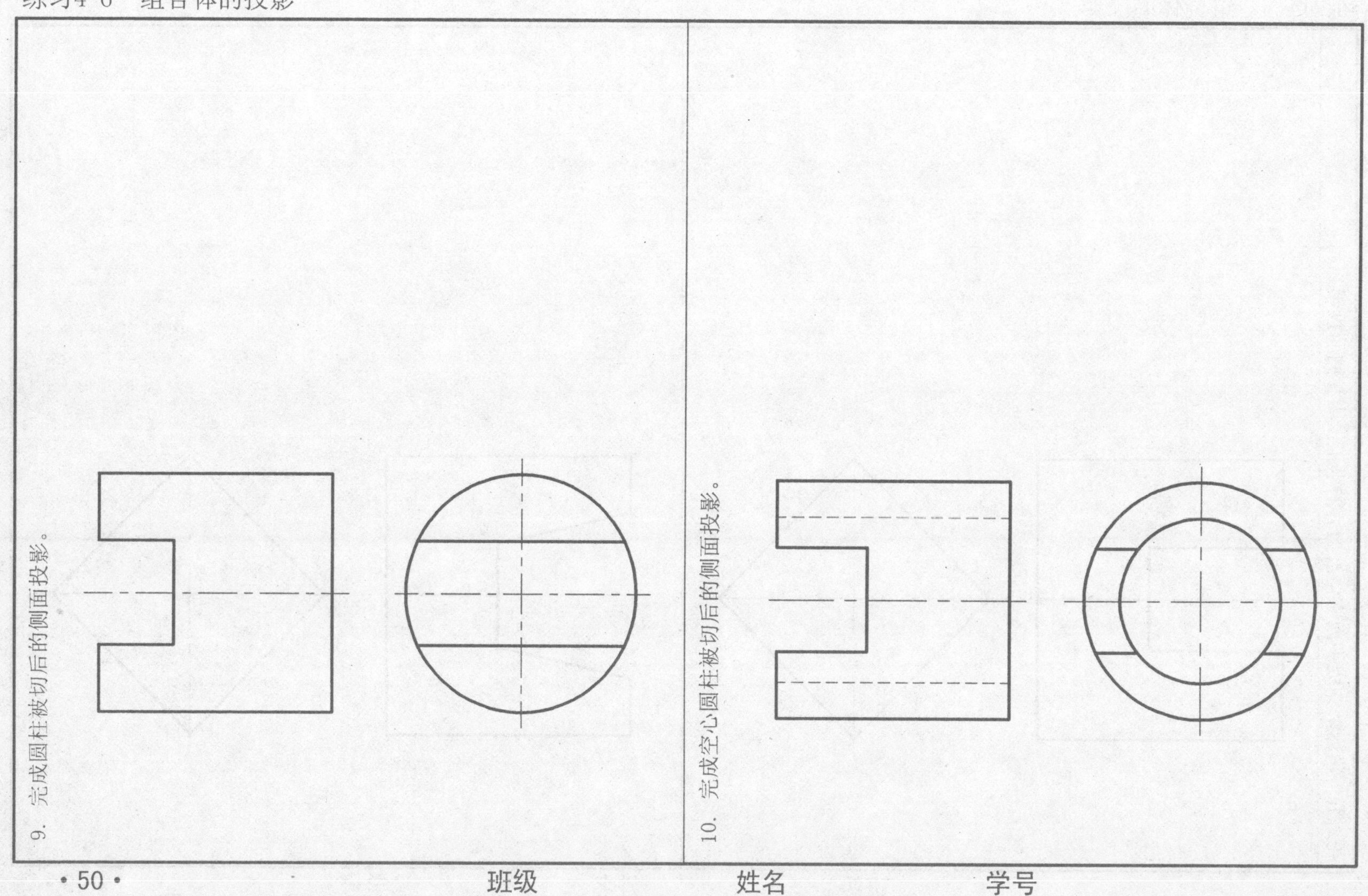
9. 完成圆柱被切后的侧面投影。
10. 完成空心圆柱被切后的侧面投影。

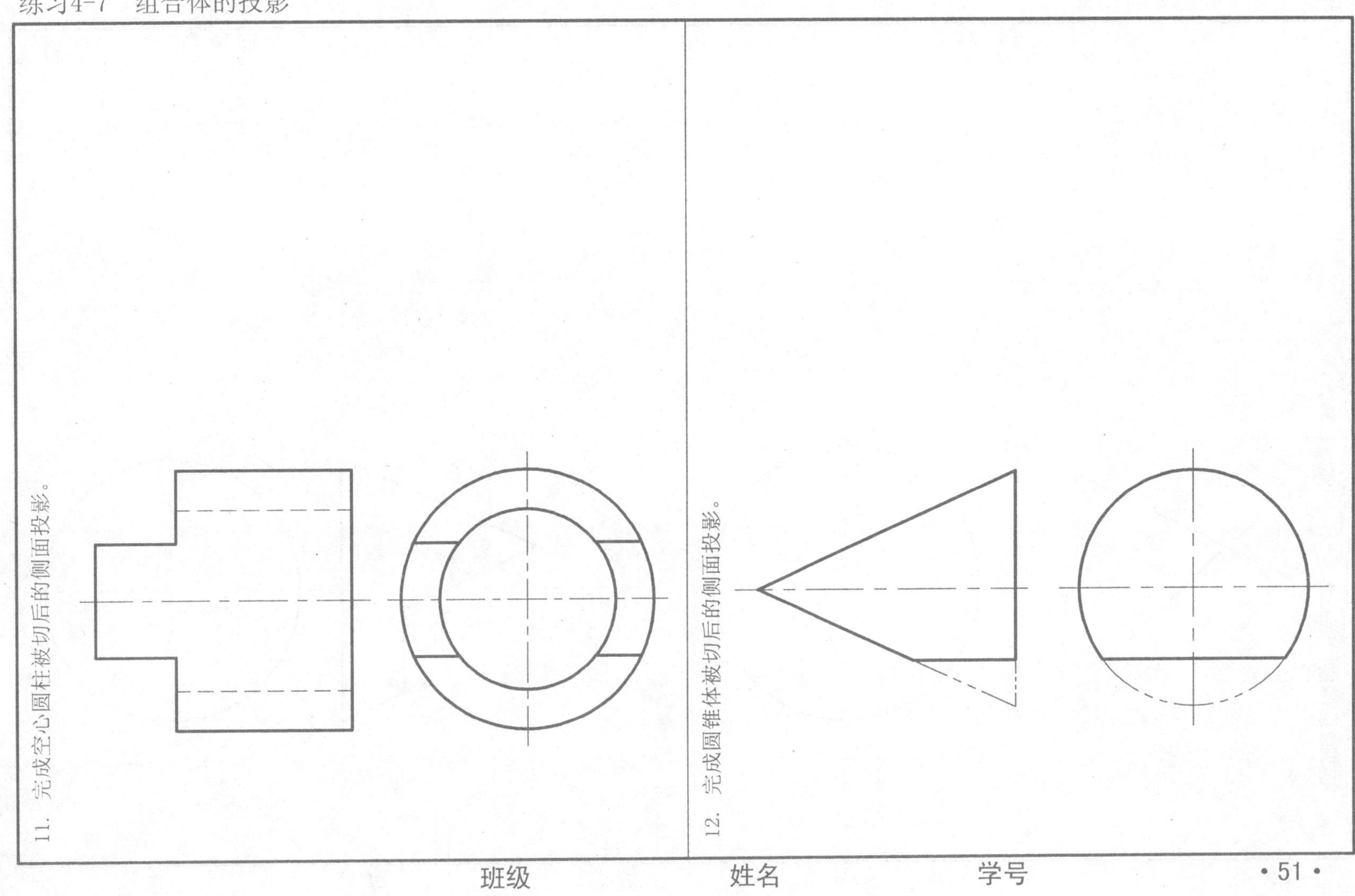

11. 完成空心圆柱被切后的侧面投影。

12. 完成圆锥体被切后的侧面投影。

班级　　姓名　　学号

练习4-8　组合体的投影

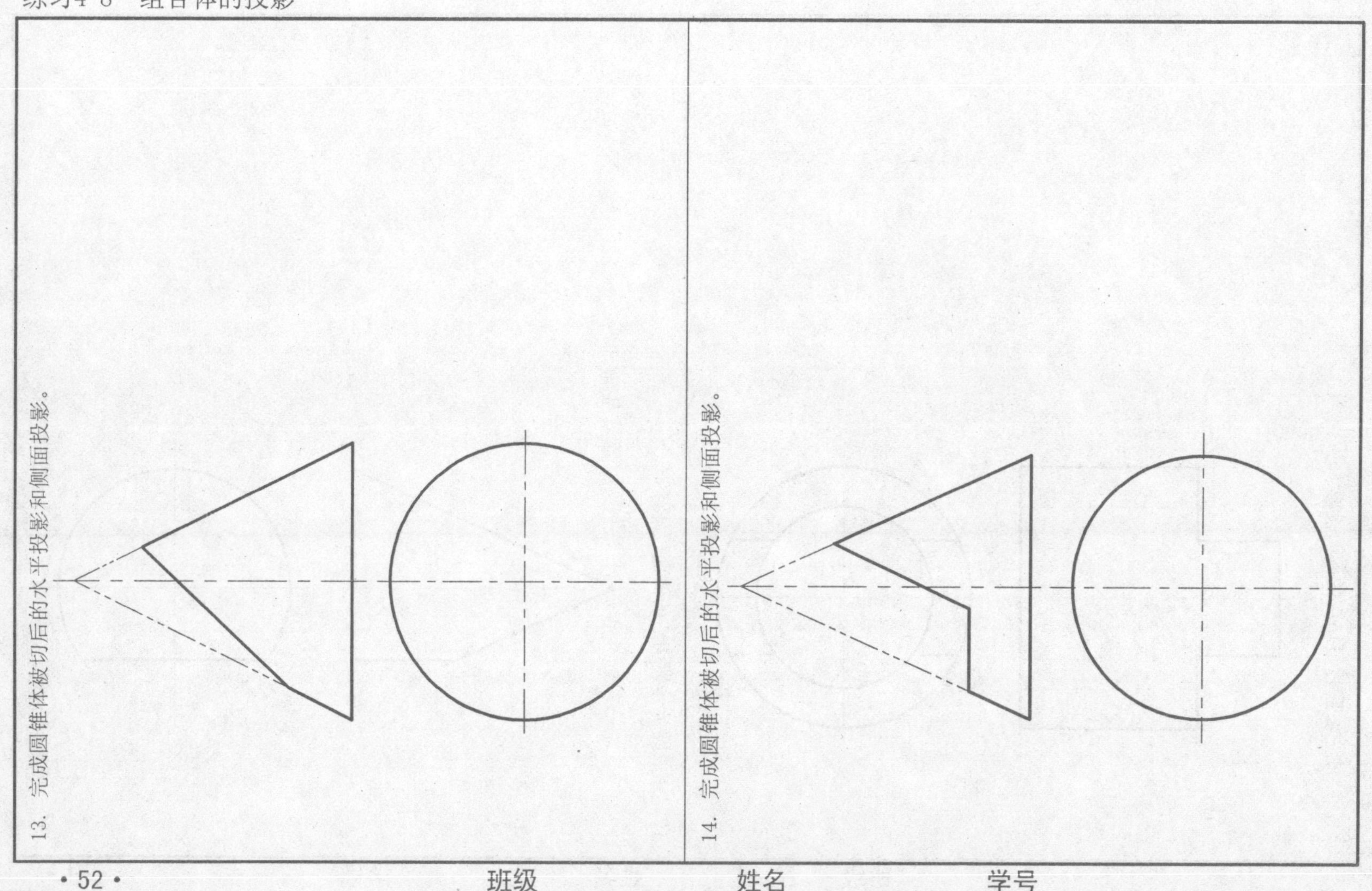
13. 完成圆锥体被切后的水平投影和侧面投影。
14. 完成圆锥体被切后的水平投影和侧面投影。

练习4-9　组合体的投影

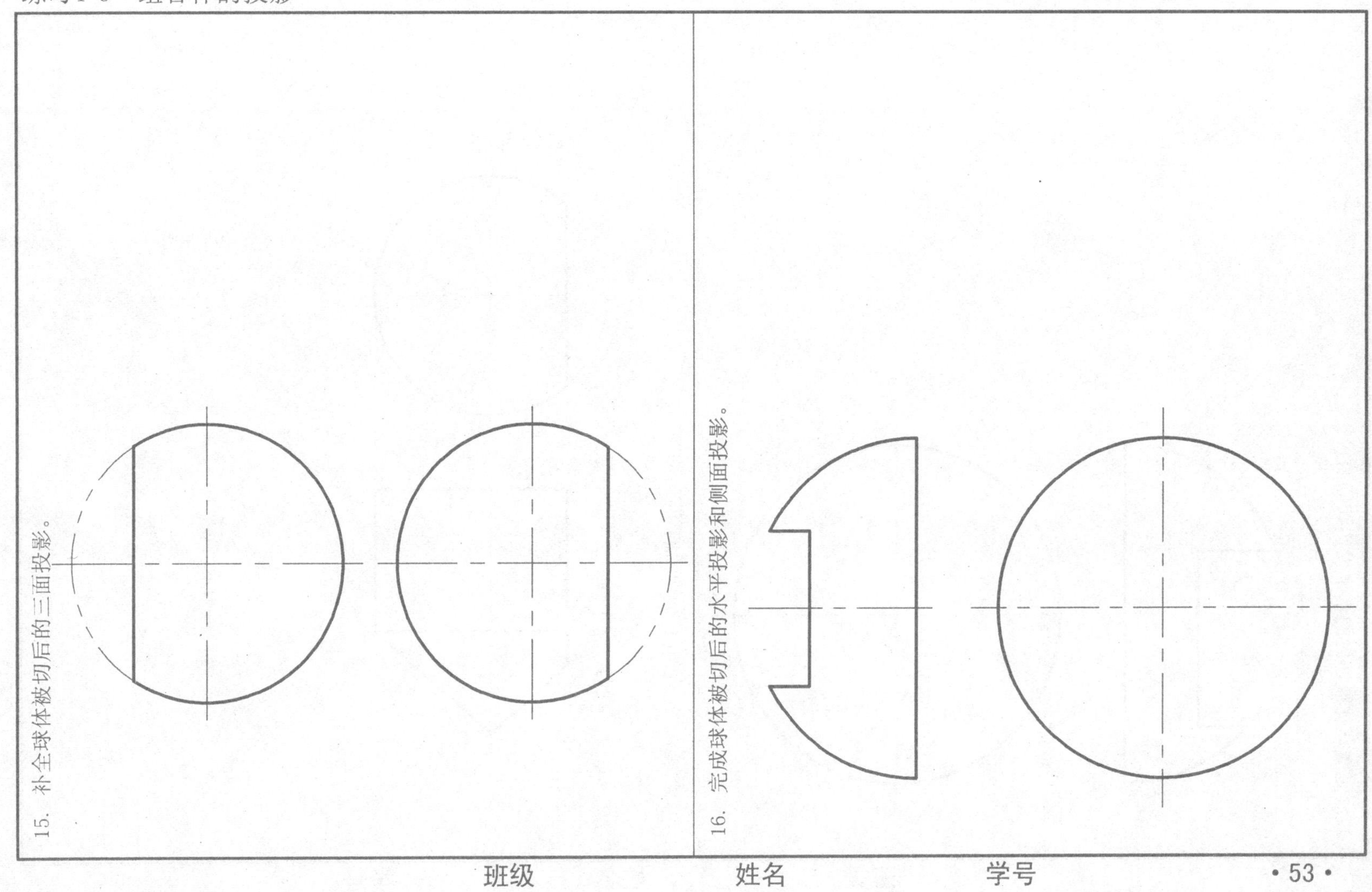
15. 补全球体被切后的三面投影。
16. 完成球体被切后的水平投影和侧面投影。

班级　　　　姓名　　　　学号

练习4-10 组合体的投影

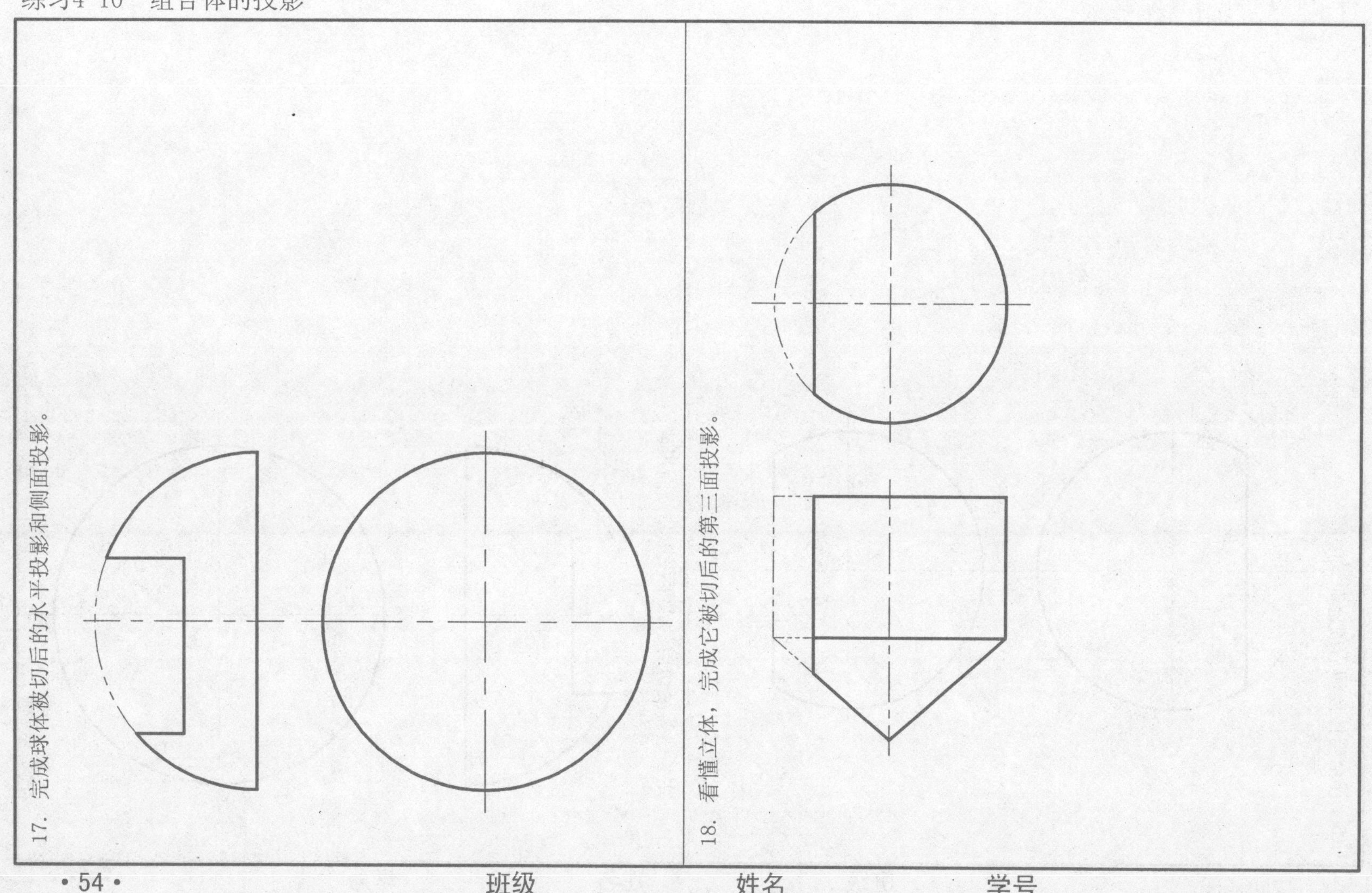
17. 完成球体被切后的水平投影和侧面投影。
18. 看懂立体，完成它被切后的第三面投影。

班级 姓名 学号

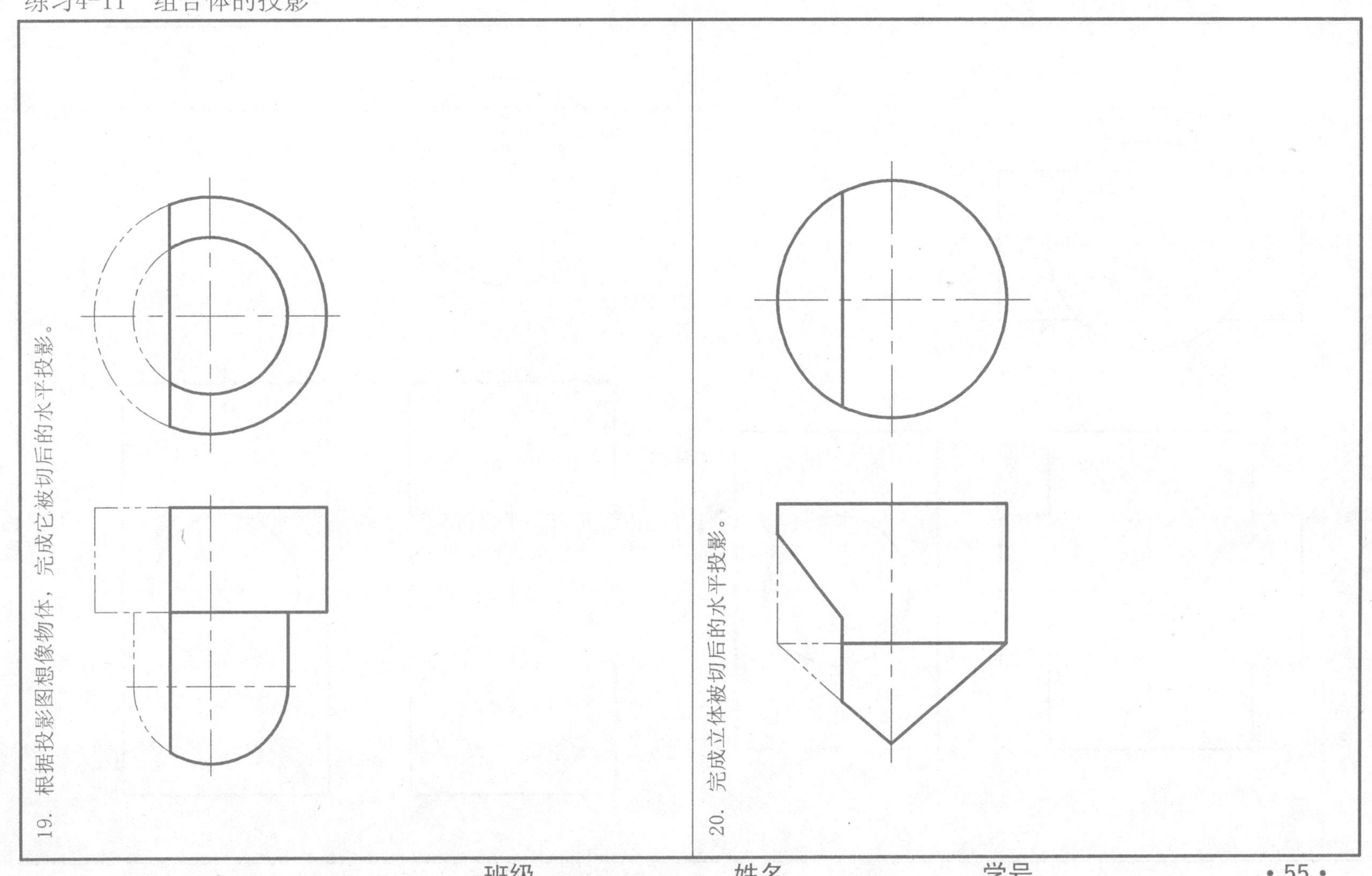
19. 根据投影图想像物体，完成它被切后的水平投影。
20. 完成立体被切后的水平投影。

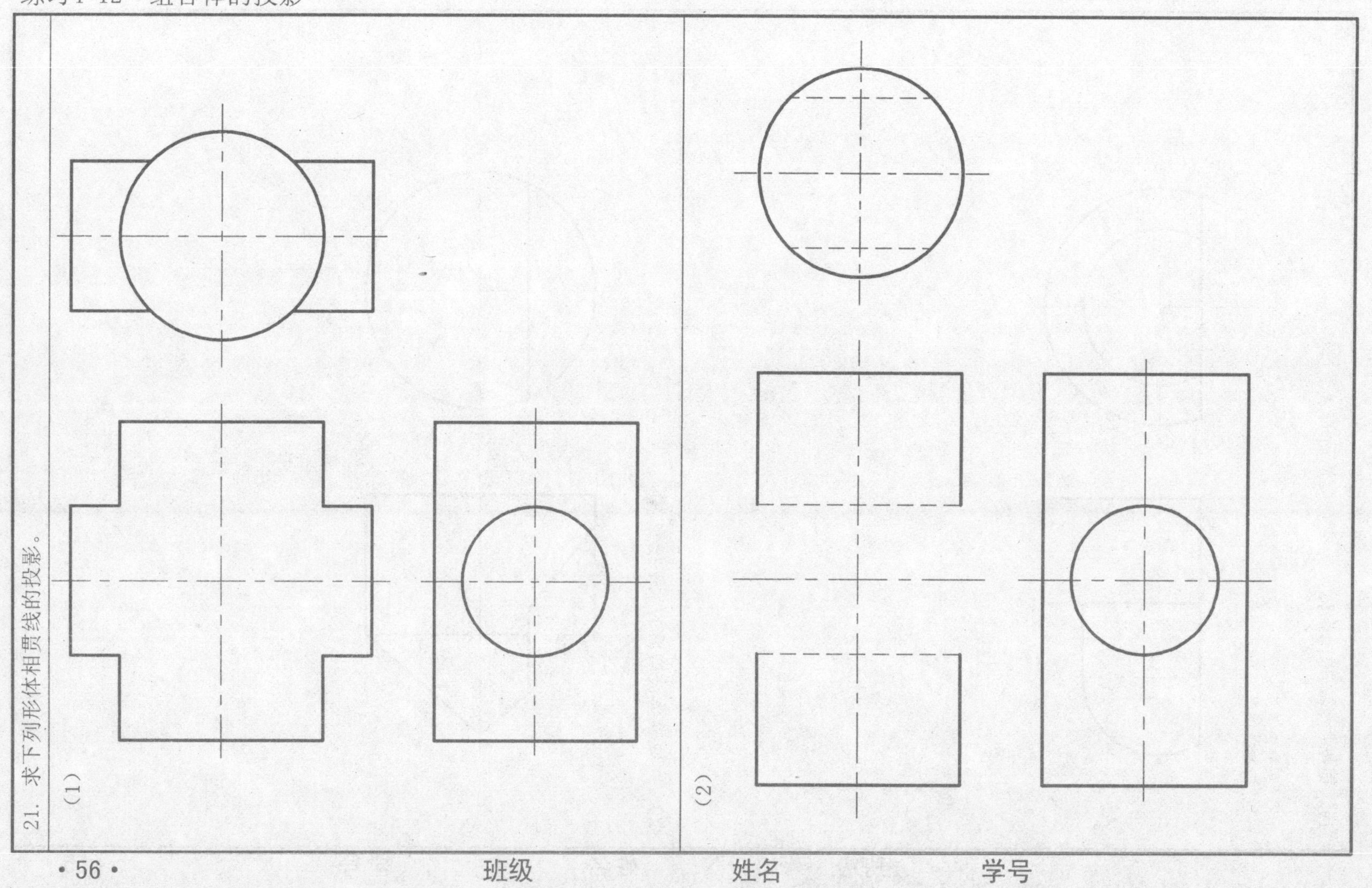
21. 求下列形体相贯线的投影。
(1)
(2)

班级　　　　姓名　　　　学号

22. 根据投影图分析物体，求下列物体上交线的投影。

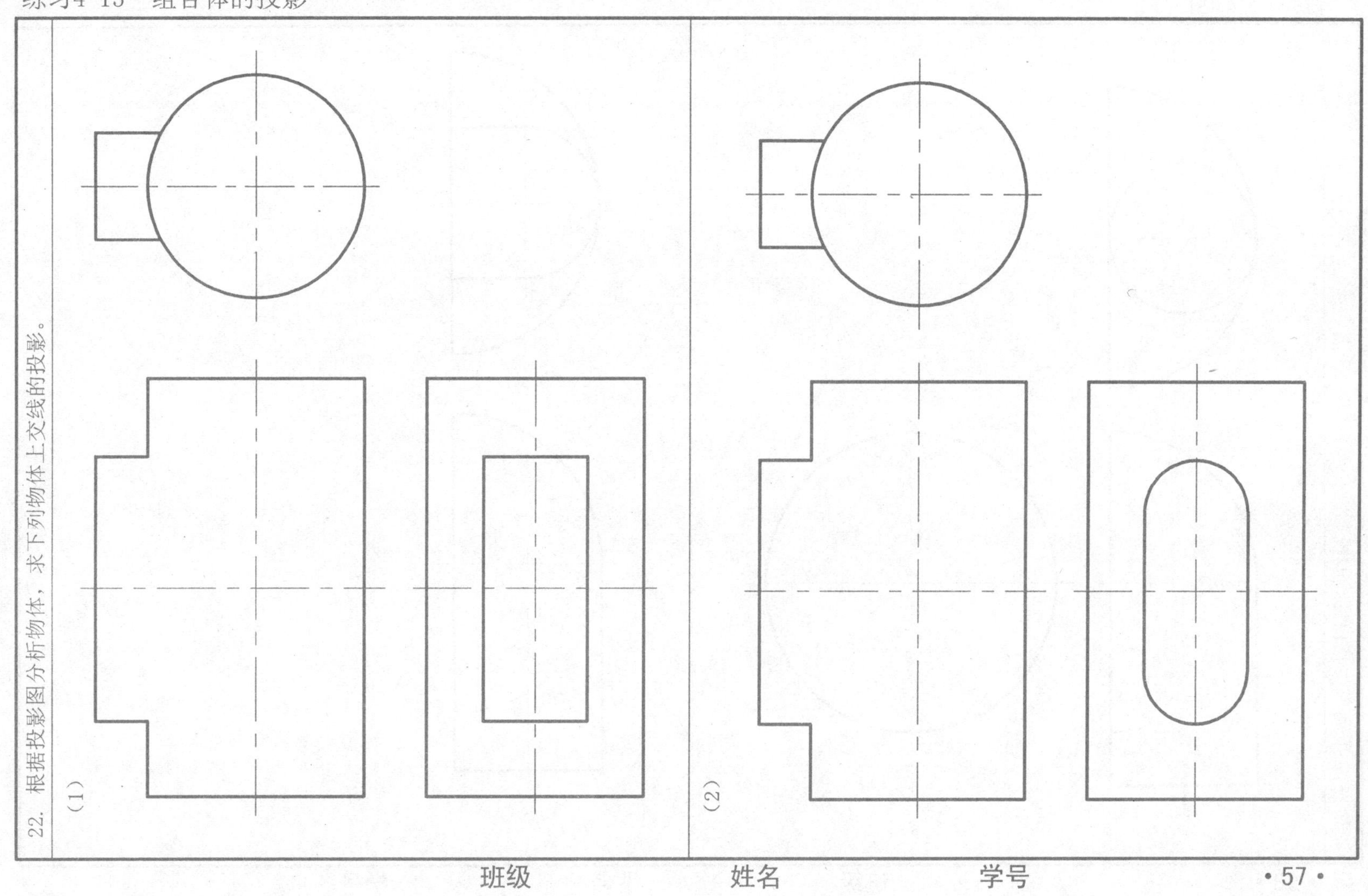
(1)
(2)

班级　　　　姓名　　　　学号

23. 完成下列形体及相贯线的投影。

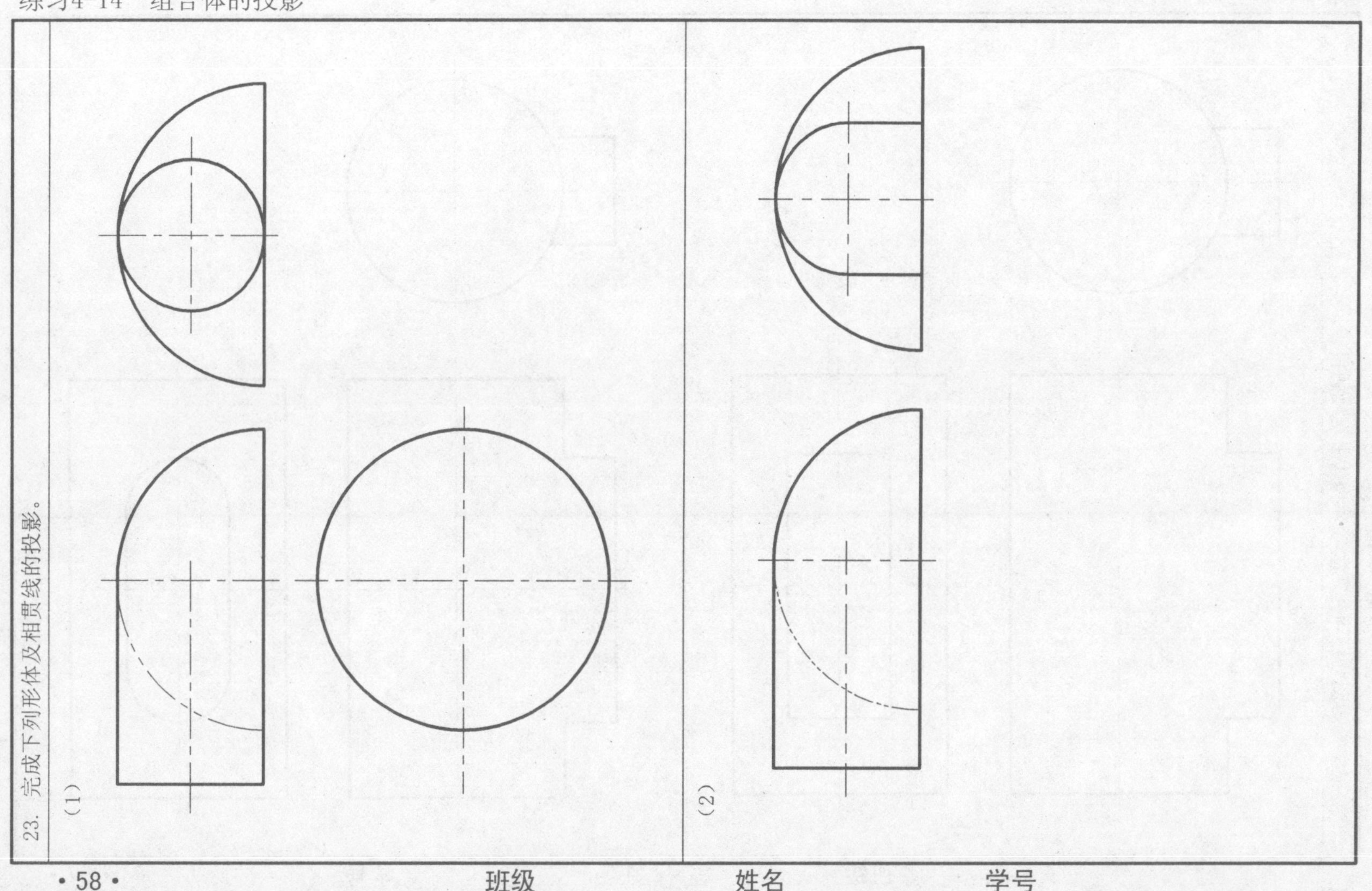
(1)
(2)

班级　　　　姓名　　　　学号

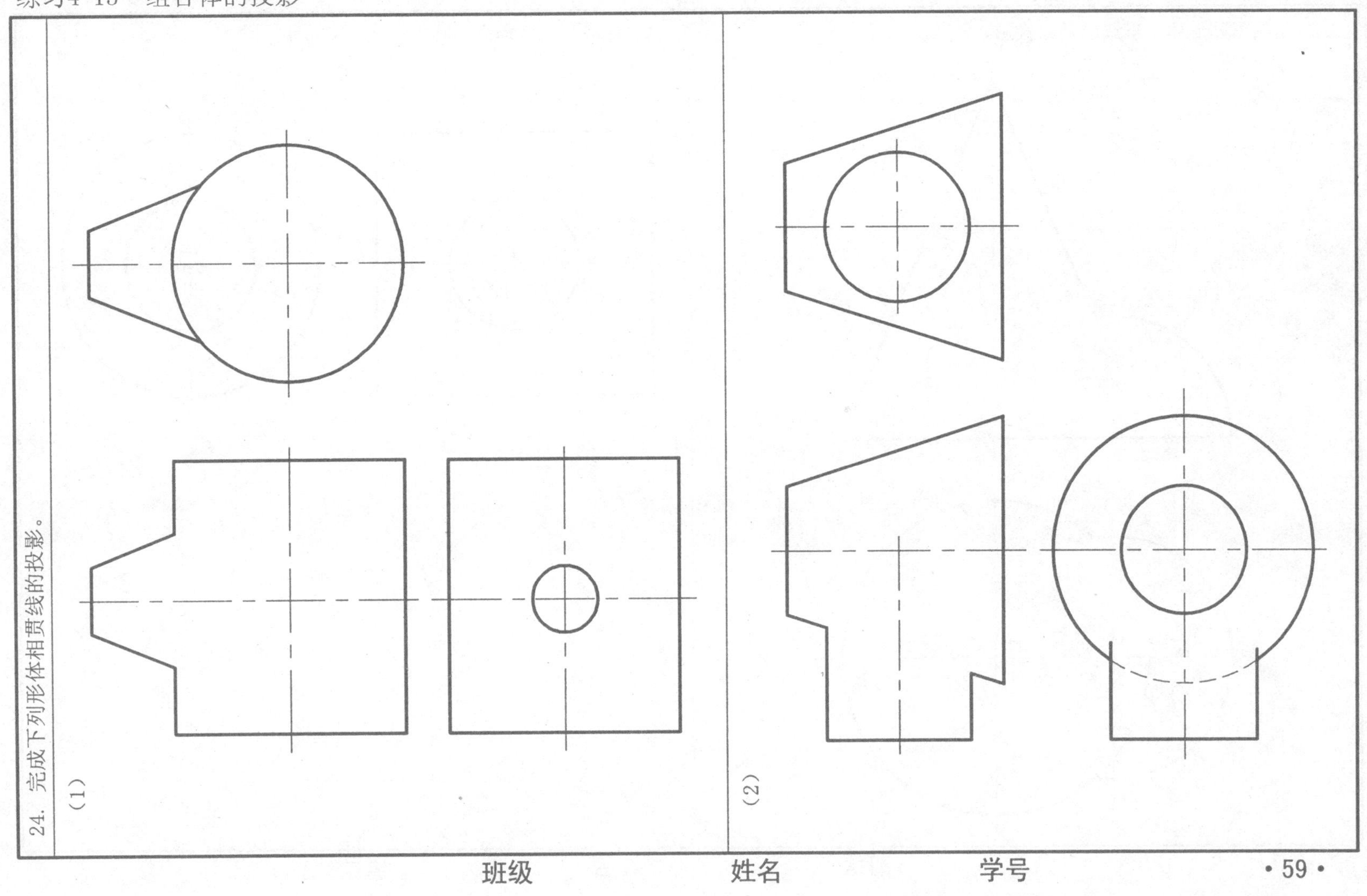
24. 完成下列形体相贯线的投影。
（1）
（2）

练习4-16　组合体的投影

25. 完成下列形体相贯线的两面投影。

26. 分析、想像物体，画出它的水平投影。

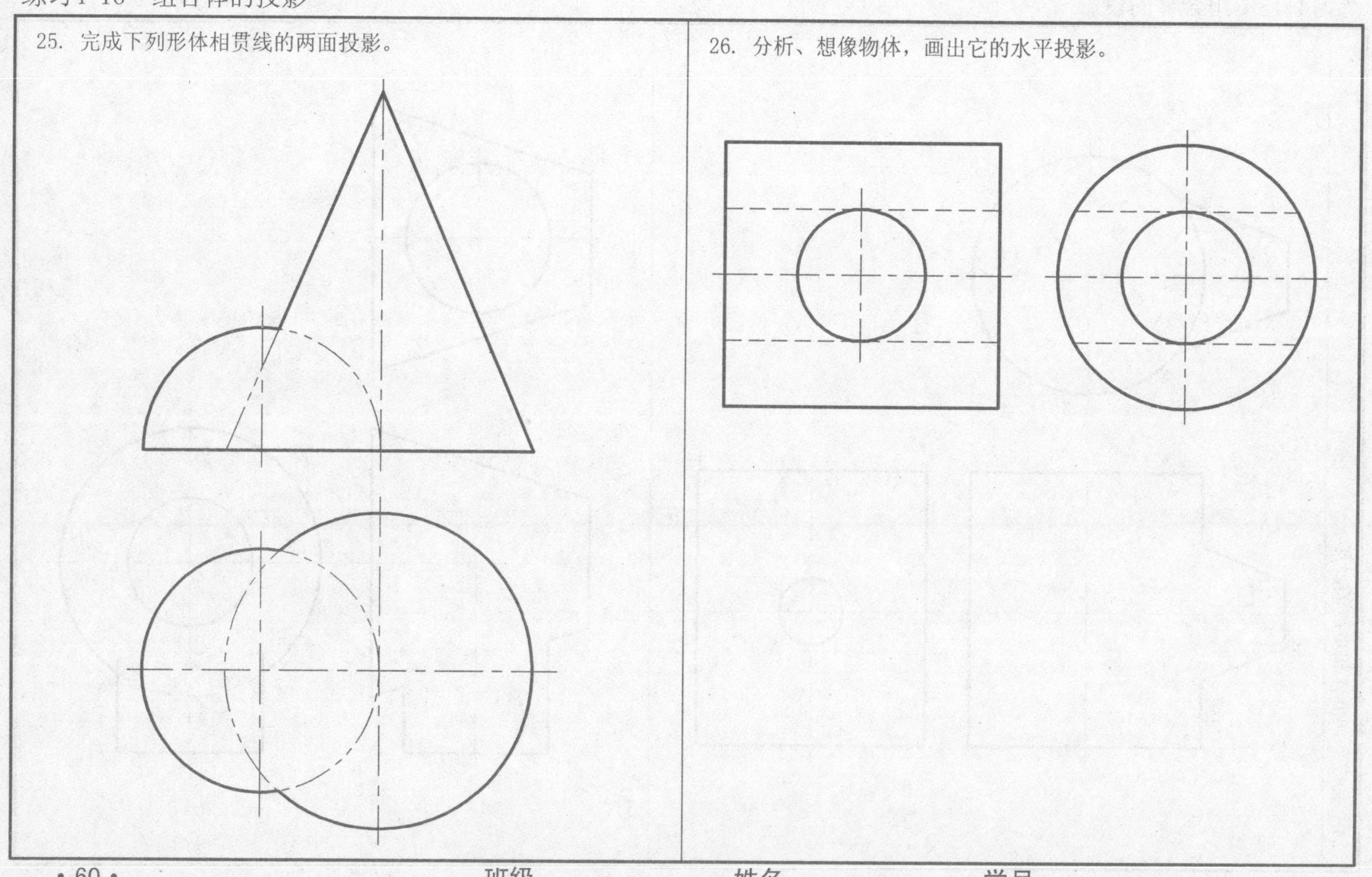

班级　　　　　　姓名　　　　　　学号

练习4-17　组合体的投影

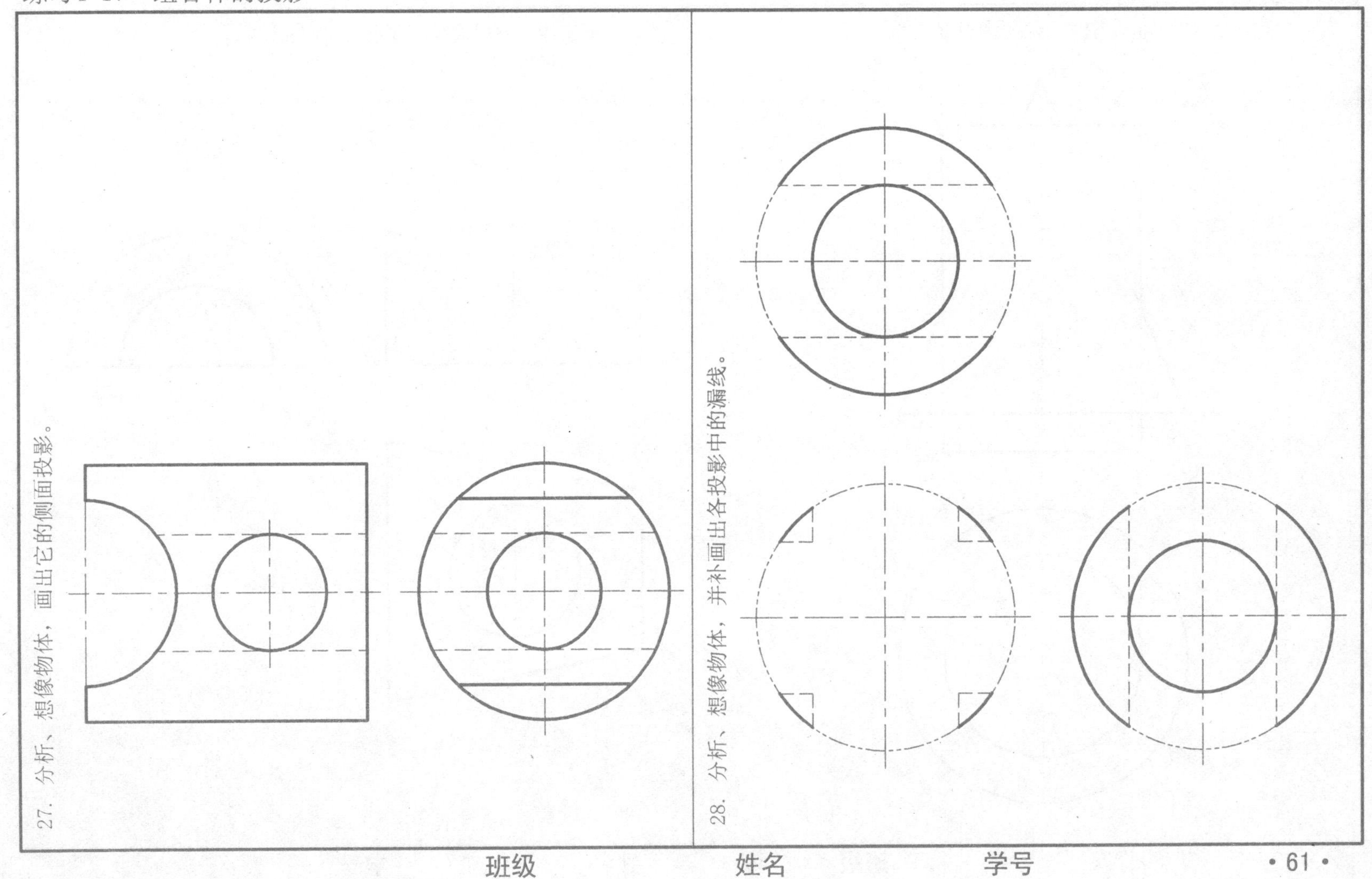

27. 分析、想像物体，画出它的侧面投影。

28. 分析、想像物体，并补画出各投影中的漏线。

29. 分析、想像物体，并补画出各投影中的漏线。

30. 分析物体上的相贯线，并求出它们的投影。

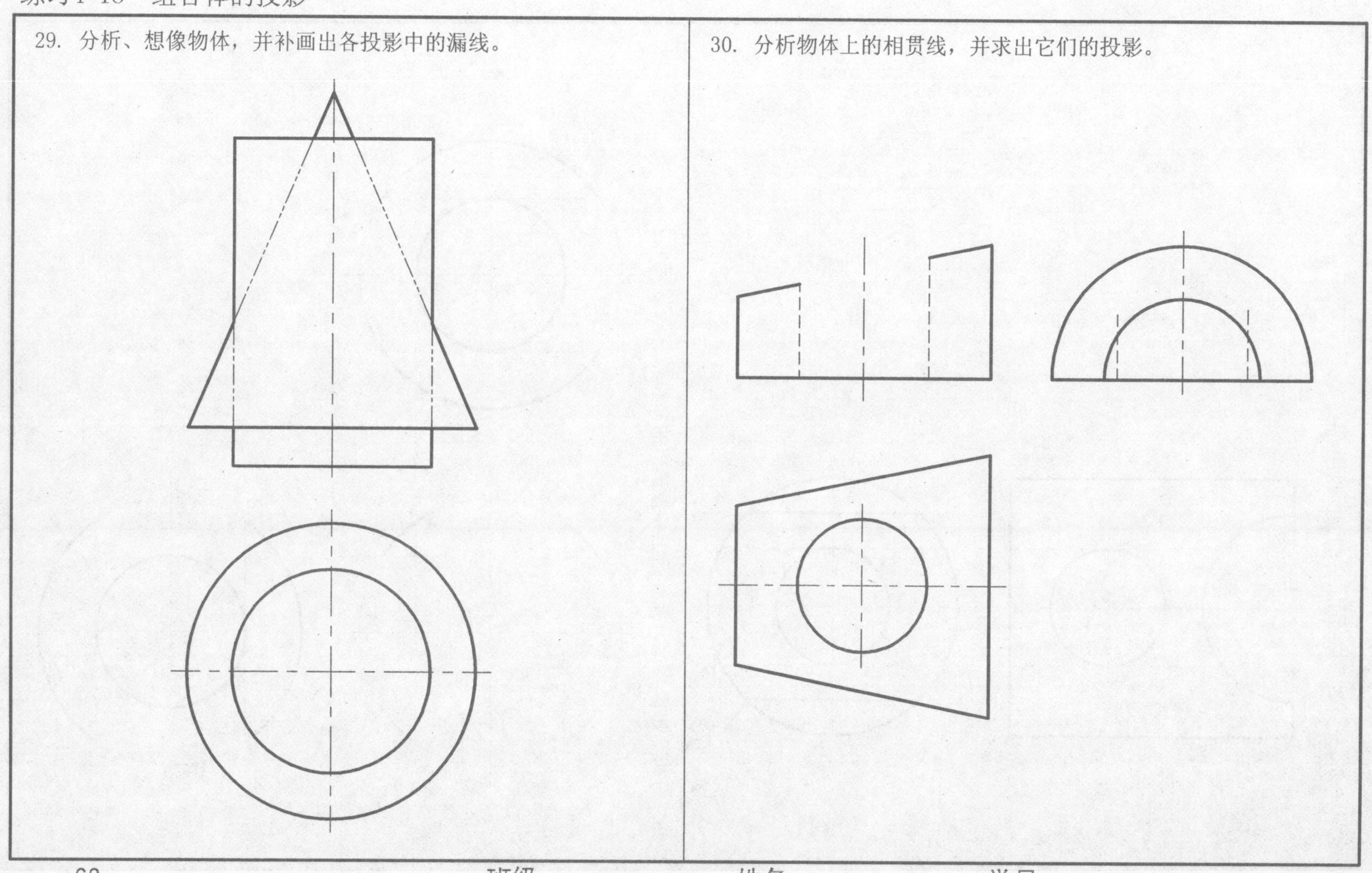

班级　　姓名　　学号

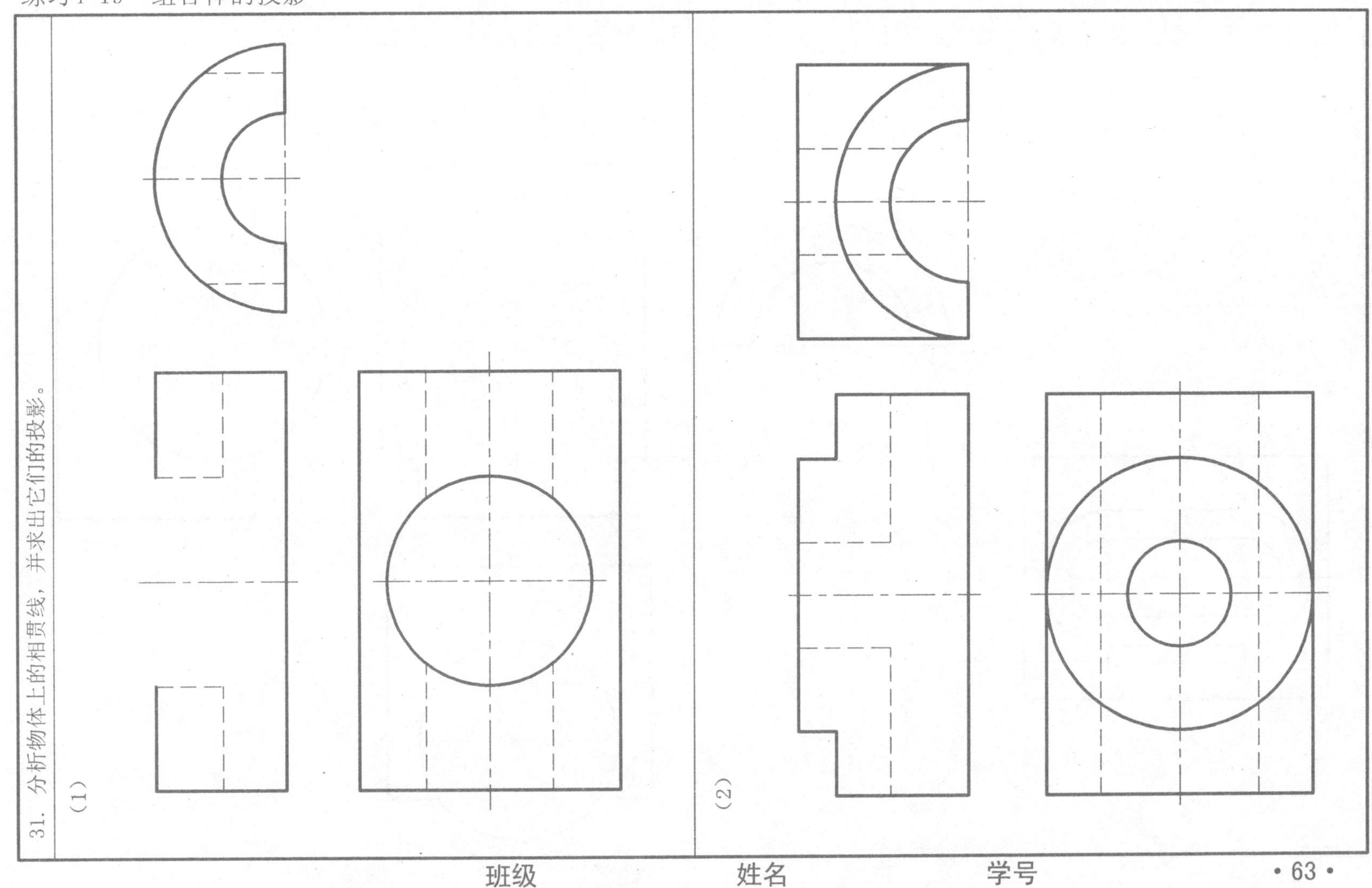
31. 分析物体上的相贯线，并求出它们的投影。
(1)
(2)

32. 分析、想像物体，并画出它的正面投影。

33. 分析物体上的相贯线，并求出它们的投影。

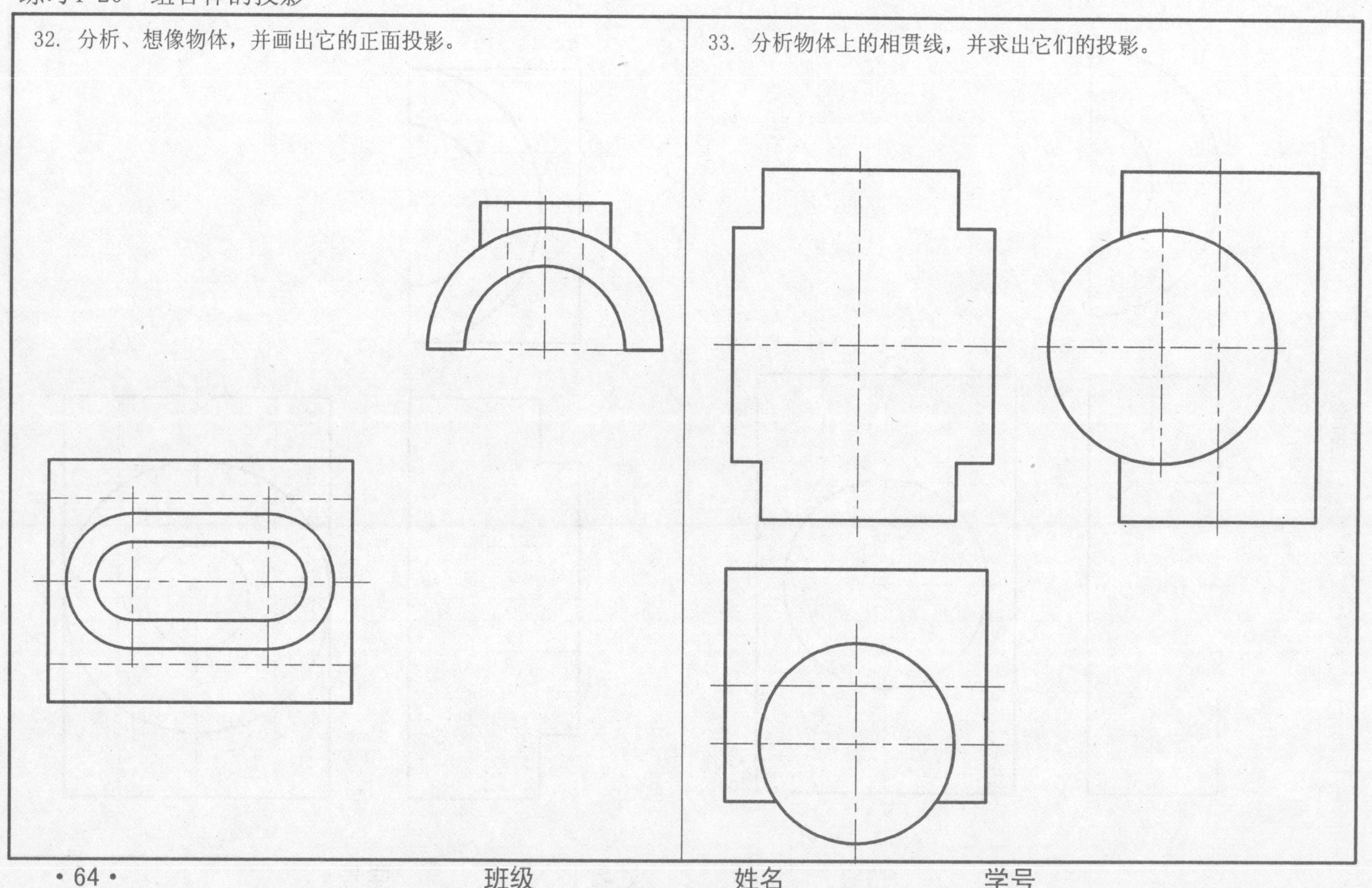

班级 姓名 学号

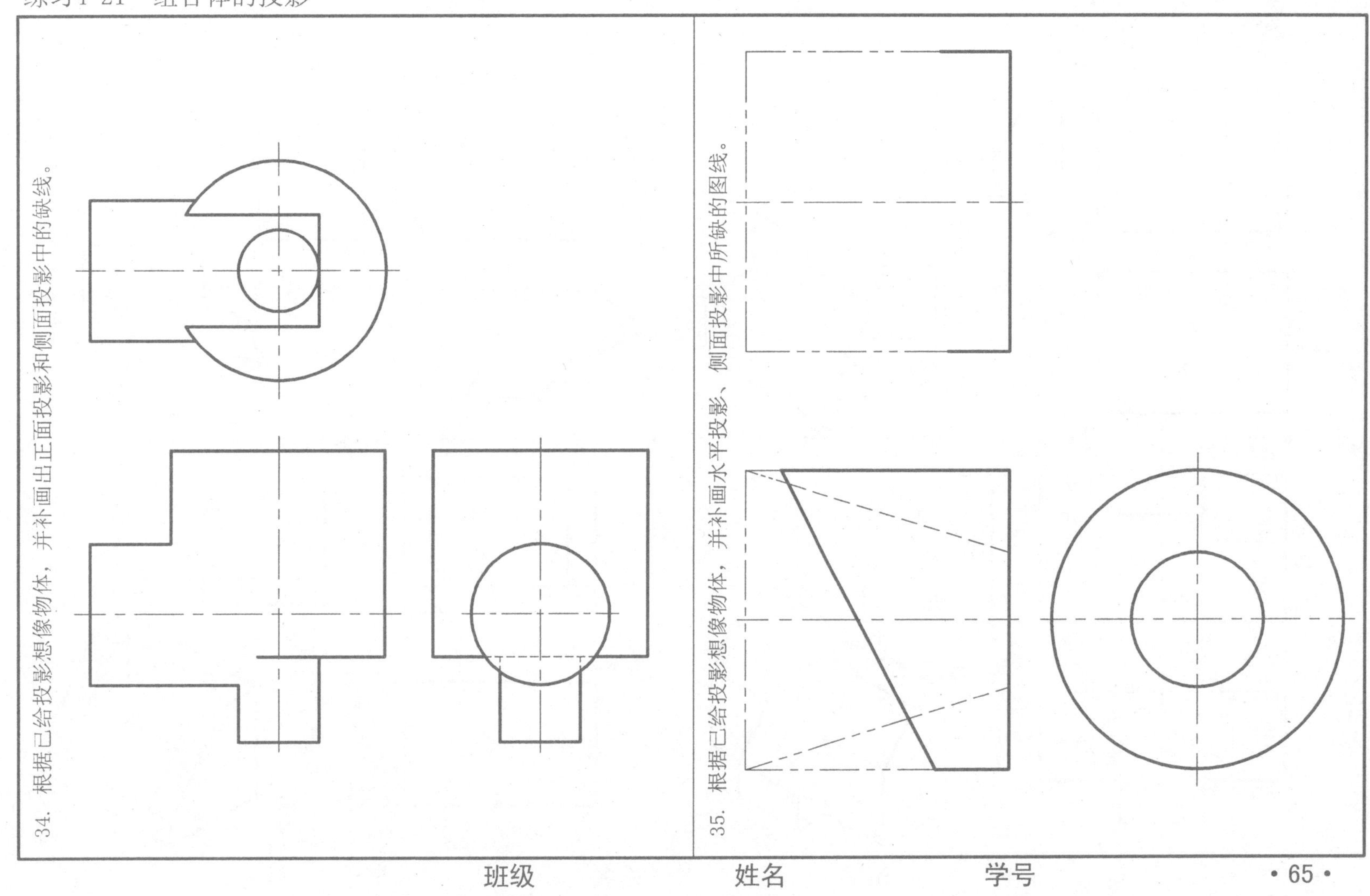
34. 根据已给投影想像物体，并补画出正面投影和侧面投影中的缺线。
35. 根据已给投影想像物体，并补画水平投影、侧面投影中所缺的图线。

36. 根据轴测图补全下列三面投影中所缺的图线（图中的槽、孔均为贯穿）。

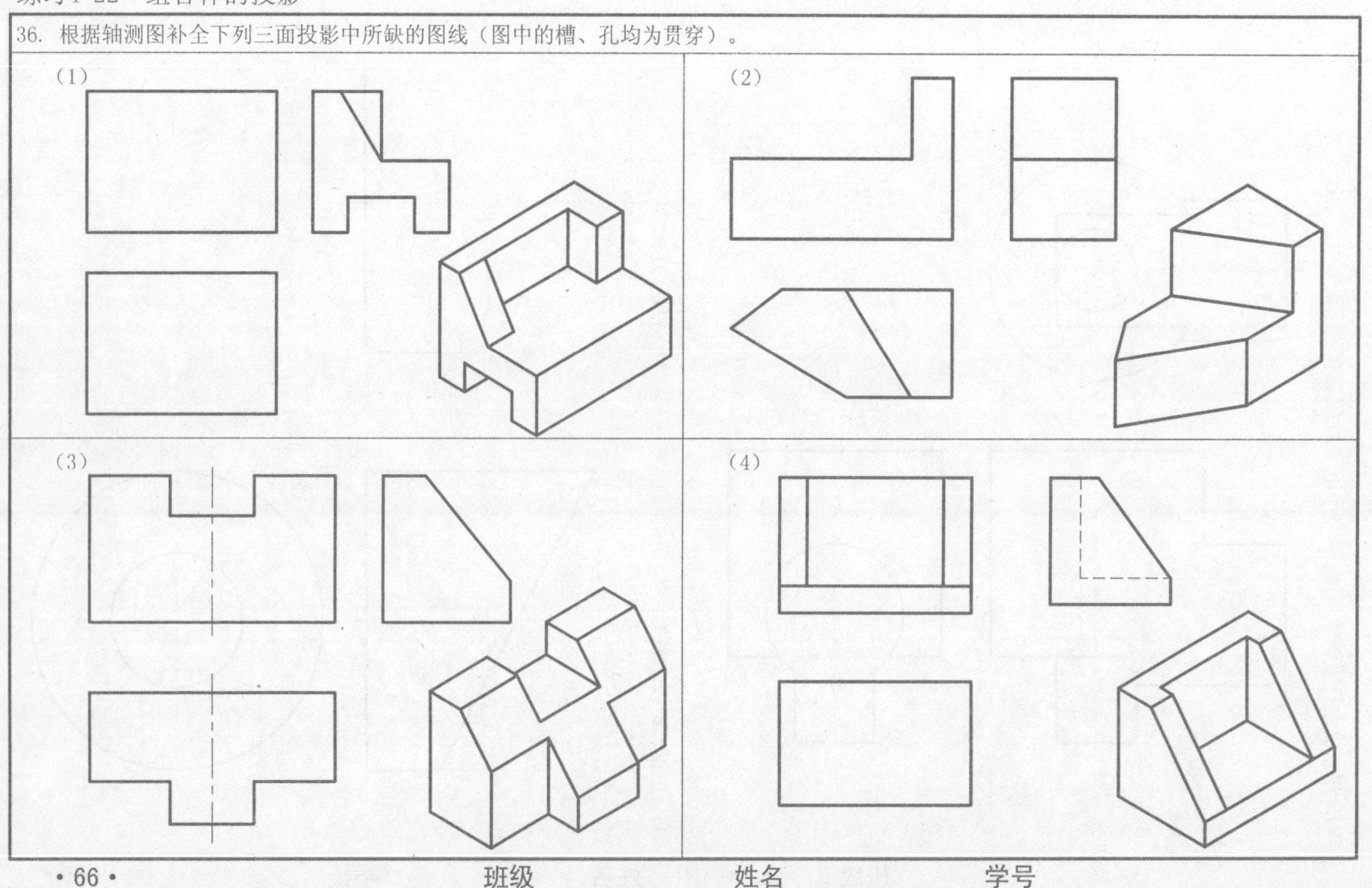
(1)
(2)
(3)
(4)

班级 姓名 学号

练习4-23 组合体的投影

37. 根据轴测图补全下列三面投影中所缺的图线（图中的槽、孔均为贯穿）。

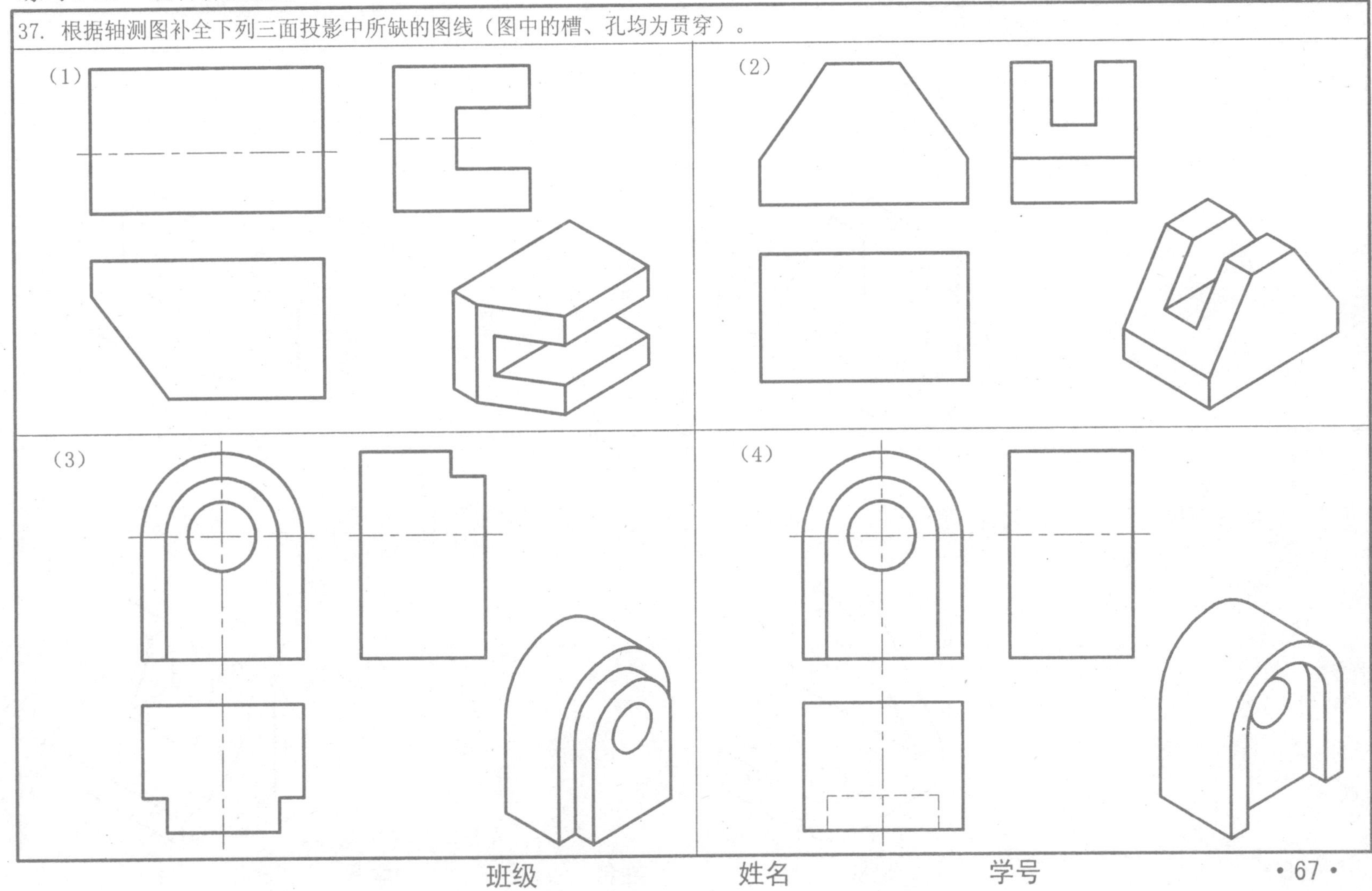
(1)
(2)
(3)
(4)

班级 姓名 学号

38. 根据正等轴测图画立体的三面投影(徒手画)。

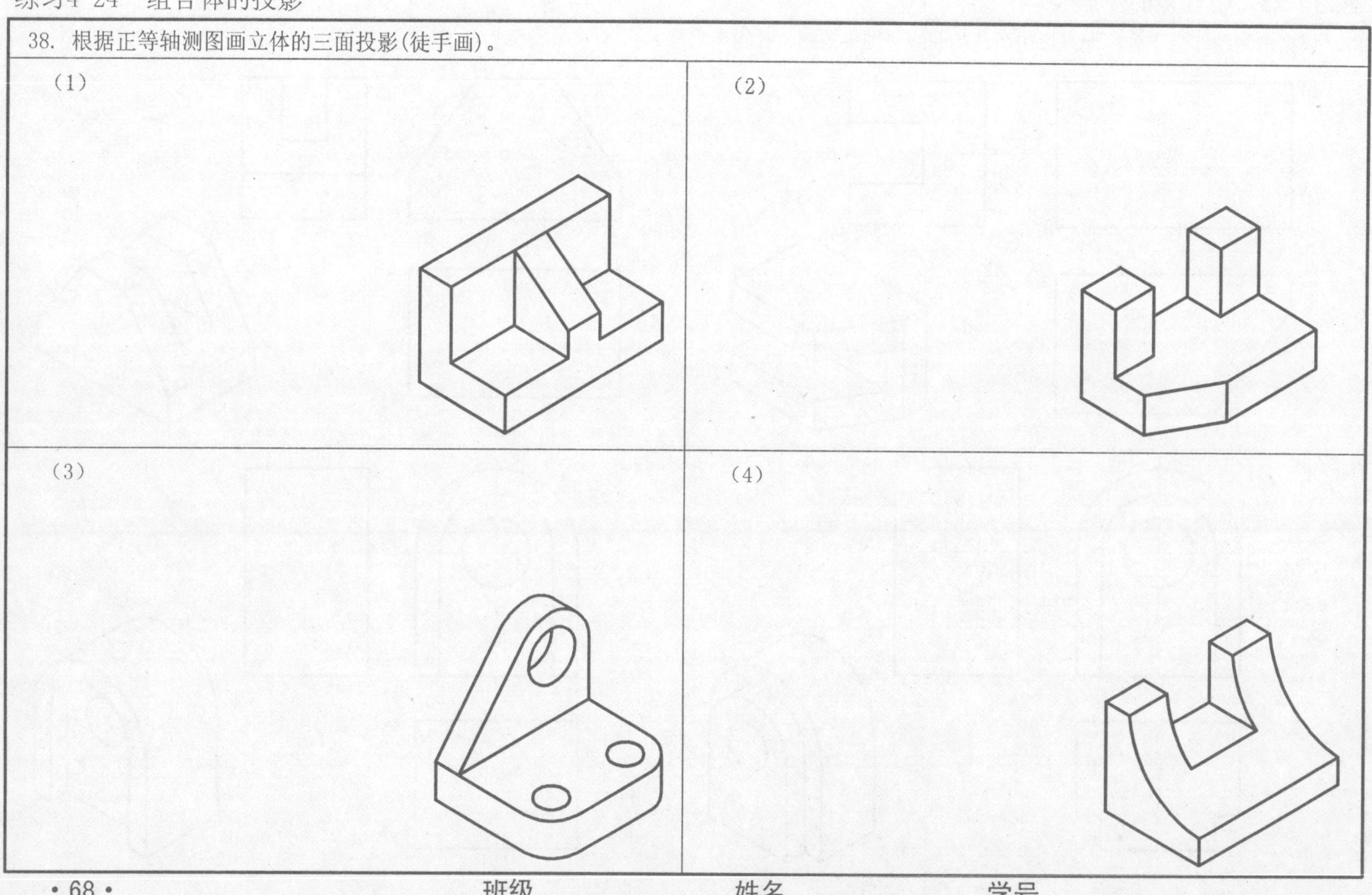
(1)
(2)
(3)
(4)

　　班级　　姓名　　学号

39. 根据正等轴测图画立体的三面投影(徒手画)。

(1)

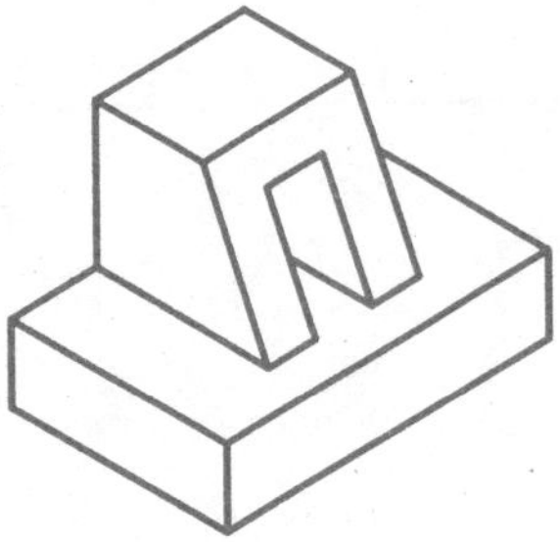

(2)

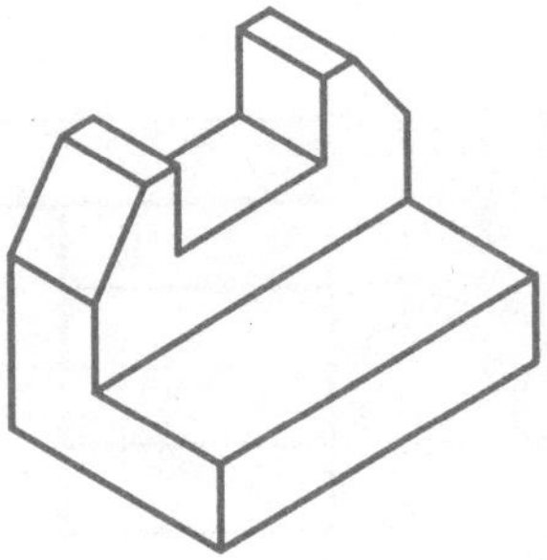

(3)

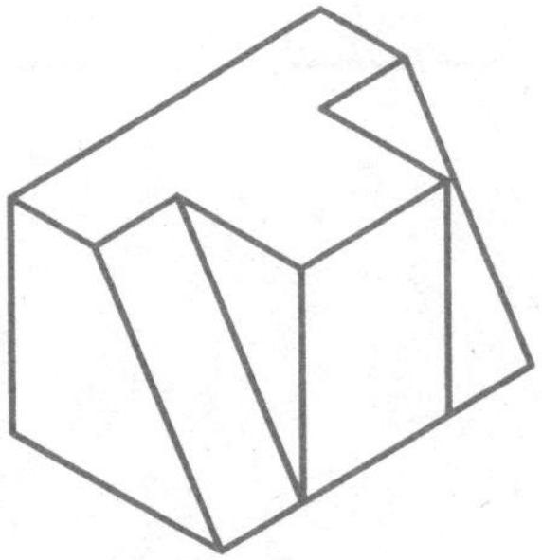

(4)

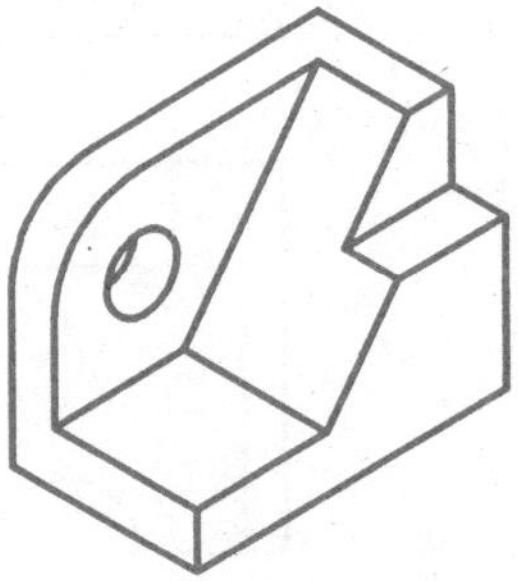

练习4-26　组合体的投影

40. 根据下列组合体的正面投影和水平投影，选择正确的侧面投影。

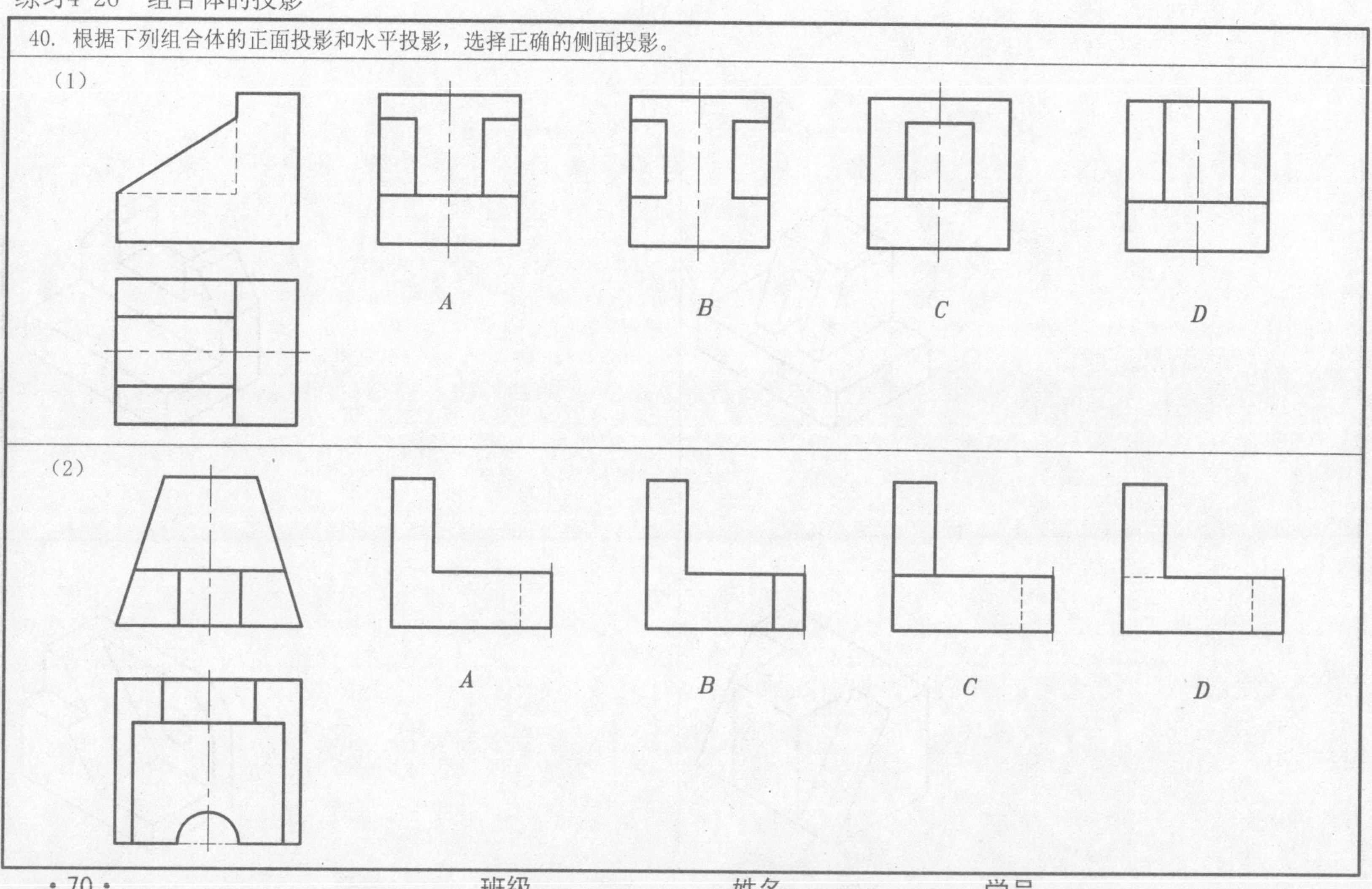

(1)
A
B
C
D
(2)
A
B
C
D

　班级　姓名　学号

练习4-27　组合体的投影

41. 根据下列组合体的正面投影和水平投影，选择正确的侧面投影。

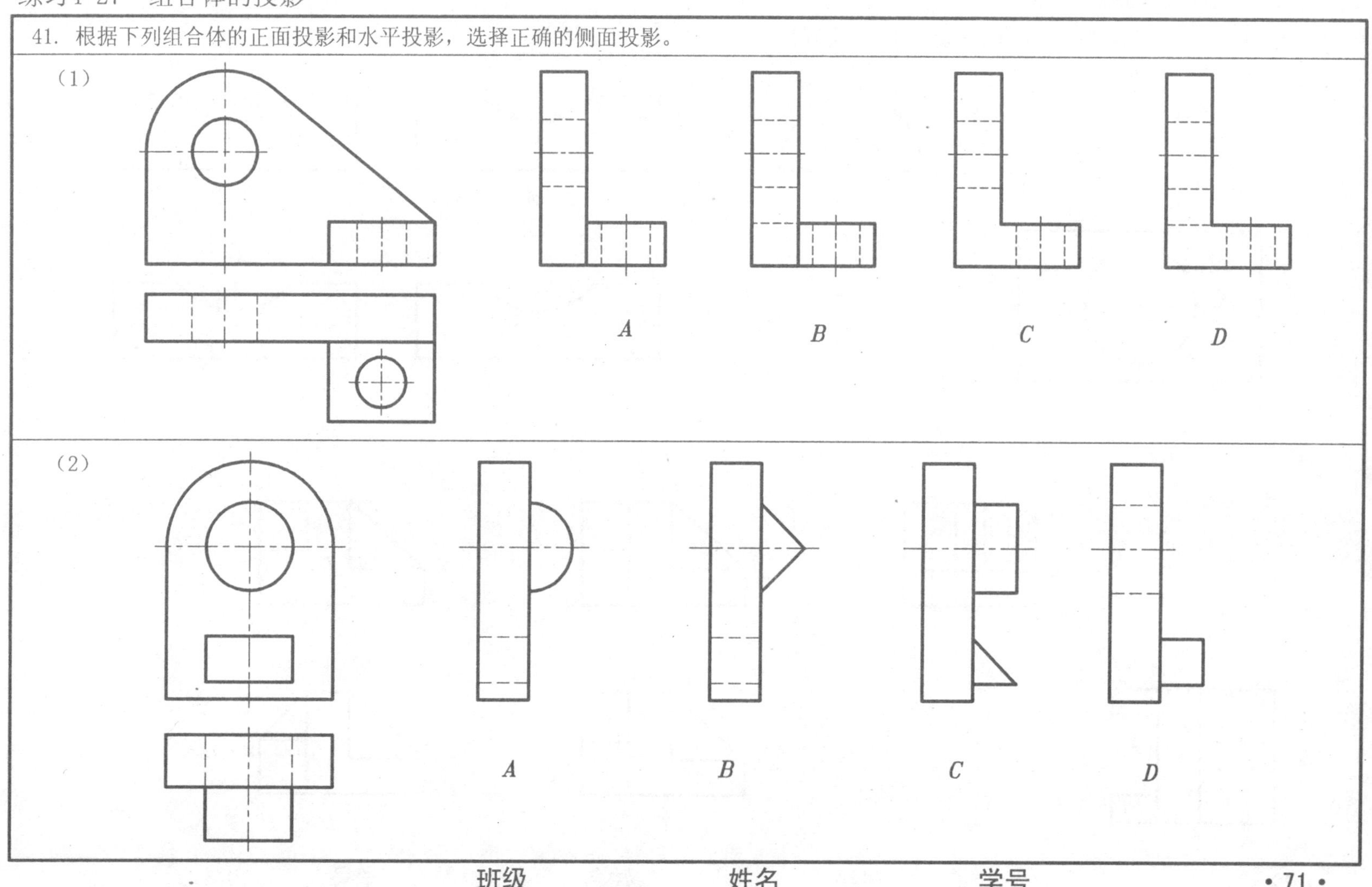
(1)
A
B
C
D
(2)
A
B
C
D

练习4-28 组合体的投影

42. 根据下列组合体的水平投影和侧面投影，选择正确的正面投影。

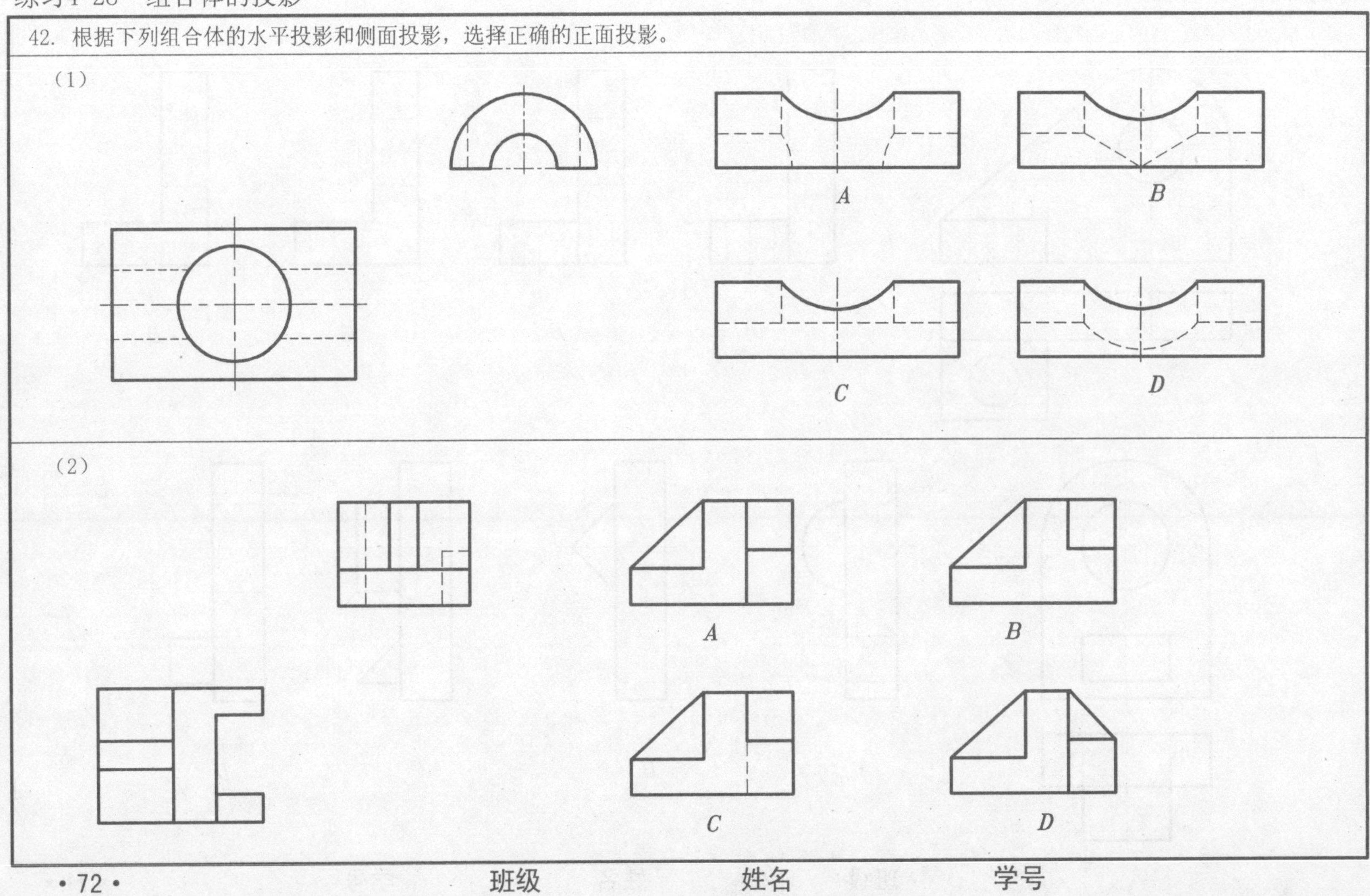

(1)
A
B
C
D
(2)
A
B
C
D

班级 姓名 学号

43. 根据下列组合体的水平投影和侧面投影，选择正确的正面投影。

(1)

(2)

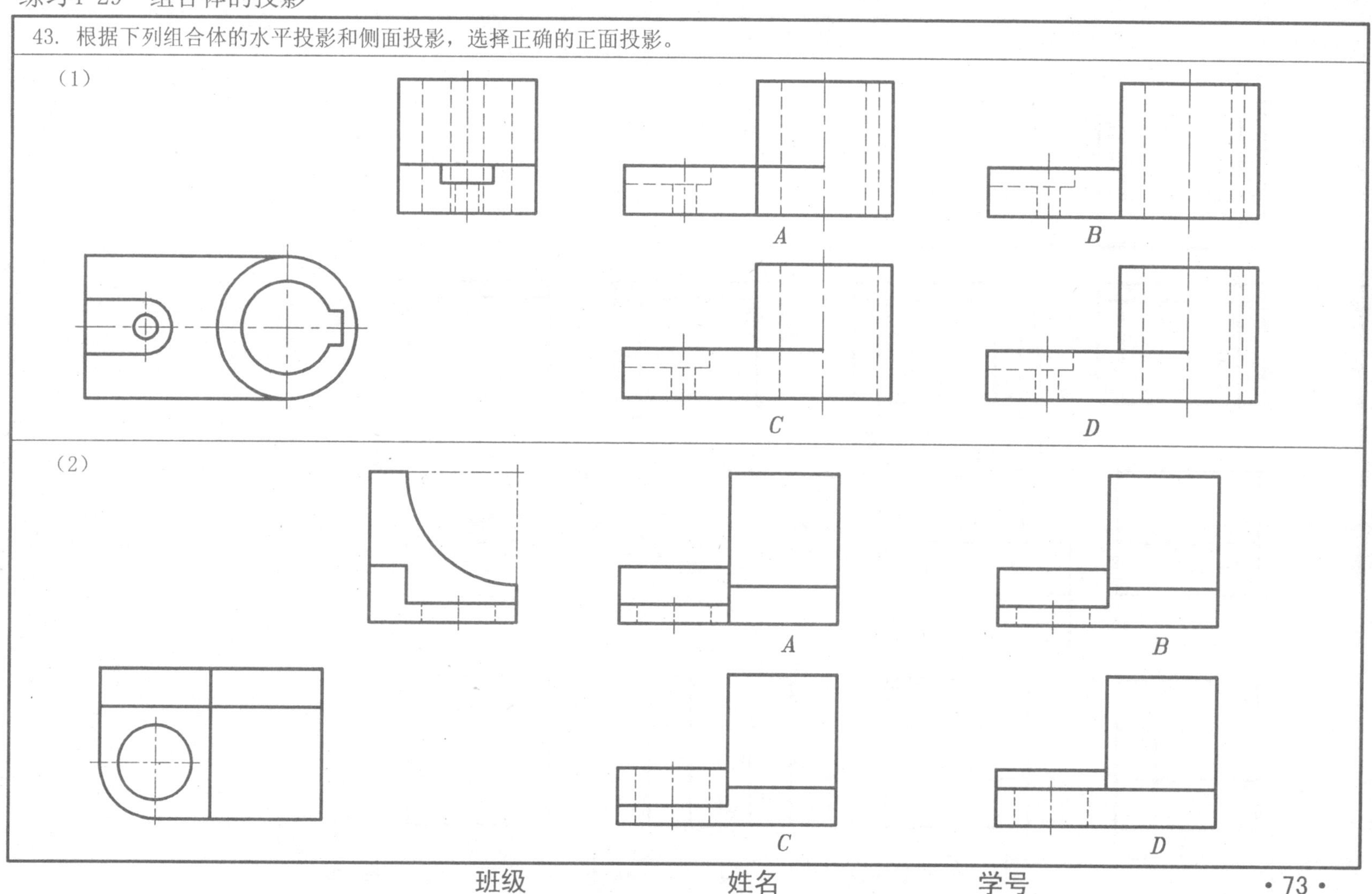
A
B
C
D
A
B
C
D

44. 根据下列组合体的正面投影和侧面投影，选择正确的水平投影。

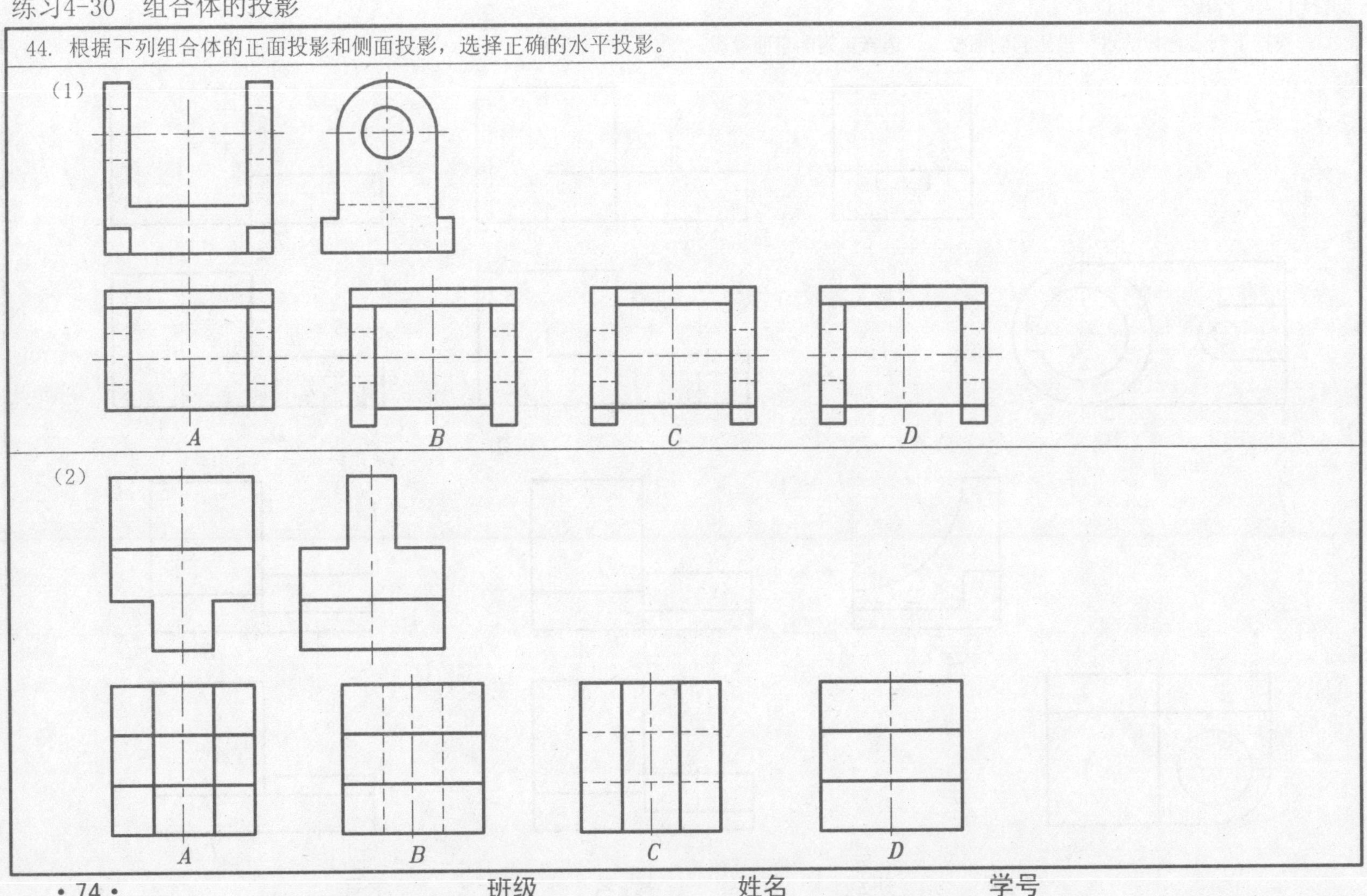
(1)
A
B
C
D
(2)
A
B
C
D

班级　　　　姓名　　　　学号

45. 根据下列组合体的正面投影和侧面投影，选择正确的水平投影。

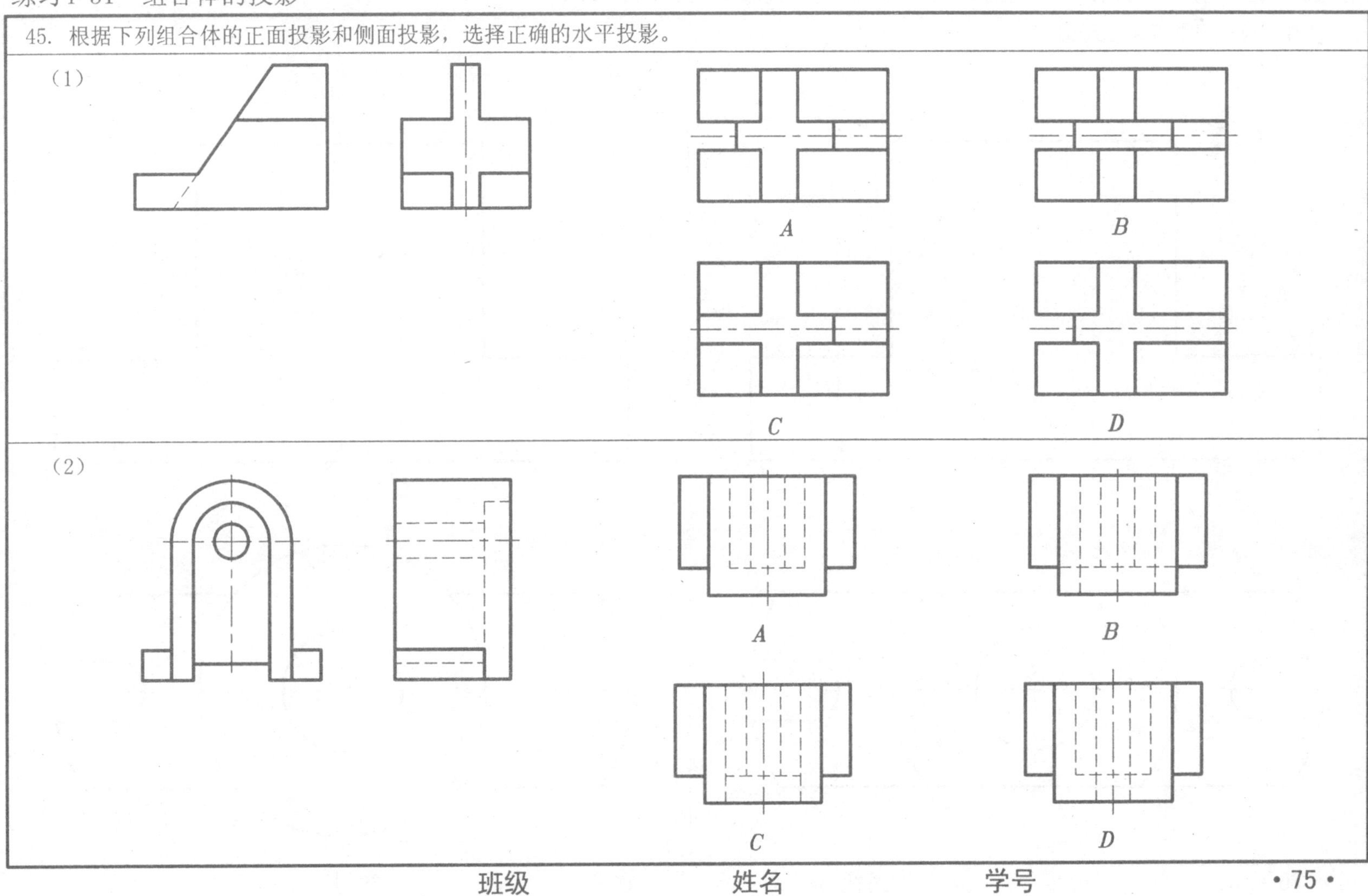
(1)
A
B
C
D
(2)
A
B
C
D

46. 补画投影图中所缺的图线。

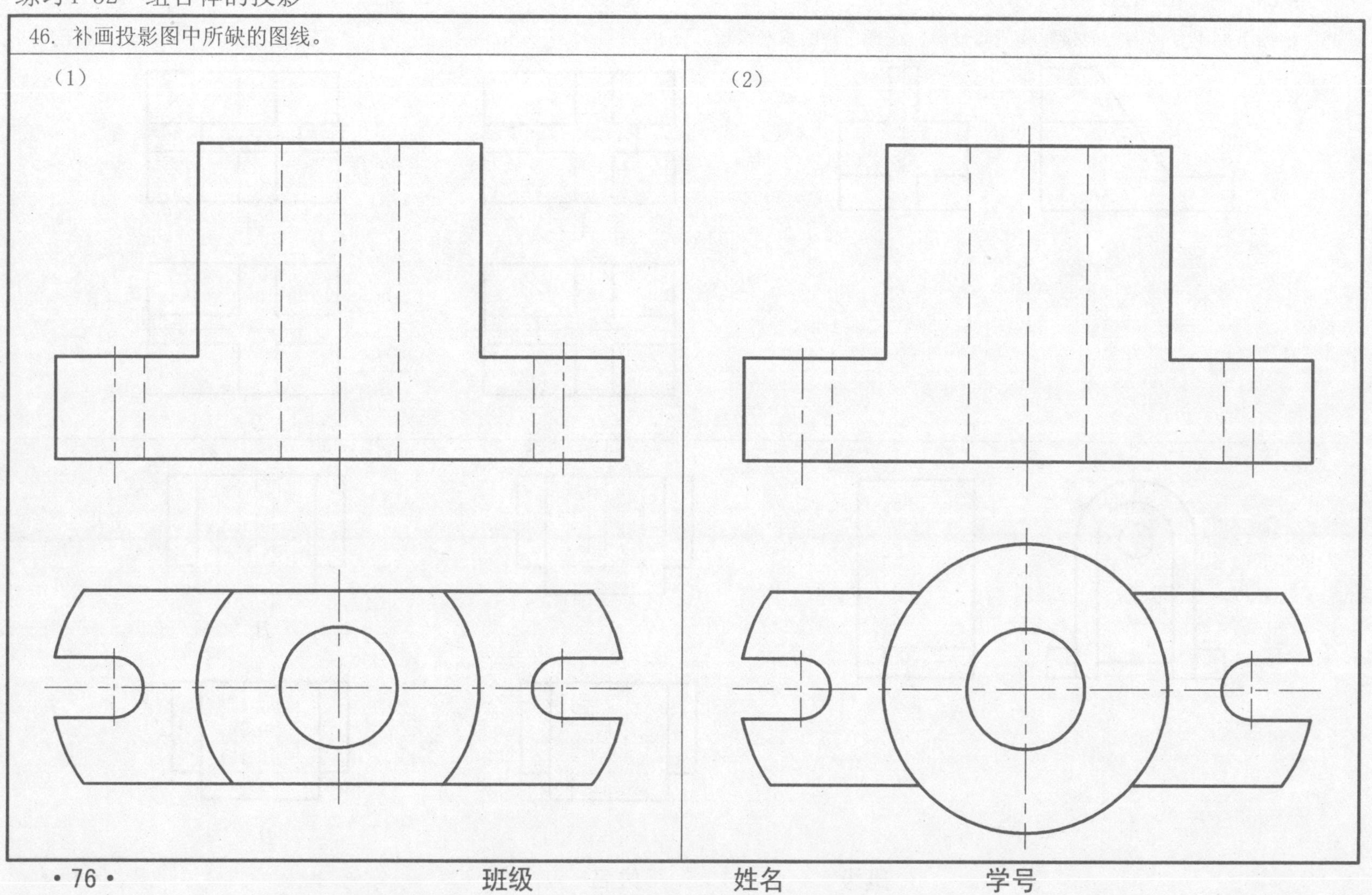
（1）
（2）

班级　　　　　　姓名　　　　　　学号

47. 补画投影图中所缺的图线。

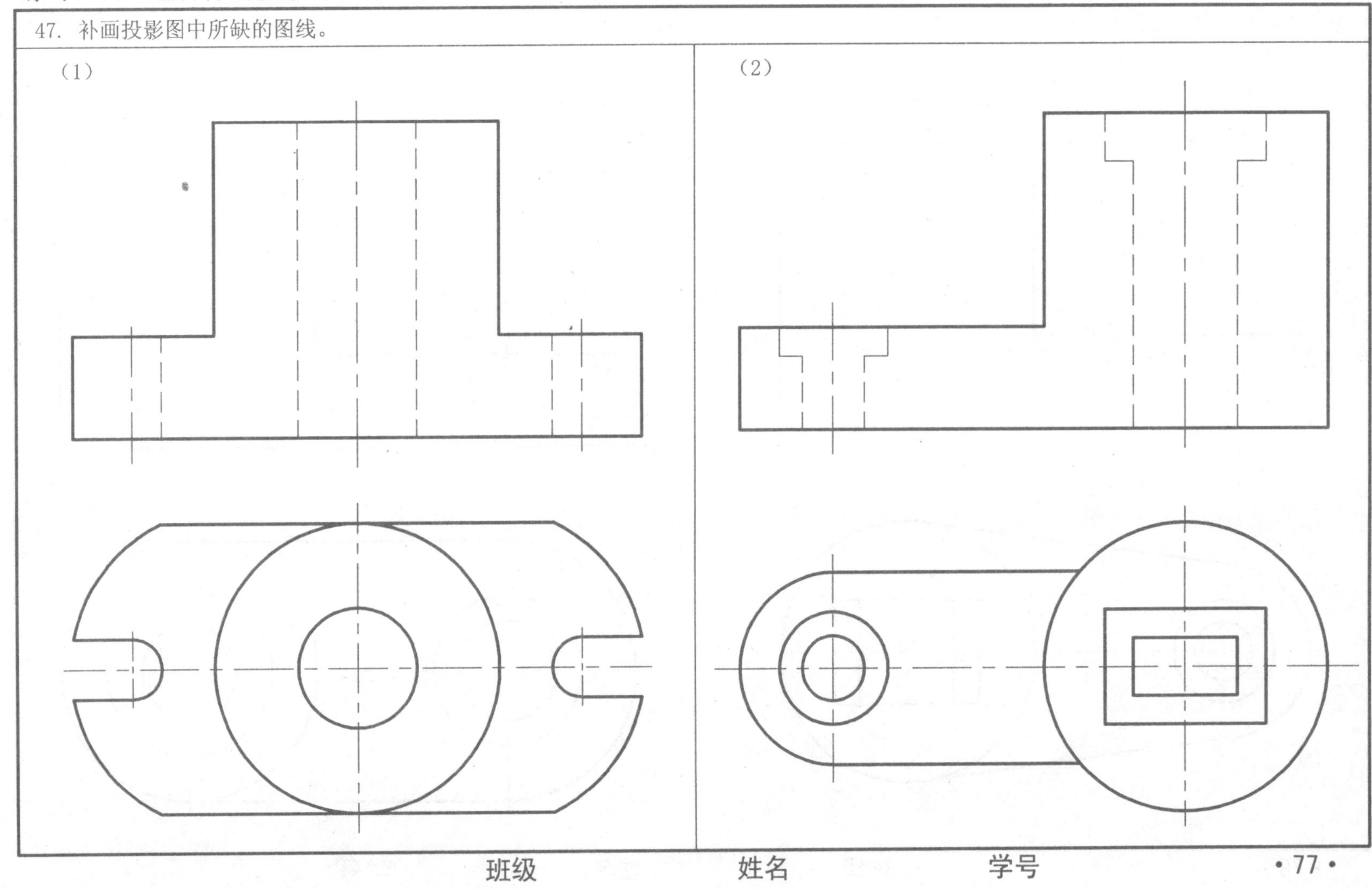
（1）
（2）

练习4-34　组合体的投影

48. 补画投影图中所缺的图线。

(1)　　(2)

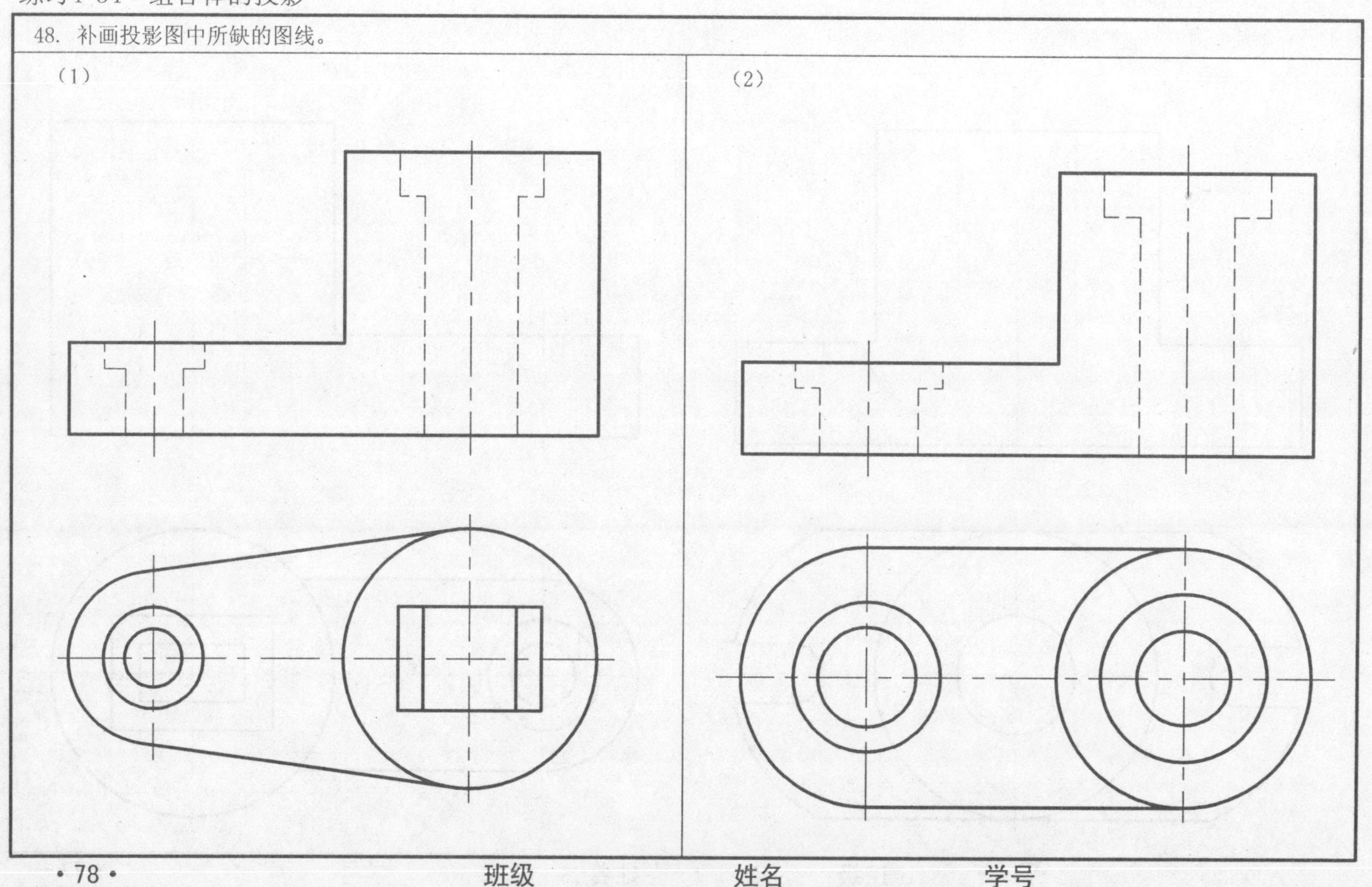

班级　　姓名　　学号

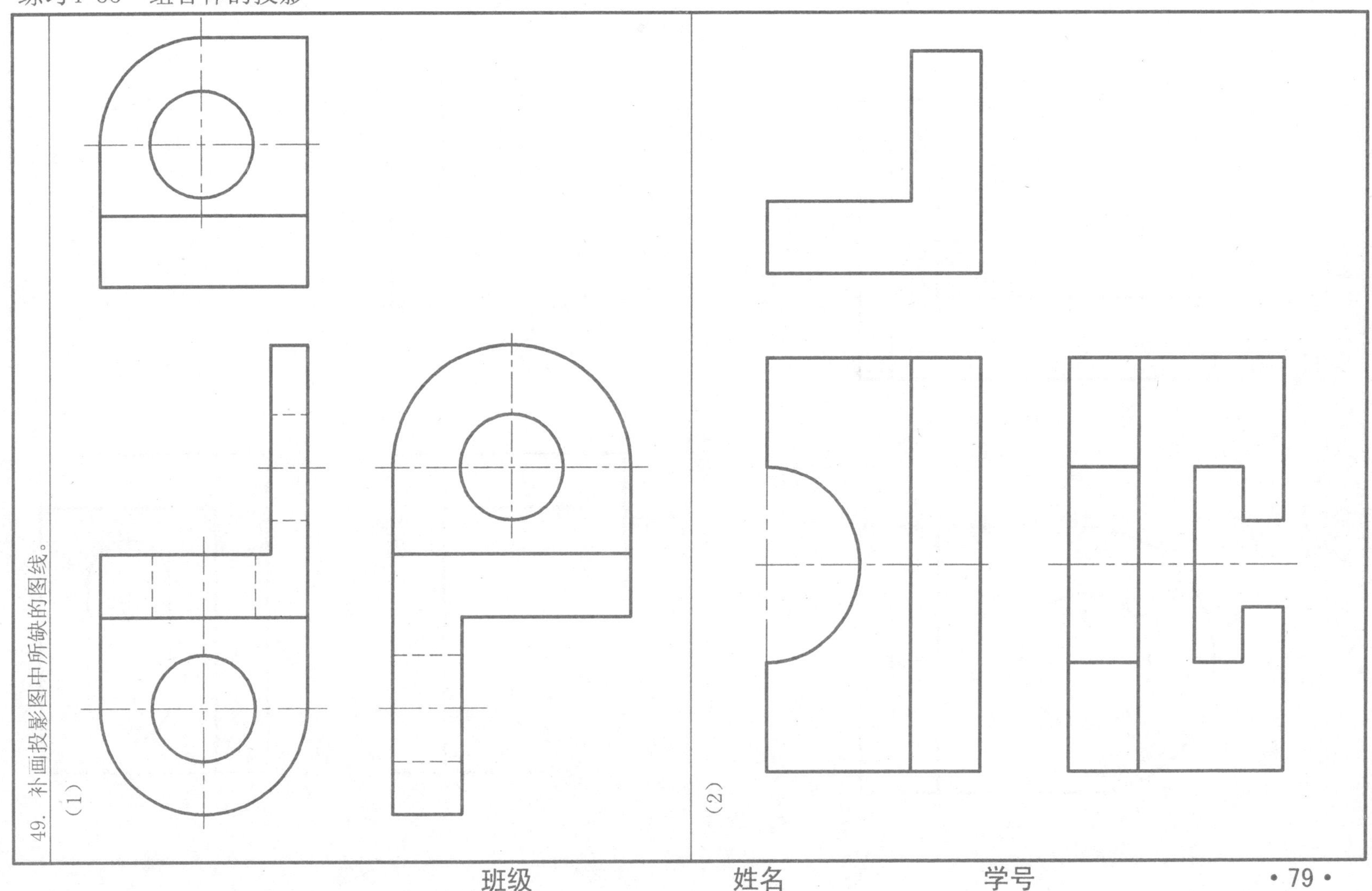
49. 补画投影图中所缺的图线。
(1)
(2)

班级　　　　姓名　　　　学号

50. 标注下列组合体尺寸（尺寸数字直接从图上测量、取整数）。

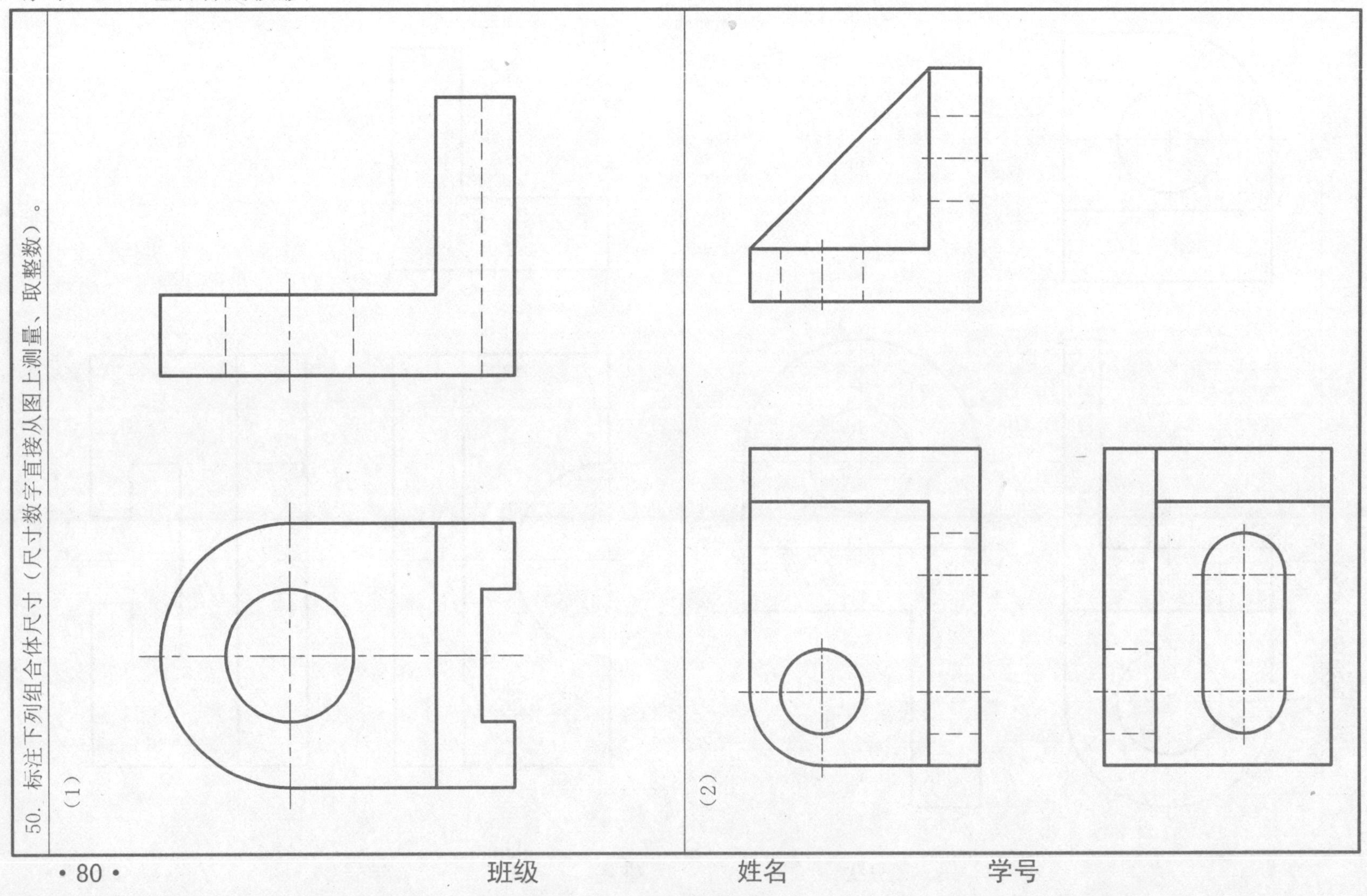
（1）
（2）

练习4-37　组合体的投影

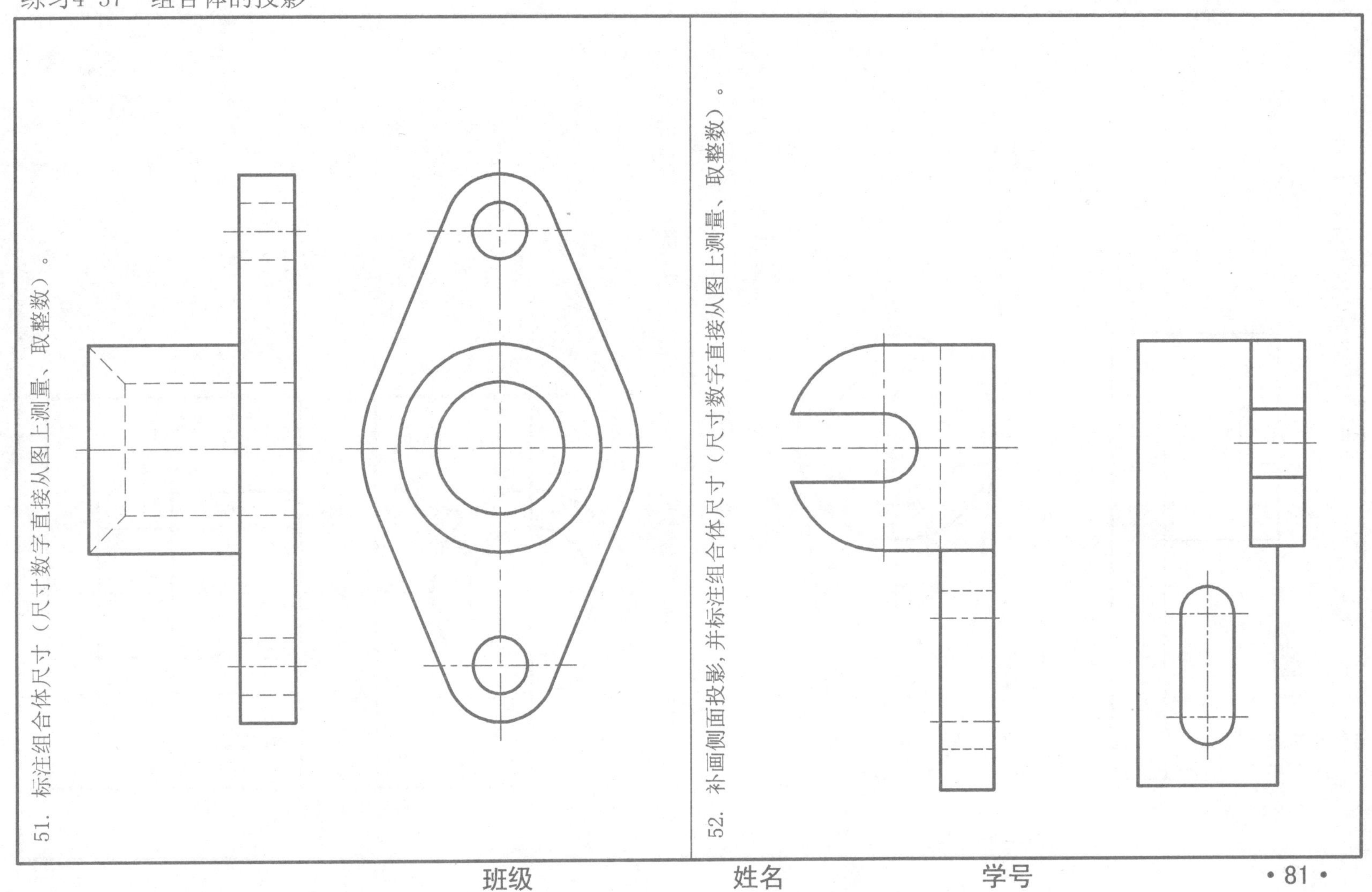

51. 标注组合体尺寸（尺寸数字直接从图上测量、取整数）。

52. 补画侧面投影，并标注组合体尺寸（尺寸数字直接从图上测量、取整数）。

班级　　　　姓名　　　　学号

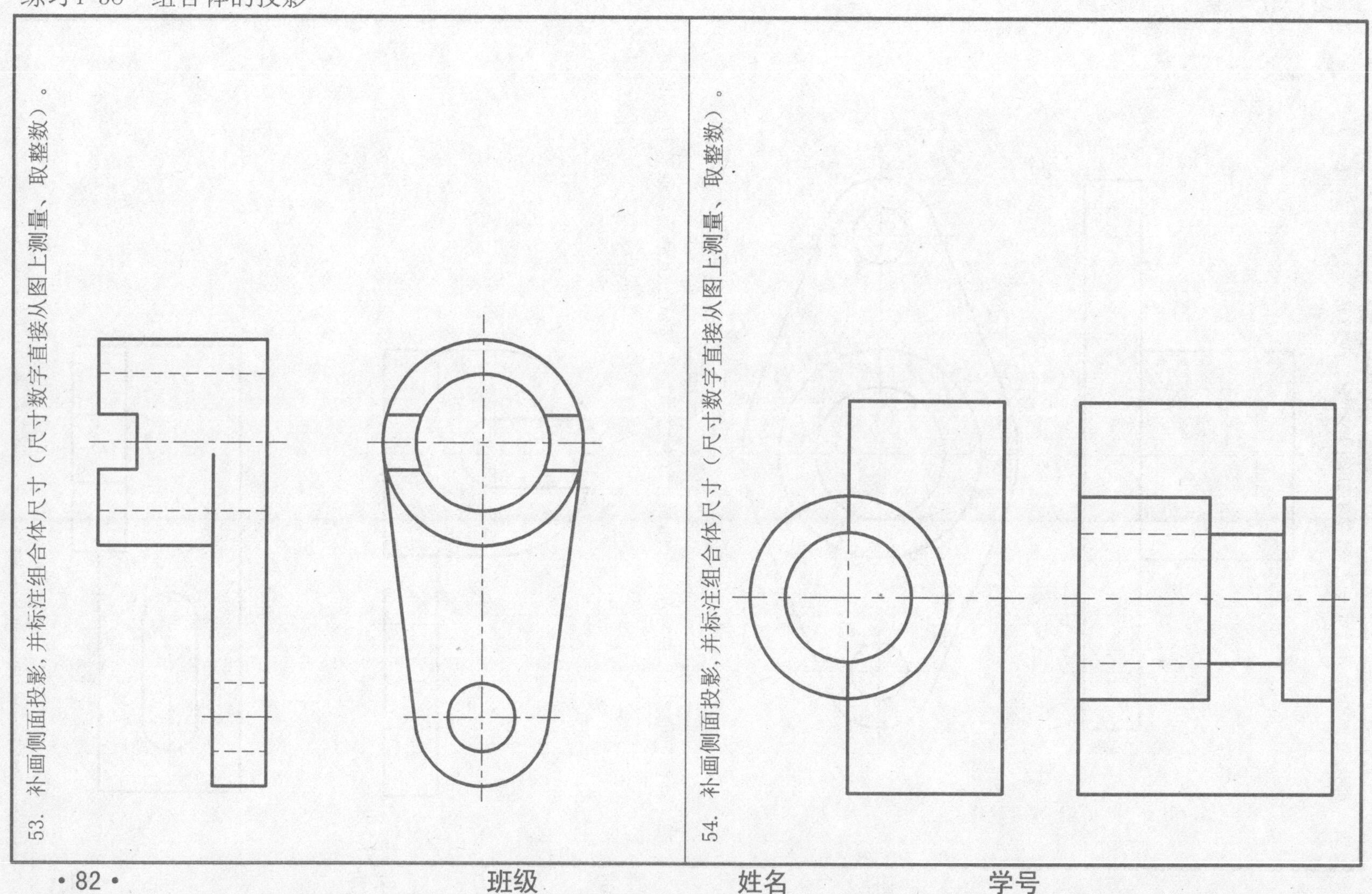

53. 补画侧面投影，并标注组合体尺寸（尺寸数字直接从图上测量，取整数）。

54. 补画侧面投影，并标注组合体尺寸（尺寸数字直接从图上测量，取整数）。

55. 标注组合体尺寸（尺寸数字直接从图上测量、取整数）。

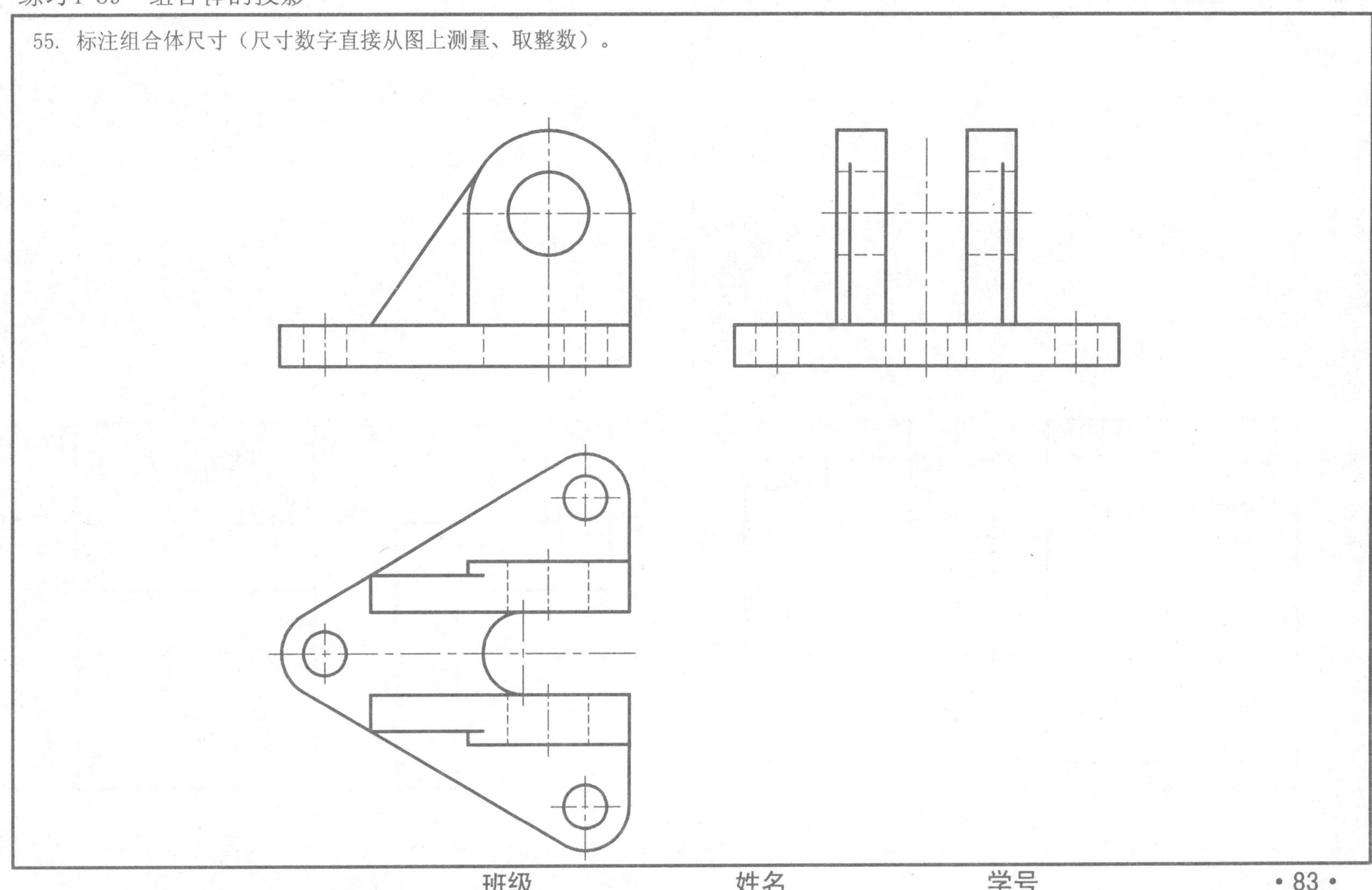

班级　　　　　　姓名　　　　　　学号

练习4-40　组合体的投影

56. 根据下列物体的正面投影和水平投影，补画侧面投影。

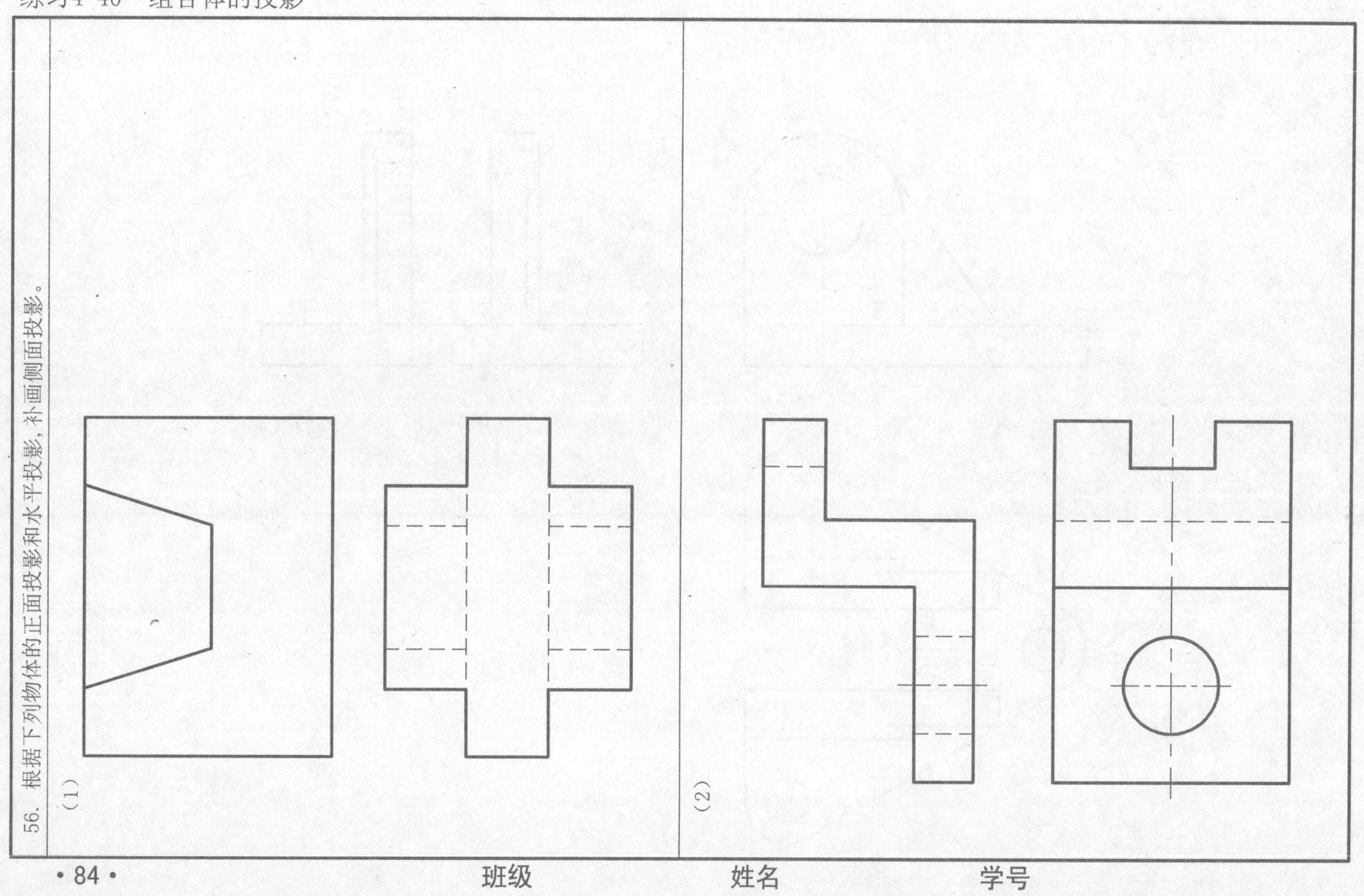
(1)
(2)

班级　　　　姓名　　　　学号

练习4-41　组合体的投影

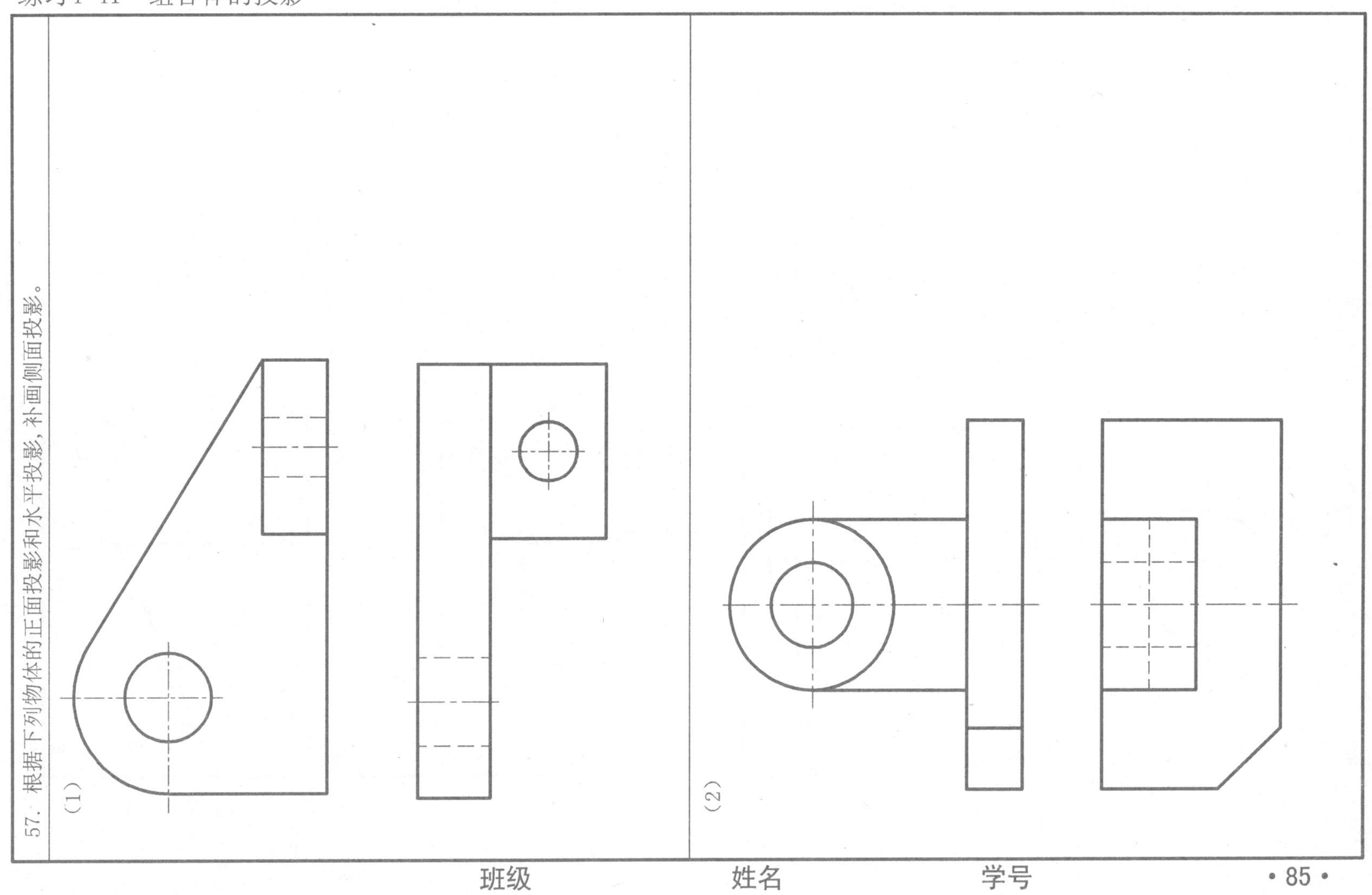

57. 根据下列物体的正面投影和水平投影，补画侧面投影。
(1)
(2)

练习4-42　组合体的投影

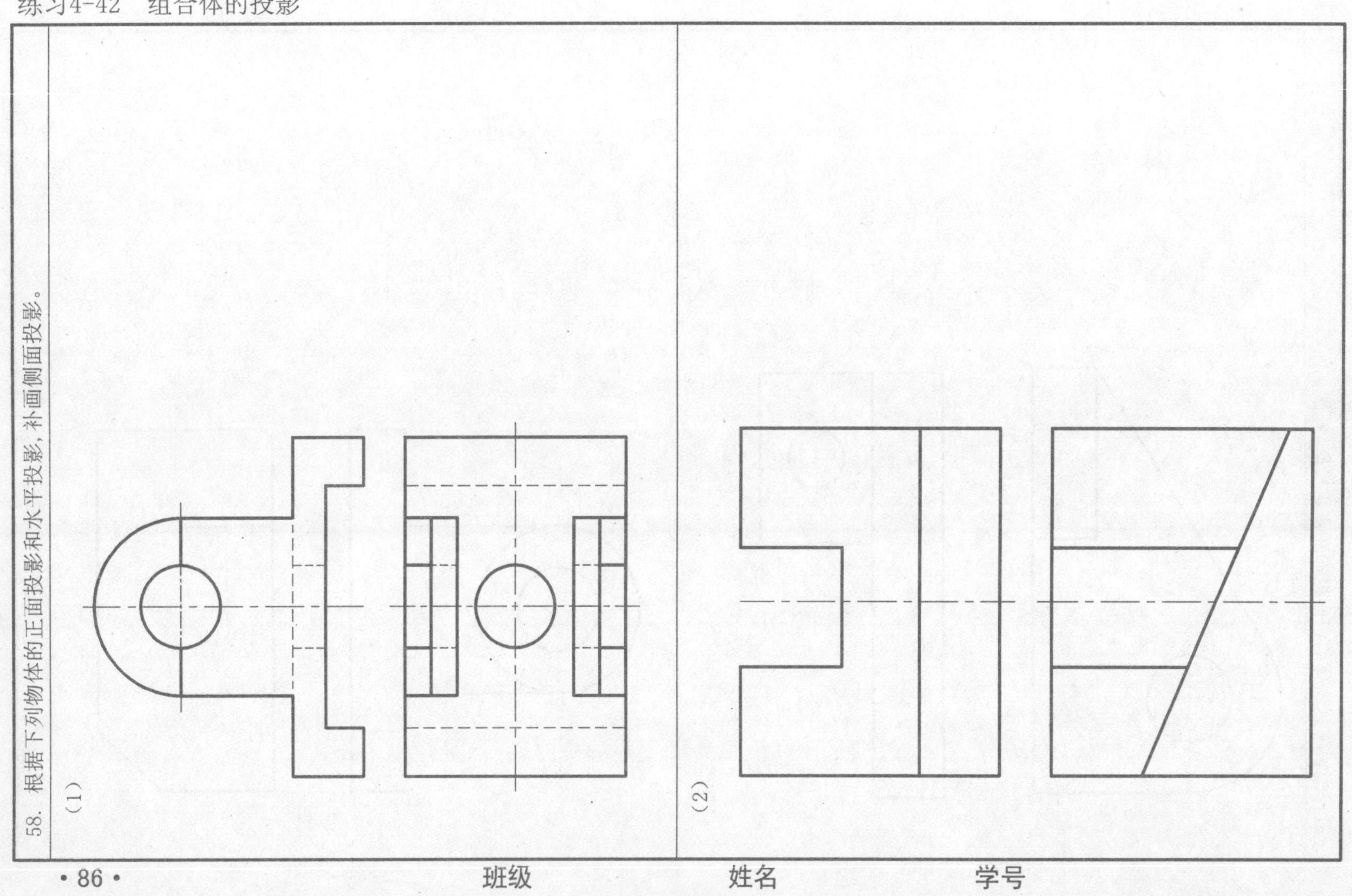
58. 根据下列物体的正面投影和水平投影，补画侧面投影。
(1)
(2)

59. 根据下列物体的正面投影和水平投影，补画侧面投影。

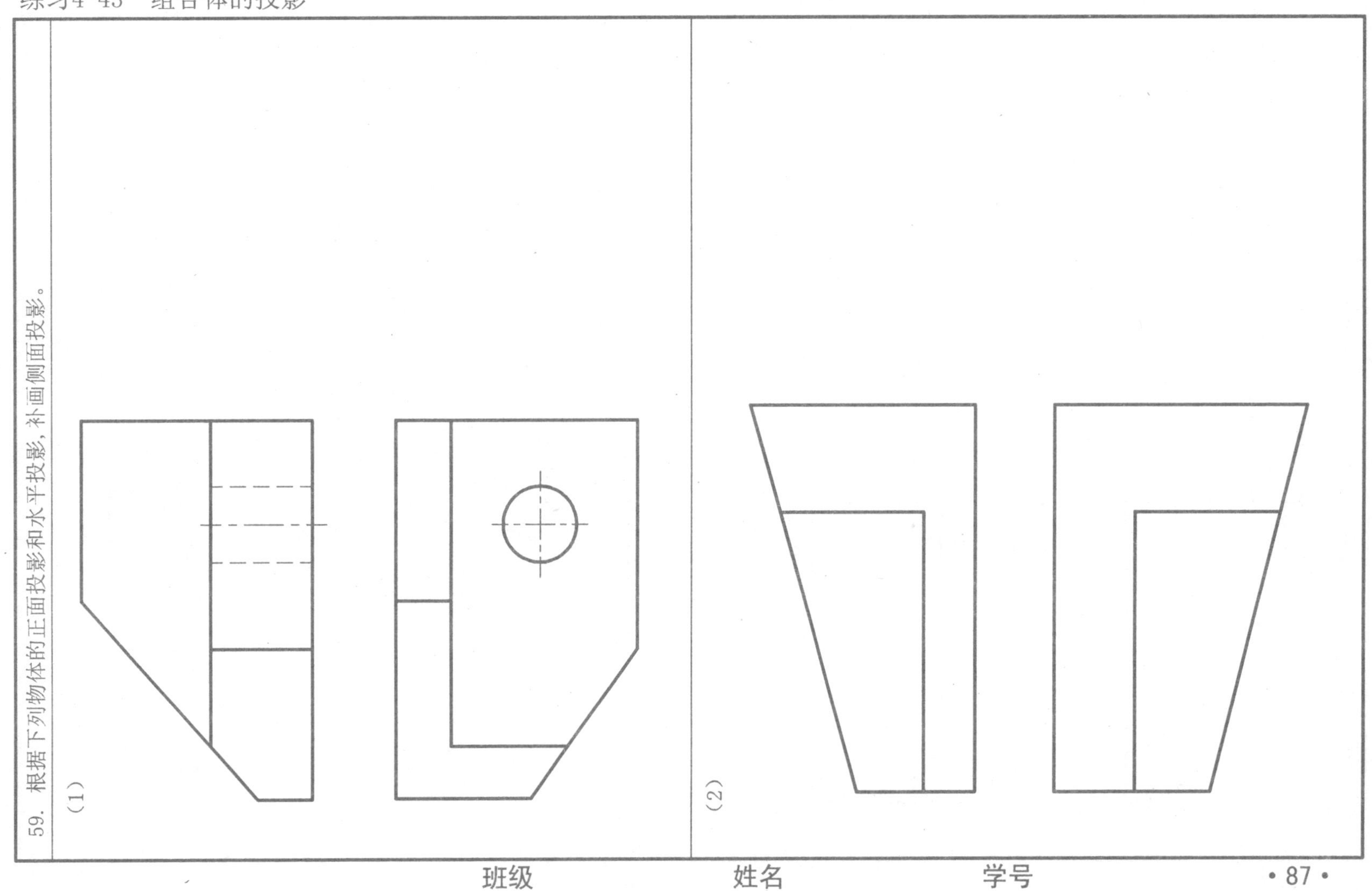
(1)
(2)

班级　　　　姓名　　　　学号

练习4-44　组合体的投影

60. 根据下列物体的正面投影和水平投影，补画侧面投影。

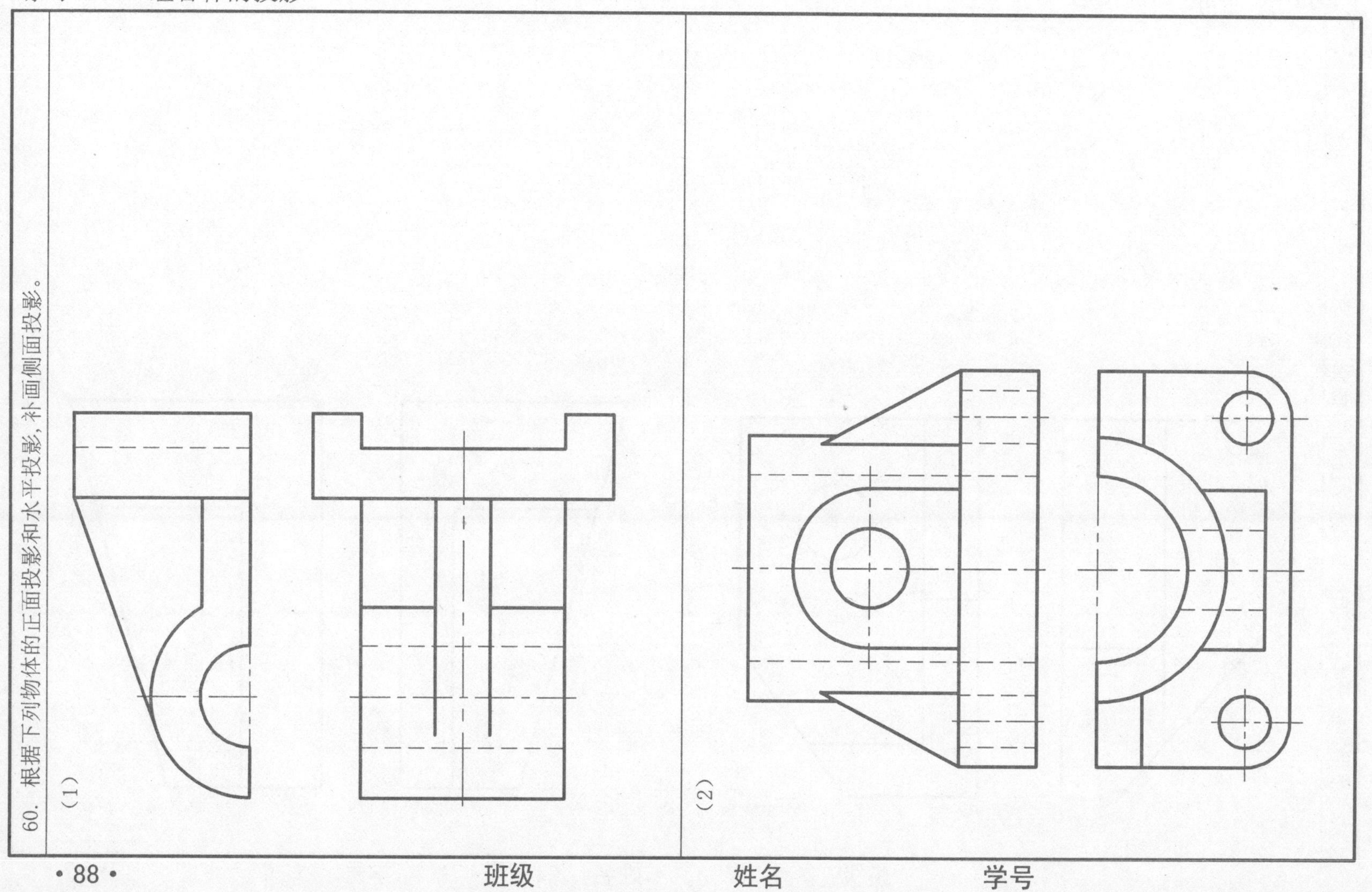

(1)
(2)

班级　　　　　　　　姓名　　　　　　　　学号

61. 根据下列物体的正面投影和水平投影，补画侧面投影。

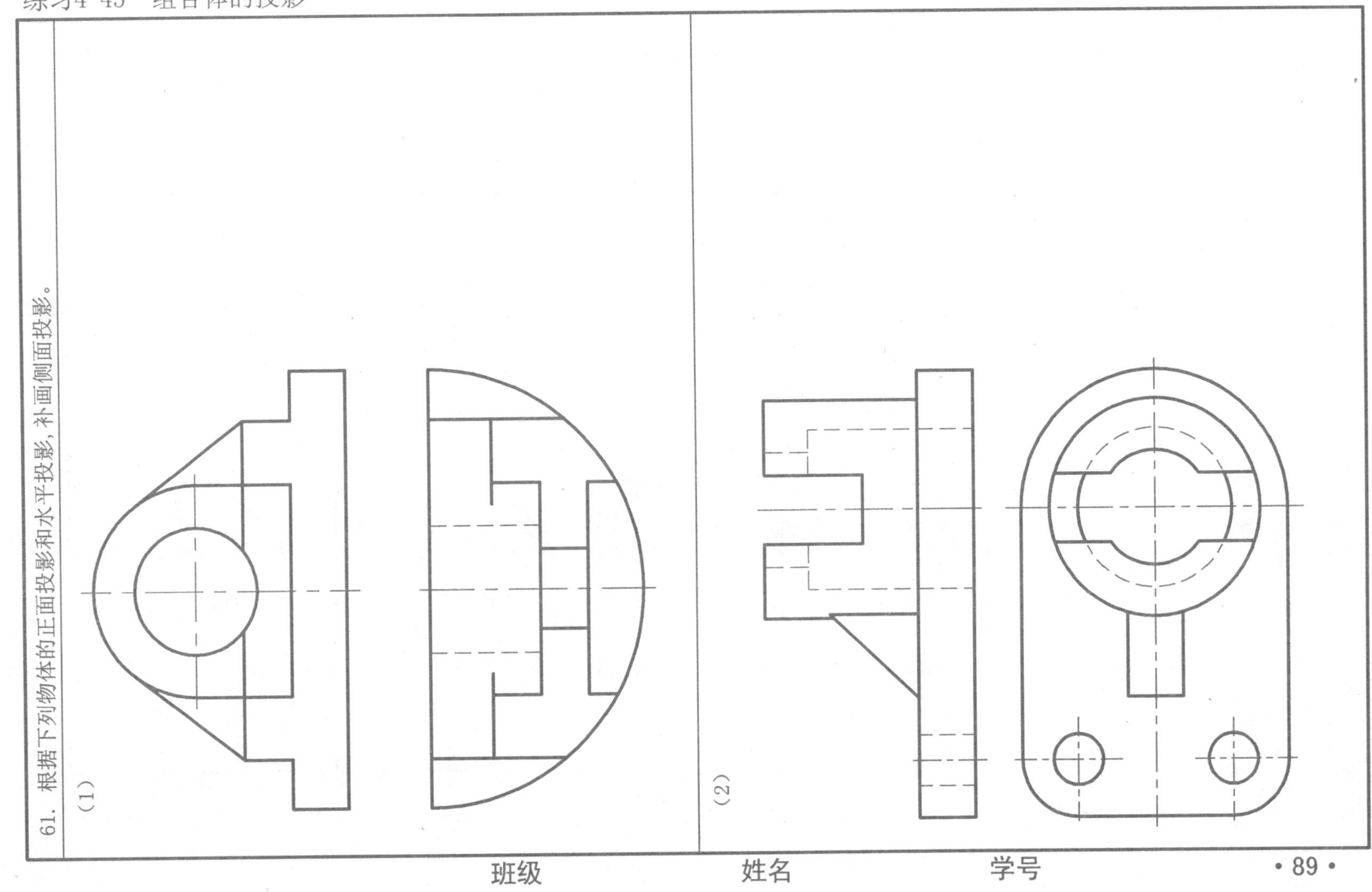

（1）
（2）

练习4-46　组合体的投影

62. 根据下列物体的正面投影和水平投影，补画侧面投影。
（1）
（2）

班级　　　　　　姓名　　　　　　学号

63. 根据下列正面投影和侧面投影，补画水平投影。

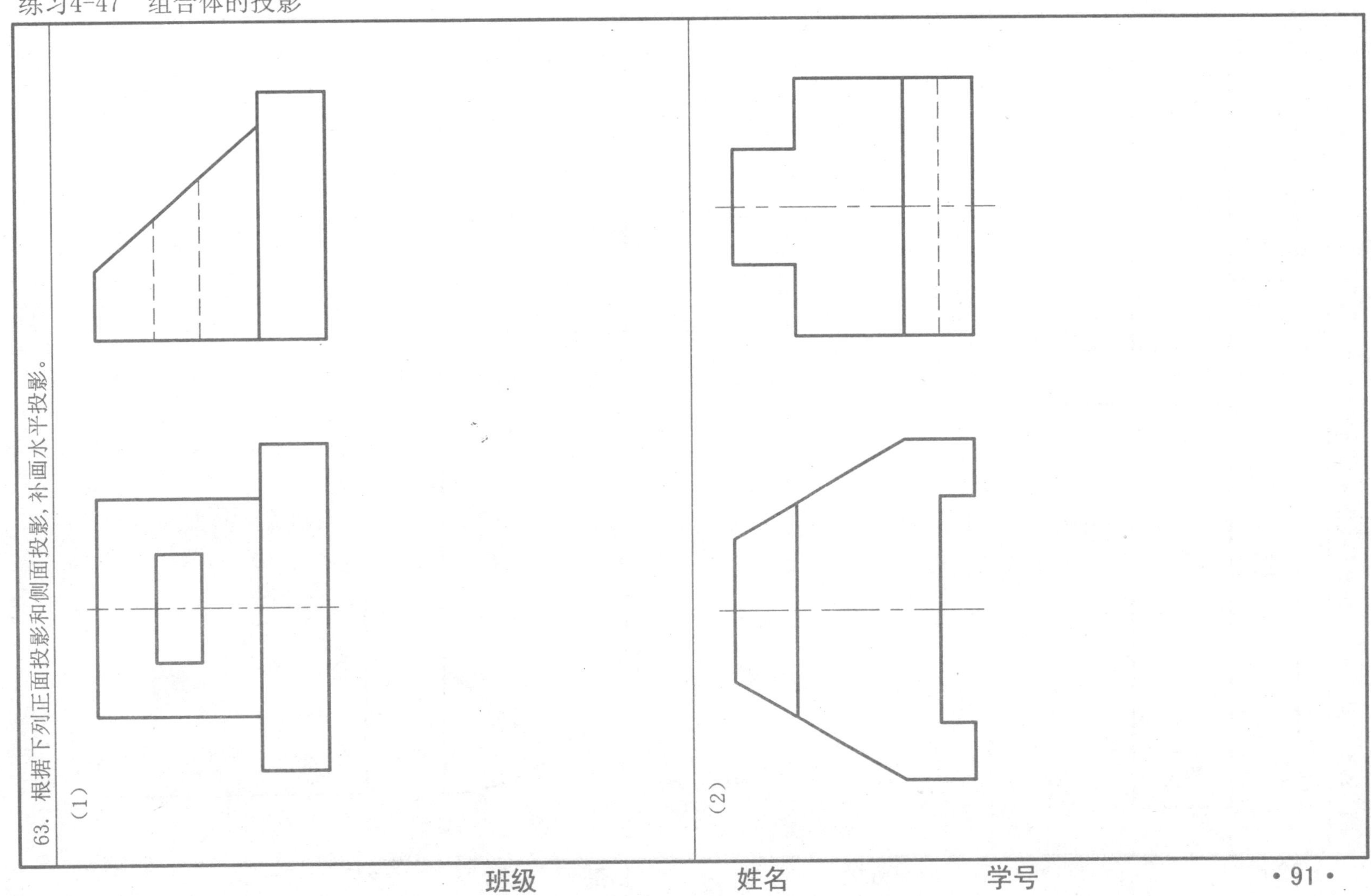
(1)
(2)

练习4-48　组合体的投影

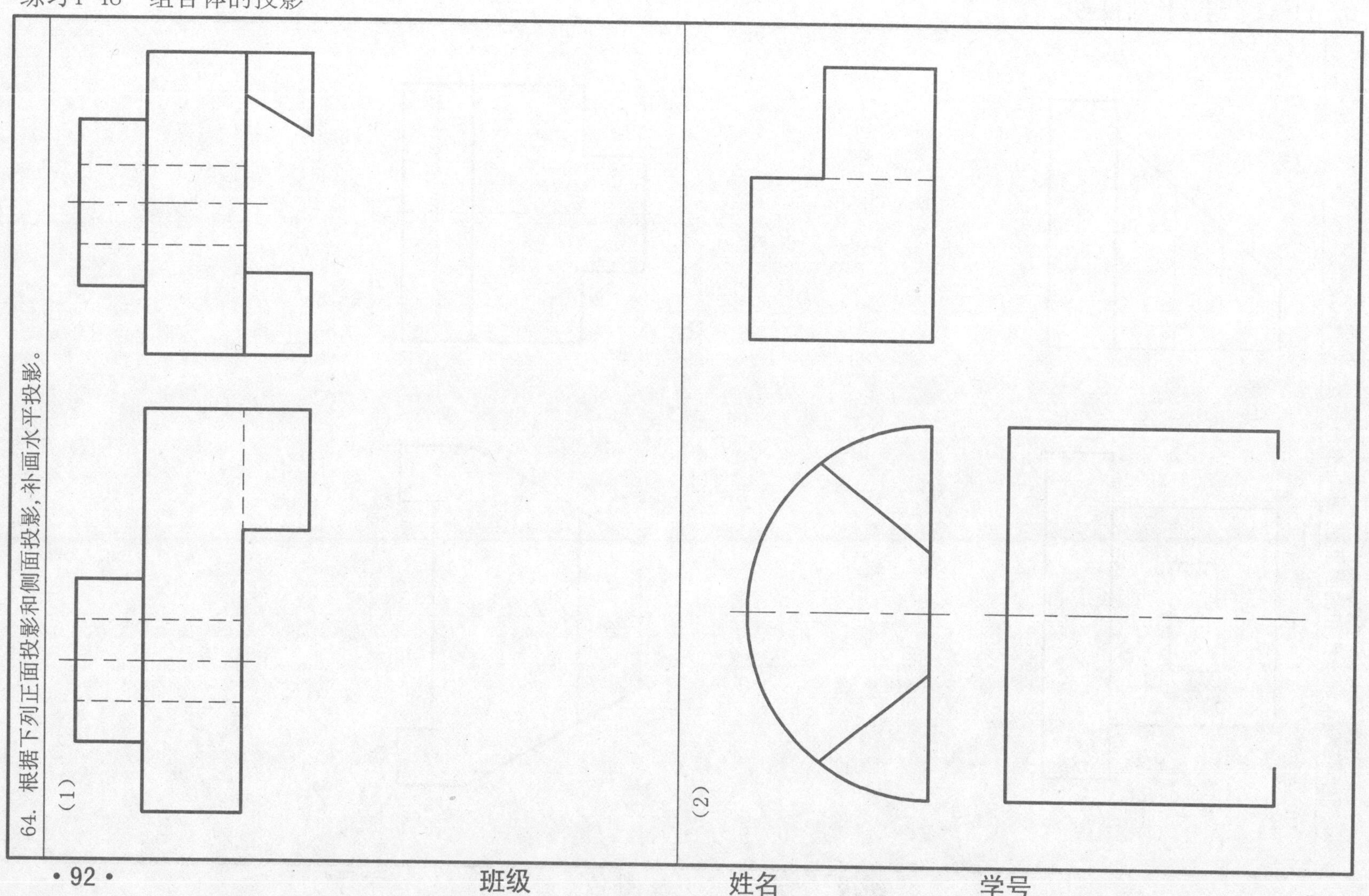
64. 根据下列正面投影和侧面投影，补画水平投影。
(1)
(2)

班级　　　　姓名　　　　学号

练习4-49　组合体的投影

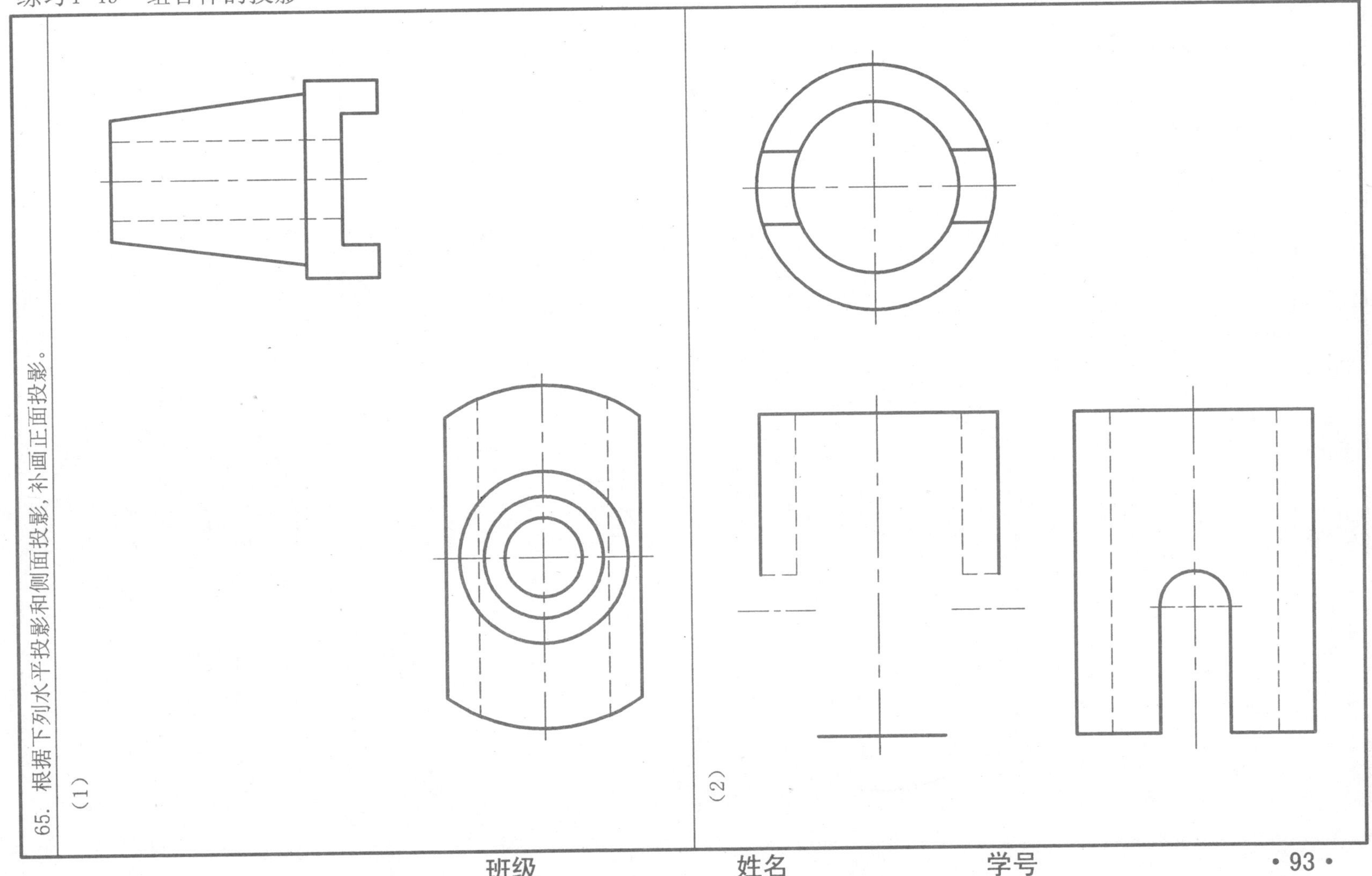
65. 根据下列水平投影和侧面投影，补画正面投影。
(1)
(2)

班级　　　　姓名　　　　学号

练习4-50　组合体的投影

66. 根据下列水平投影和侧面投影，补画正面投影。

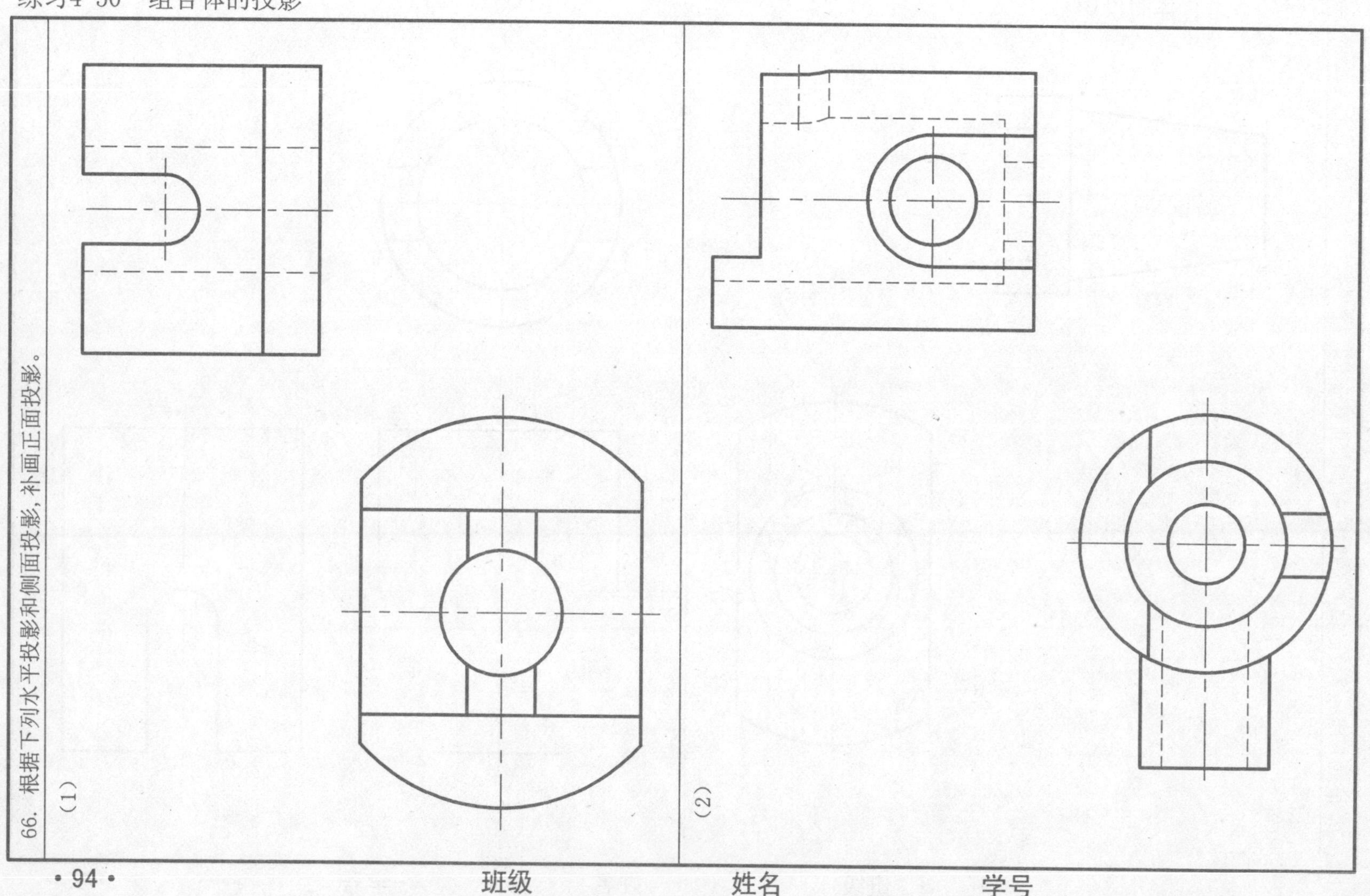

(1)
(2)

班级　　　　　　姓名　　　　　　学号

练习4-51　组合体的投影

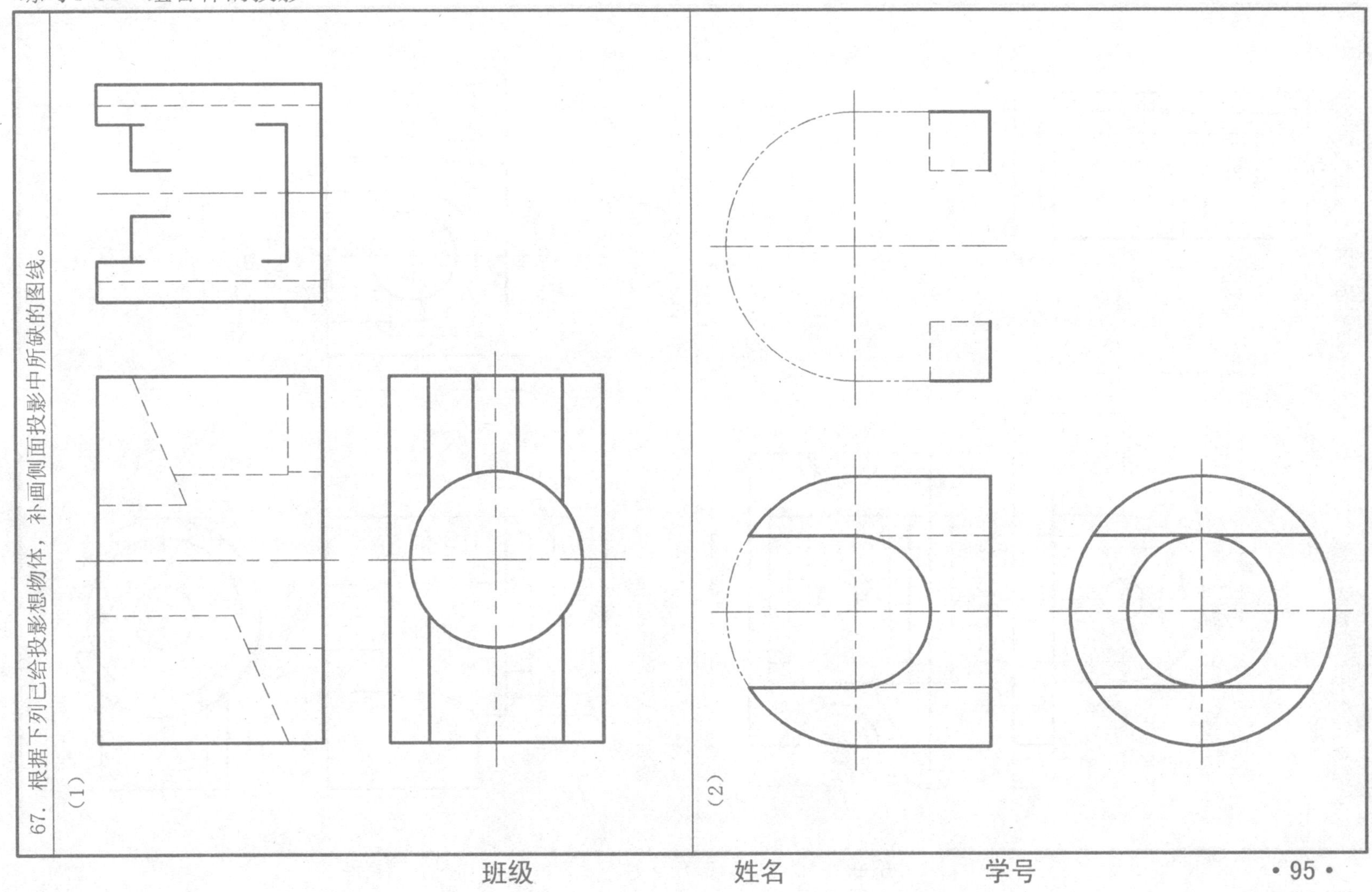
67. 根据下列已给投影想物体，补画侧面投影中所缺的图线。
(1)
(2)

练习4-52　组合体的投影

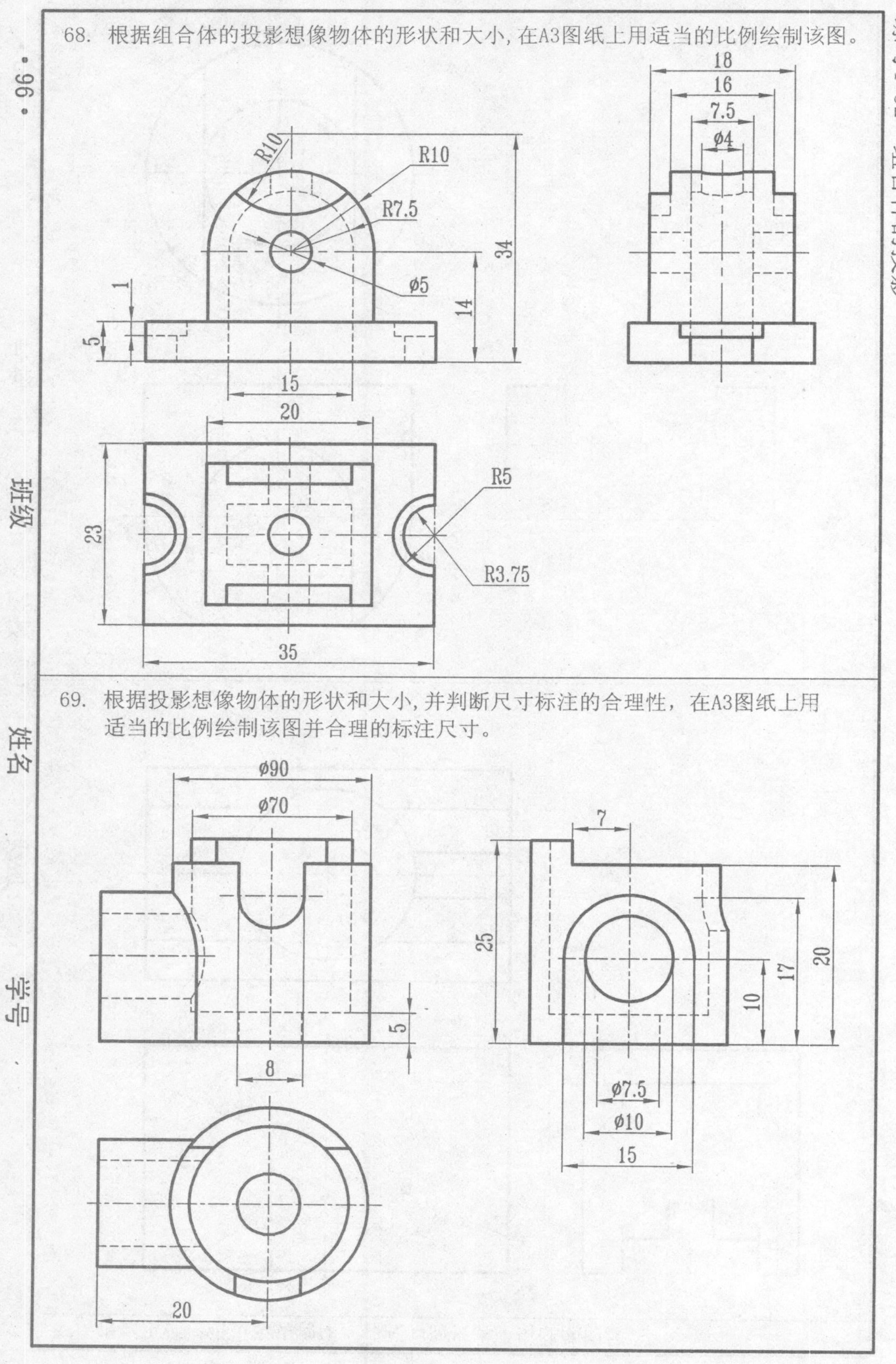
68. 根据组合体的投影想像物体的形状和大小，在A3图纸上用适当的比例绘制该图。
18
16
7.5
ϕ4
R10
R10
R7.5
ϕ5
34
14
1
5
15
20
R5
R3.75
23
35
69. 根据投影想像物体的形状和大小，并判断尺寸标注的合理性，在A3图纸上用适当的比例绘制该图并合理的标注尺寸。
ϕ90
ϕ70
7
25
20
17
10
5
8
ϕ7.5
ϕ10
15
20

班级　　　　姓名　　　　学号

练习5 轴测图

练习5-1 轴测图

1. 已知立体的两个视图，画出它的正等轴测图。

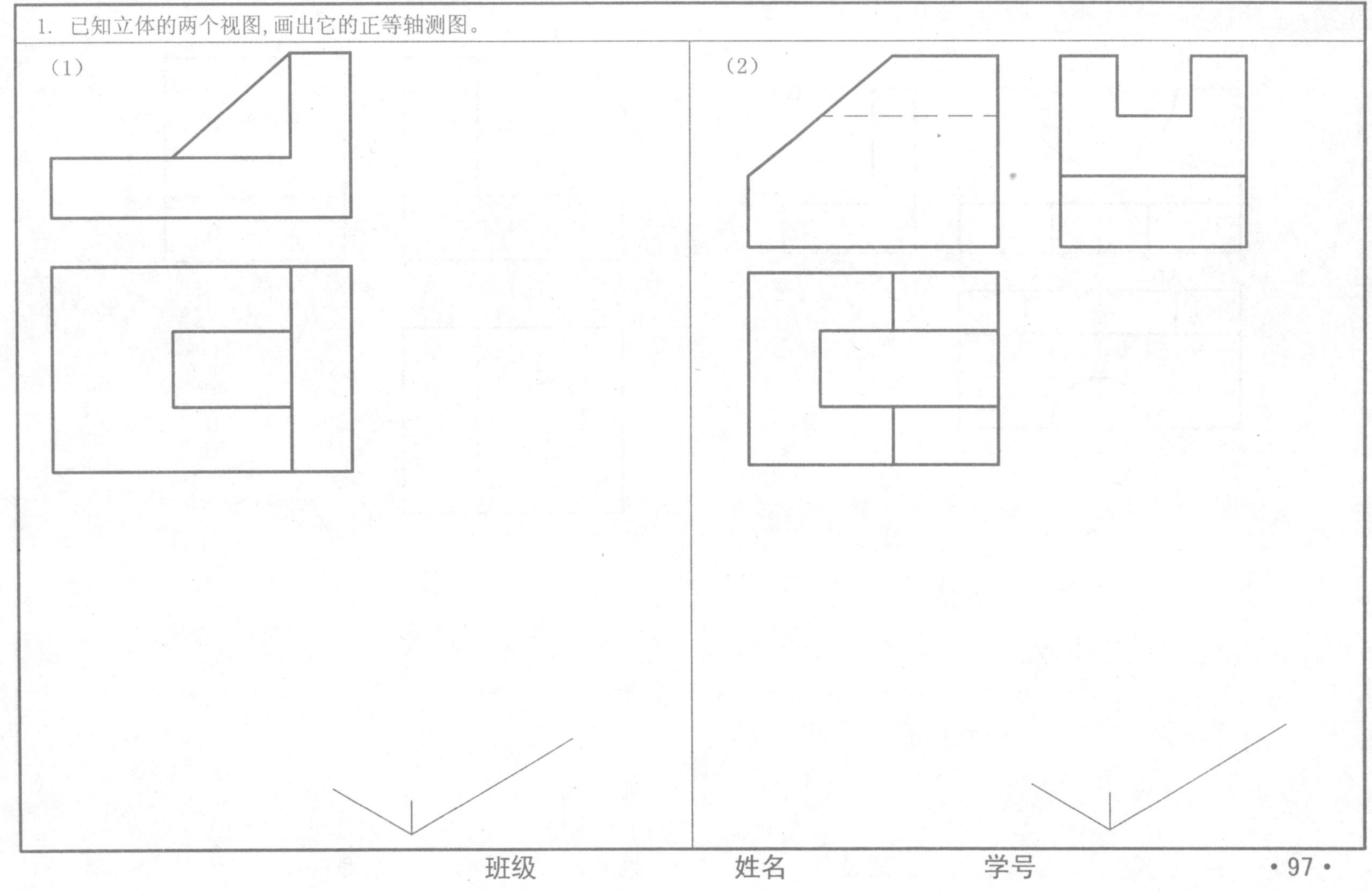
(1)
(2)

2. 已知立体的三个视图,画出它的正等轴测图。

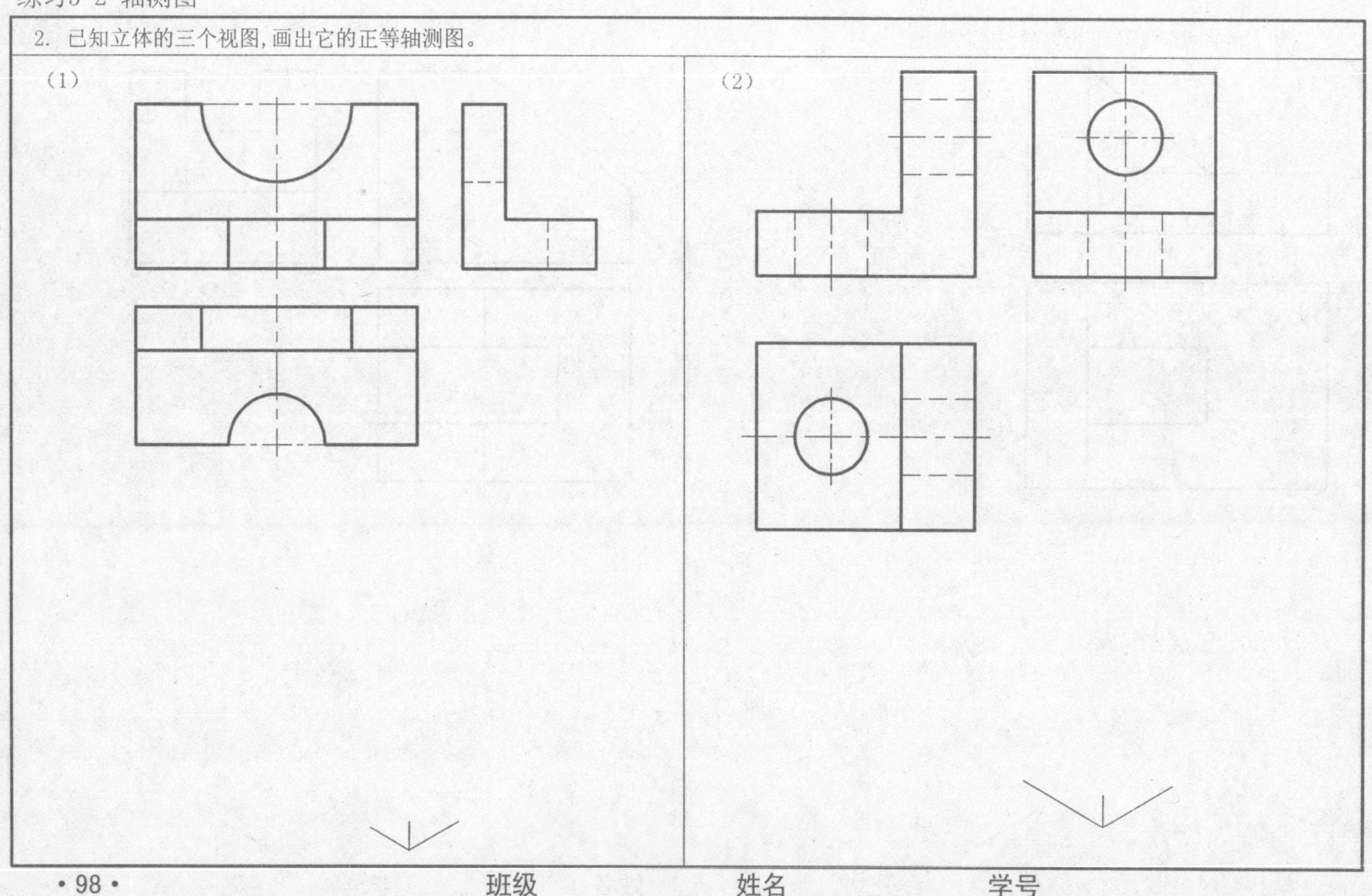

(1)
(2)

班级　　姓名　　学号

3. 已知立体的两个视图,画出它的斜二轴测图。

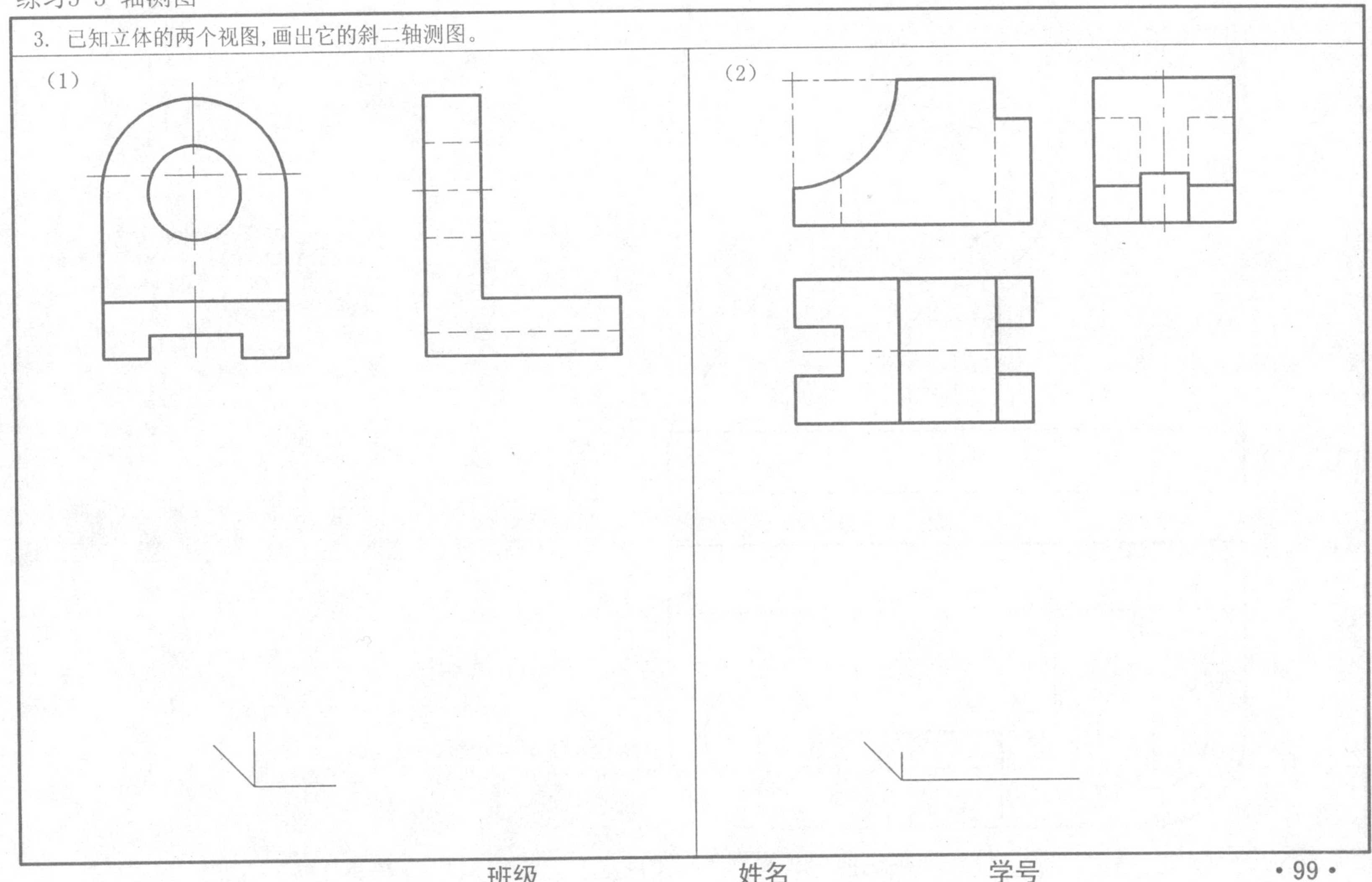
(1)
(2)

4. 已知组合体的两个视图，画出它的第三视图，并选择适当的比例在A3图纸上画出正等轴测图（尺寸在图上量取）。

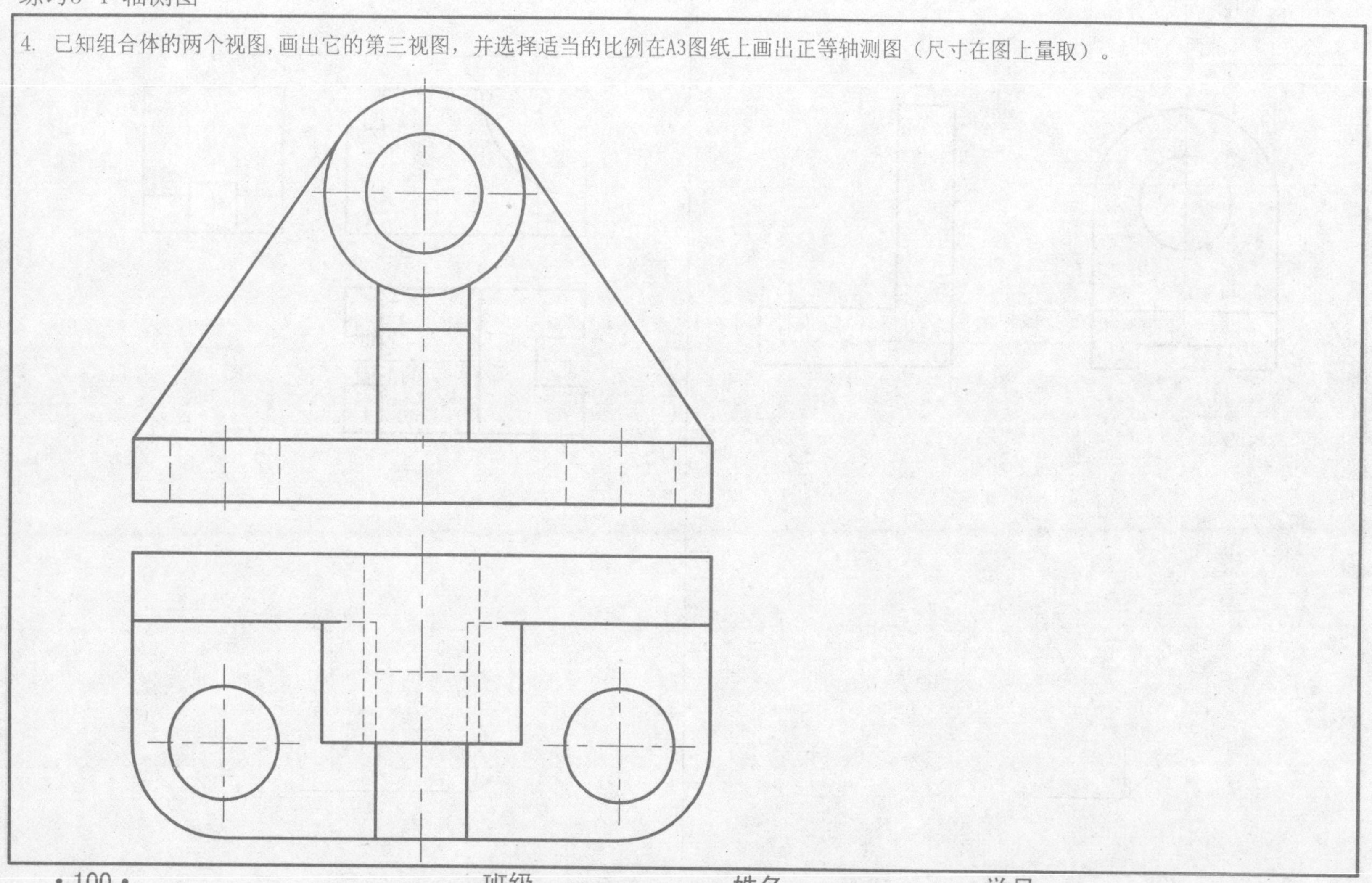

班级 姓名 学号

5. 已知立体的两个视图,在A3图纸上画出它的正等轴测图。

(1)

(2)

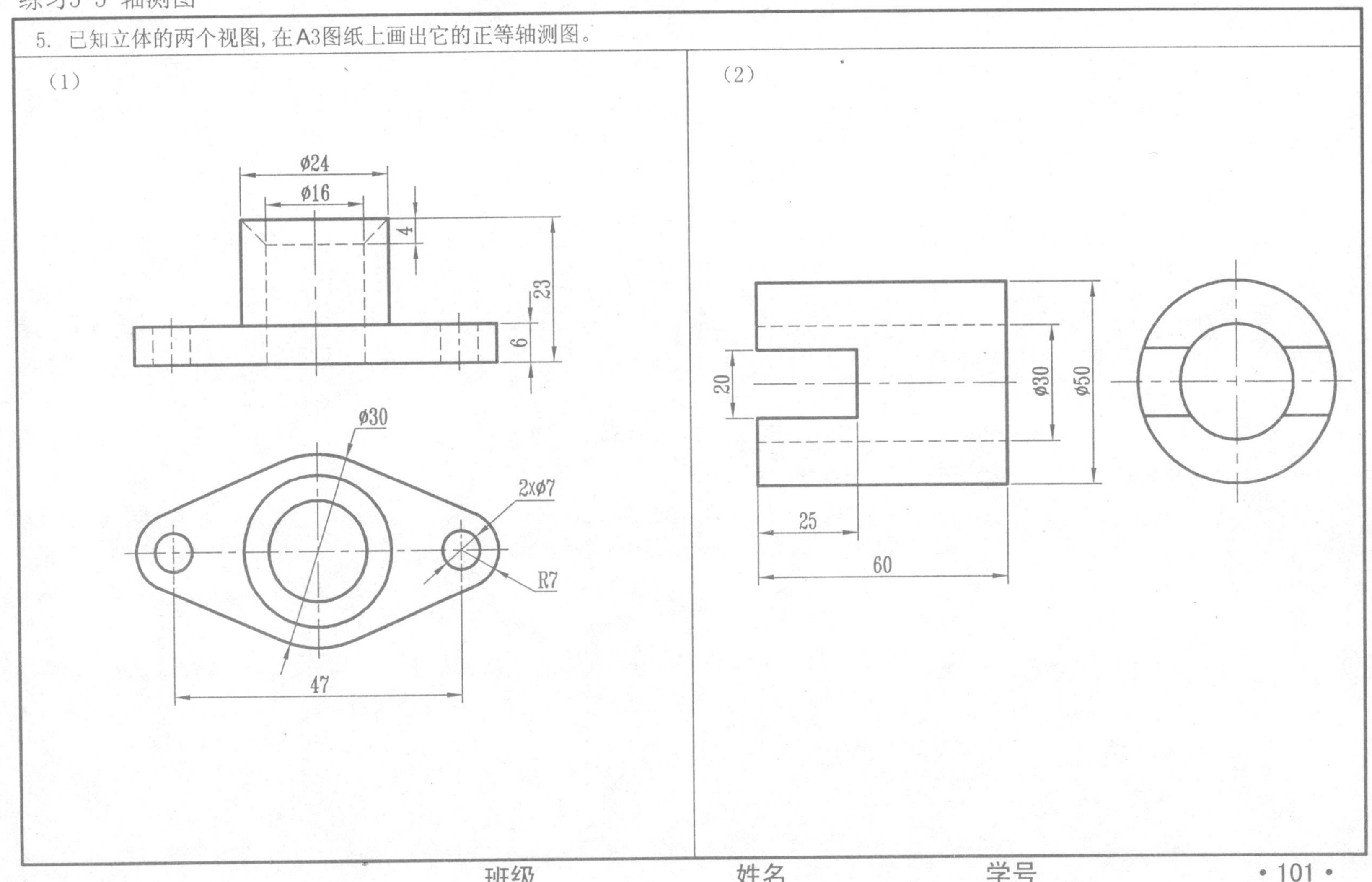

ø24
ø16
4
23
6
ø30
2xø7
R7
47
20
ø30
ø50
25
60

练习6 工程形体常用的表示法

练习6-1 工程形体常用的表示法

1. 补全基本视图(画出所有虚线)。
2. 按照所给视图，画出俯、左视图及相应的向视图。
C
B
C
A
A
B

3. 在看懂投影图的基础上，运用基本视图、斜视图、局部视图的表达方法重新表达该物体。

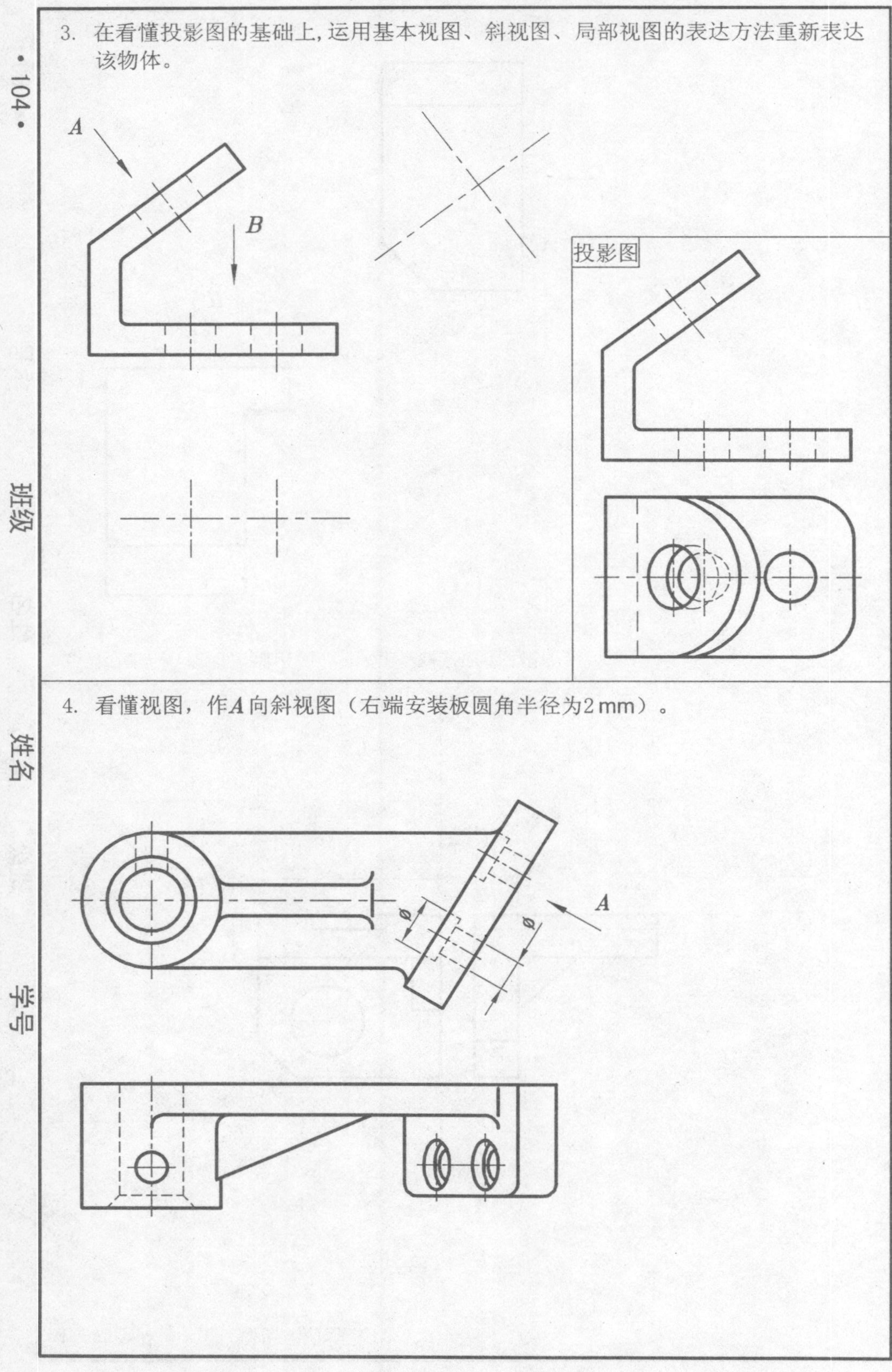
A
B
投影图
A
ø
ø

4. 看懂视图，作A向斜视图（右端安装板圆角半径为2 mm）。

班级　　　　姓名　　　　学号

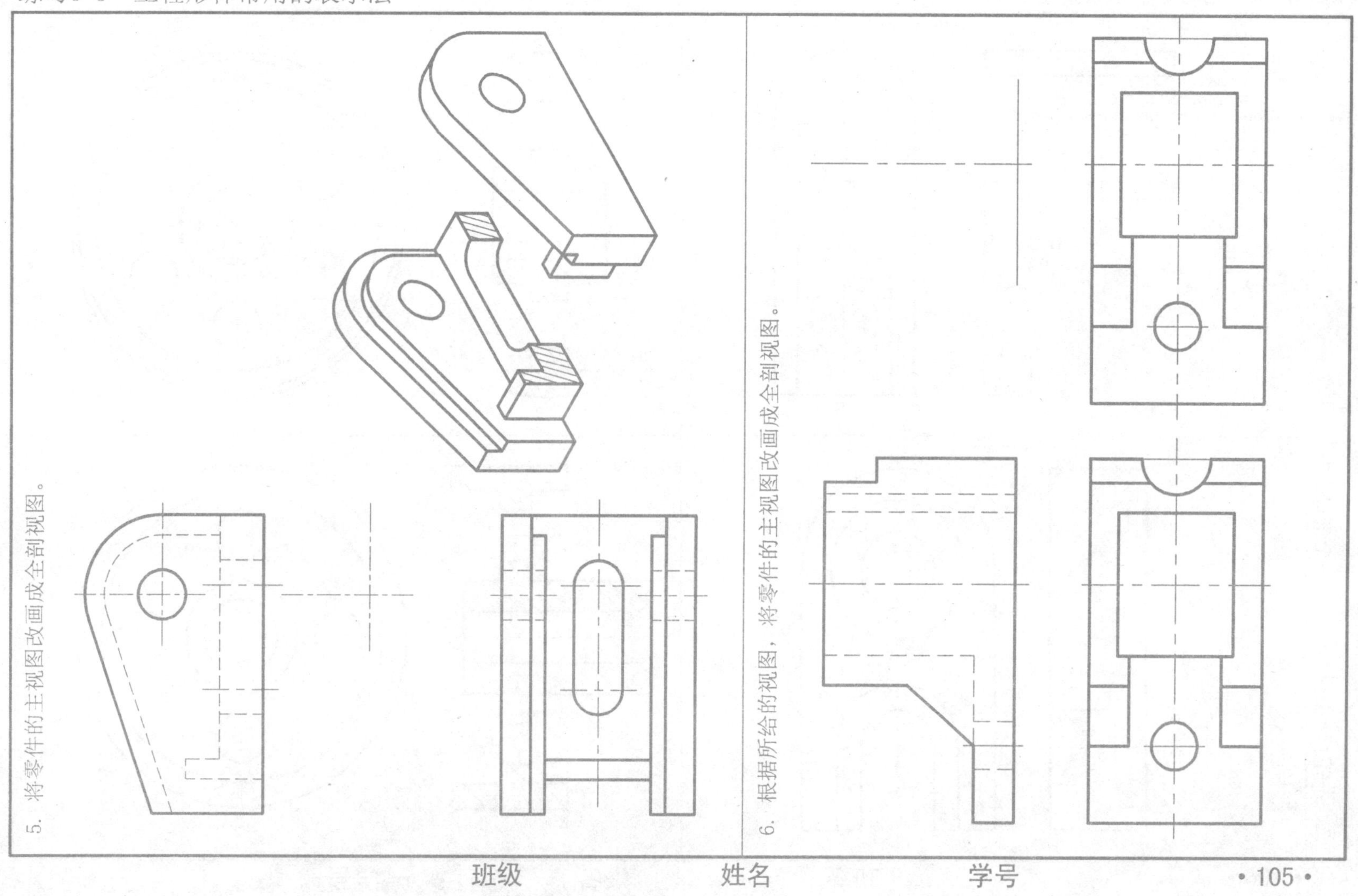
5. 将零件的主视图改画成全剖视图。
6. 根据所给的视图，将零件的主视图改画成全剖视图。

7. 分析下列图中的错误，补全剖视图中的漏线。

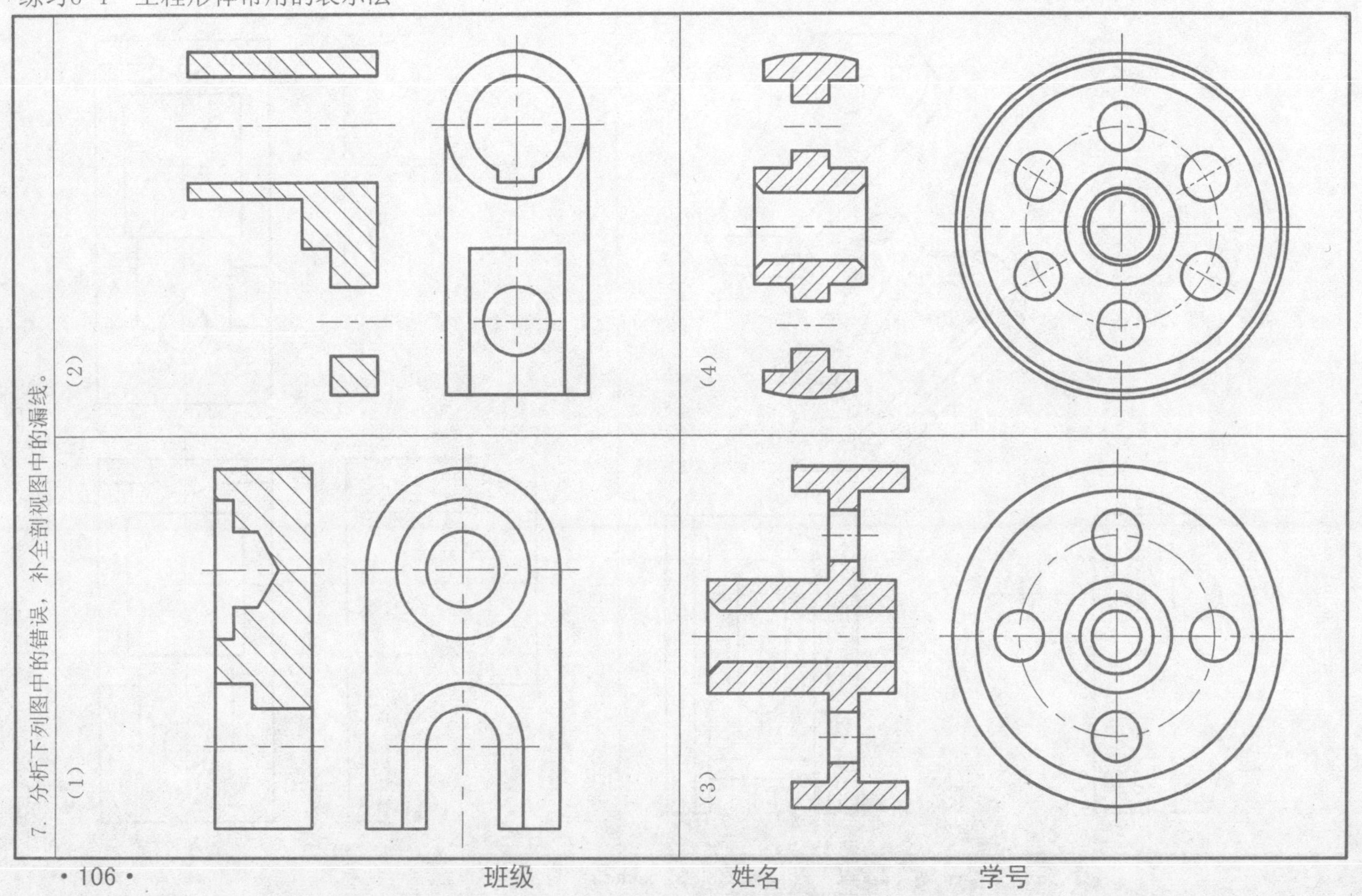

(1)
(2)
(3)
(4)

班级　　　　姓名　　　　学号

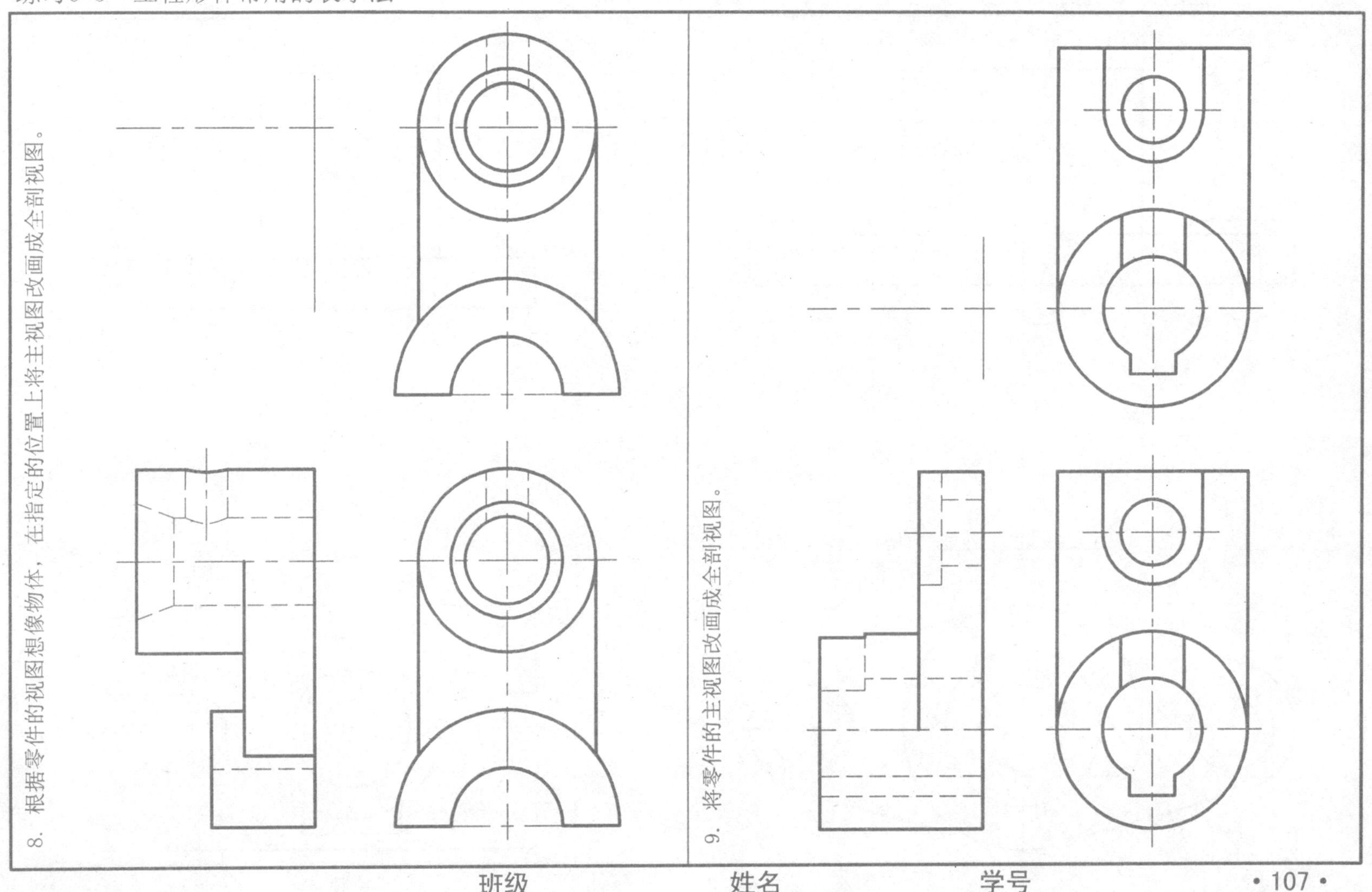

8. 根据零件的视图想像物体，在指定的位置上将主视图改画成全剖视图。

9. 将零件的主视图改画成全剖视图。

10. 读懂视图，将主视图改画成半剖视图。

11. 将主视图改画成半剖视图。

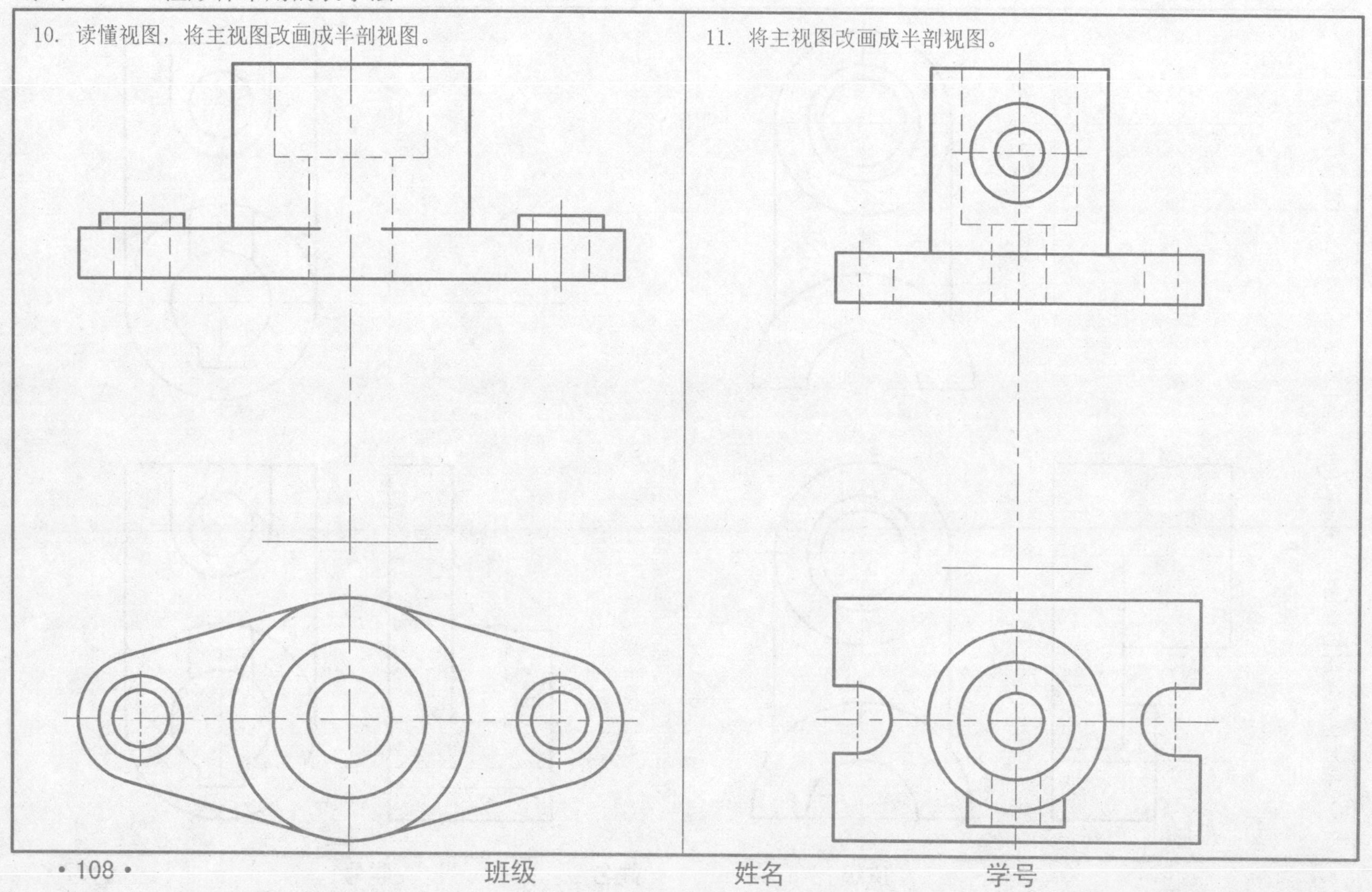

班级　　　　姓名　　　　学号

12. 读懂轴承座的视图，将主视图改画成半剖视图。

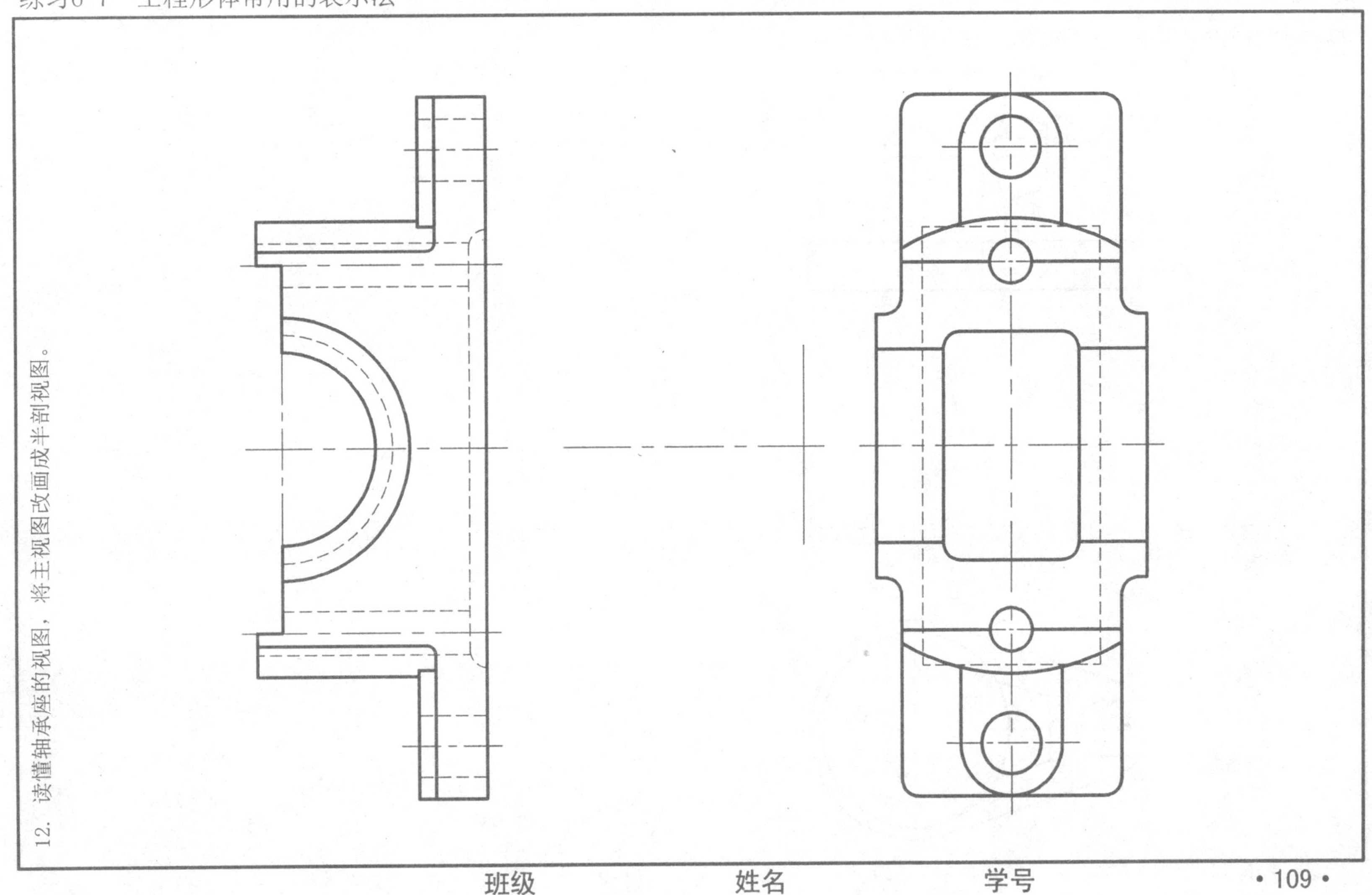

13. 将零件的主视图改画成全剖视图，将左视图画成半剖视图。

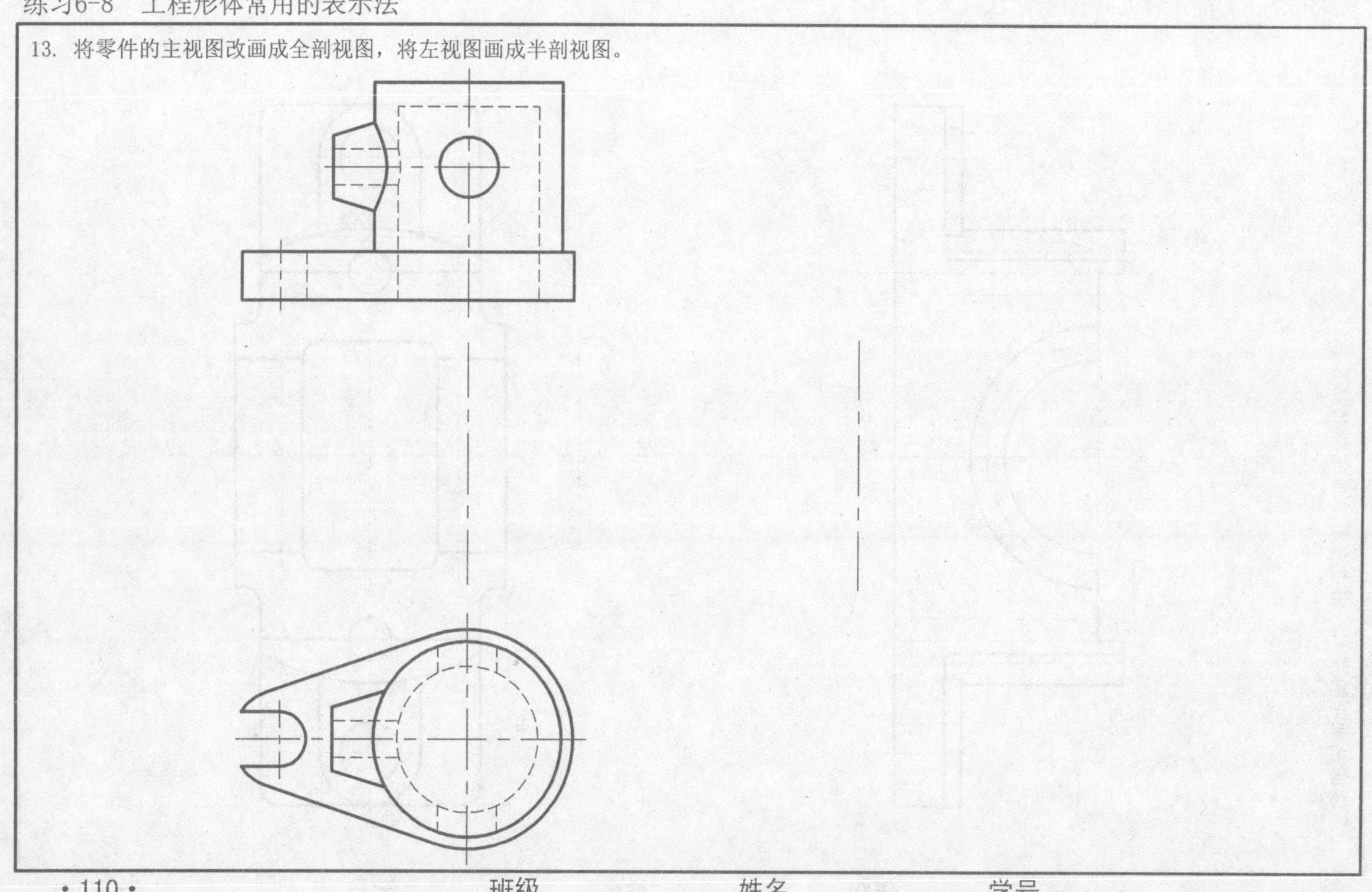

班级　　　　姓名　　　　学号

14. 分析图中的错误，在指定的位置上作出正确的剖视图。

15. 根据下列所给的主、俯视图，选出正确的一组。

（1）______

（2）______

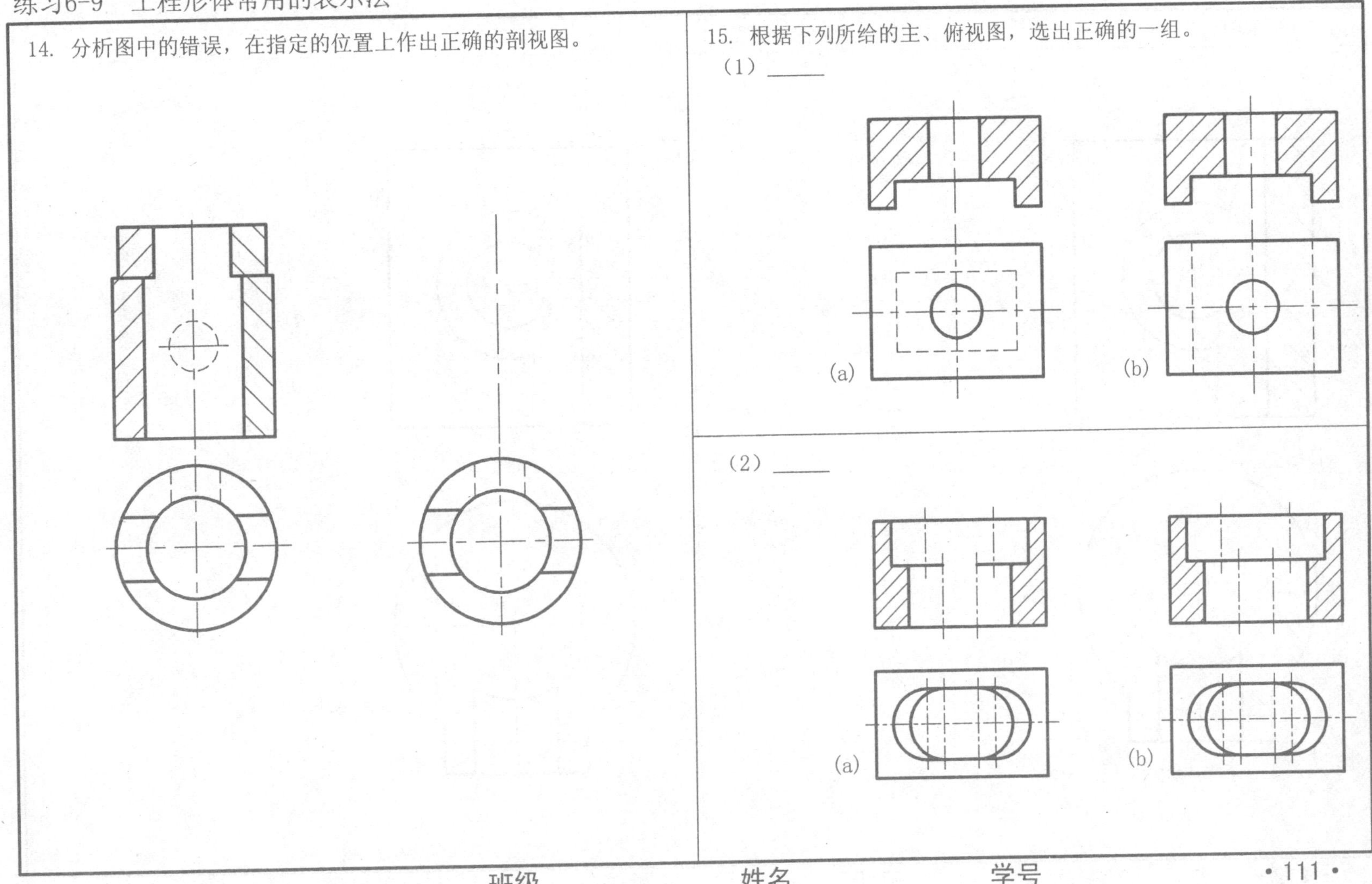

(a)
(b)
(a)
(b)

16. 分析下列局部剖视图中的错误，在右边作出正确的局部剖视图。

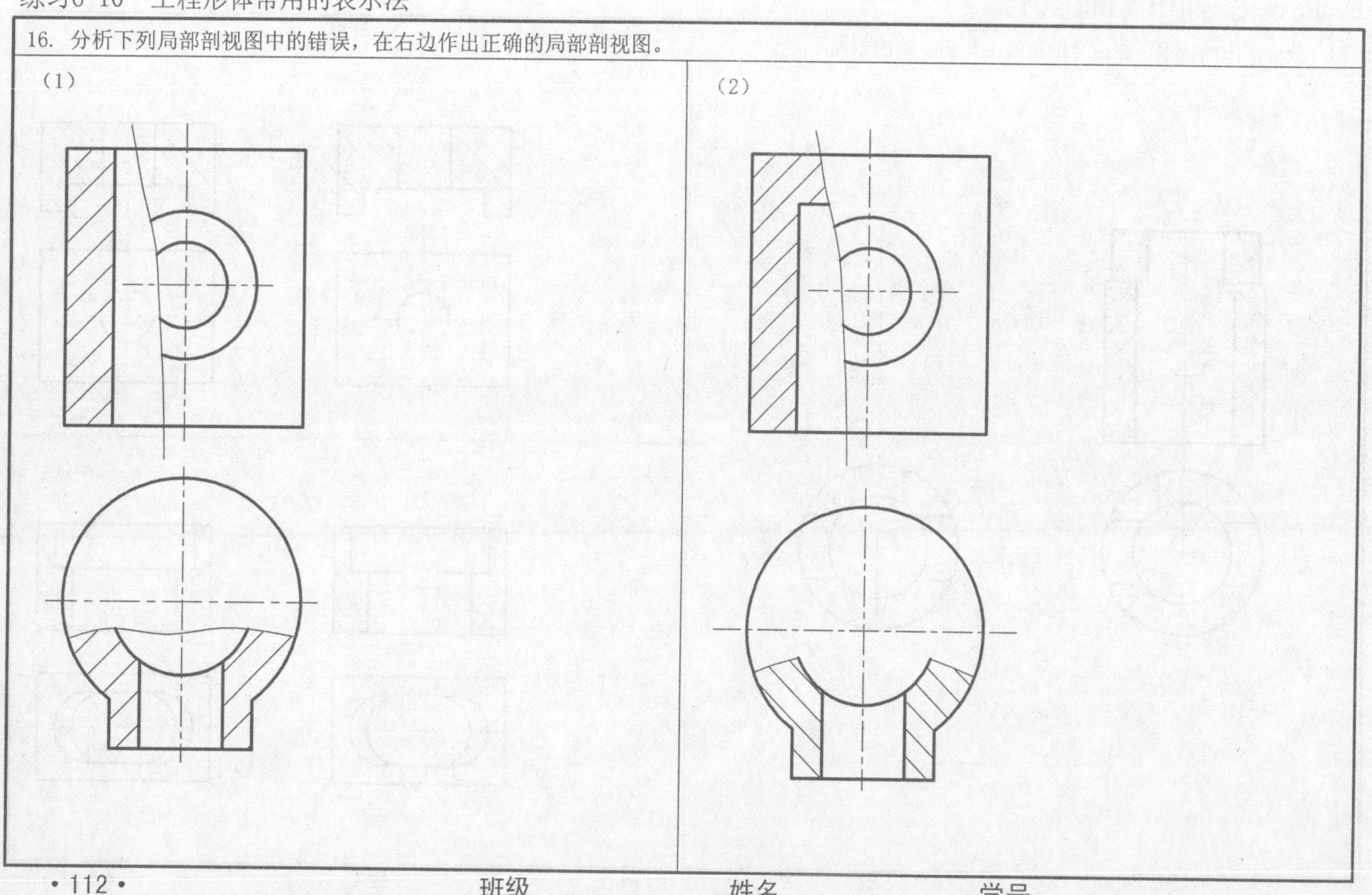
(1)
(2)

班级　　　　姓名　　　　学号

17. 根据投影图，将零件的主、俯视图画成局部剖视图。

18. 将零件的主、俯视图改画成局部剖视图。

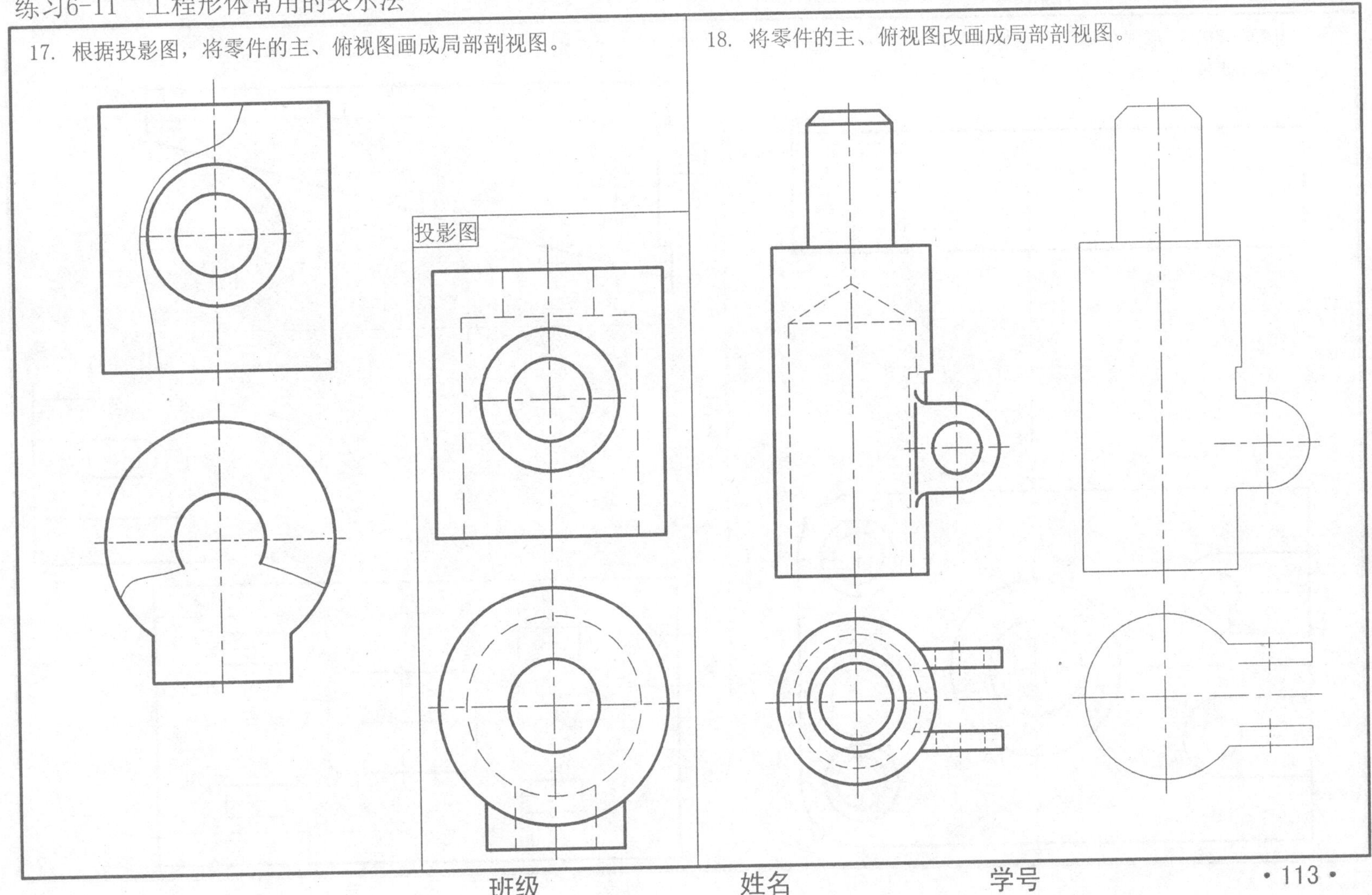
投影图

班级　　姓名　　学号

19. 用平行的剖切形式剖切（注意标注），将主视图改画成全剖视图。

20. 用适当的剖切形式剖切，将主视图改画成全剖视图。

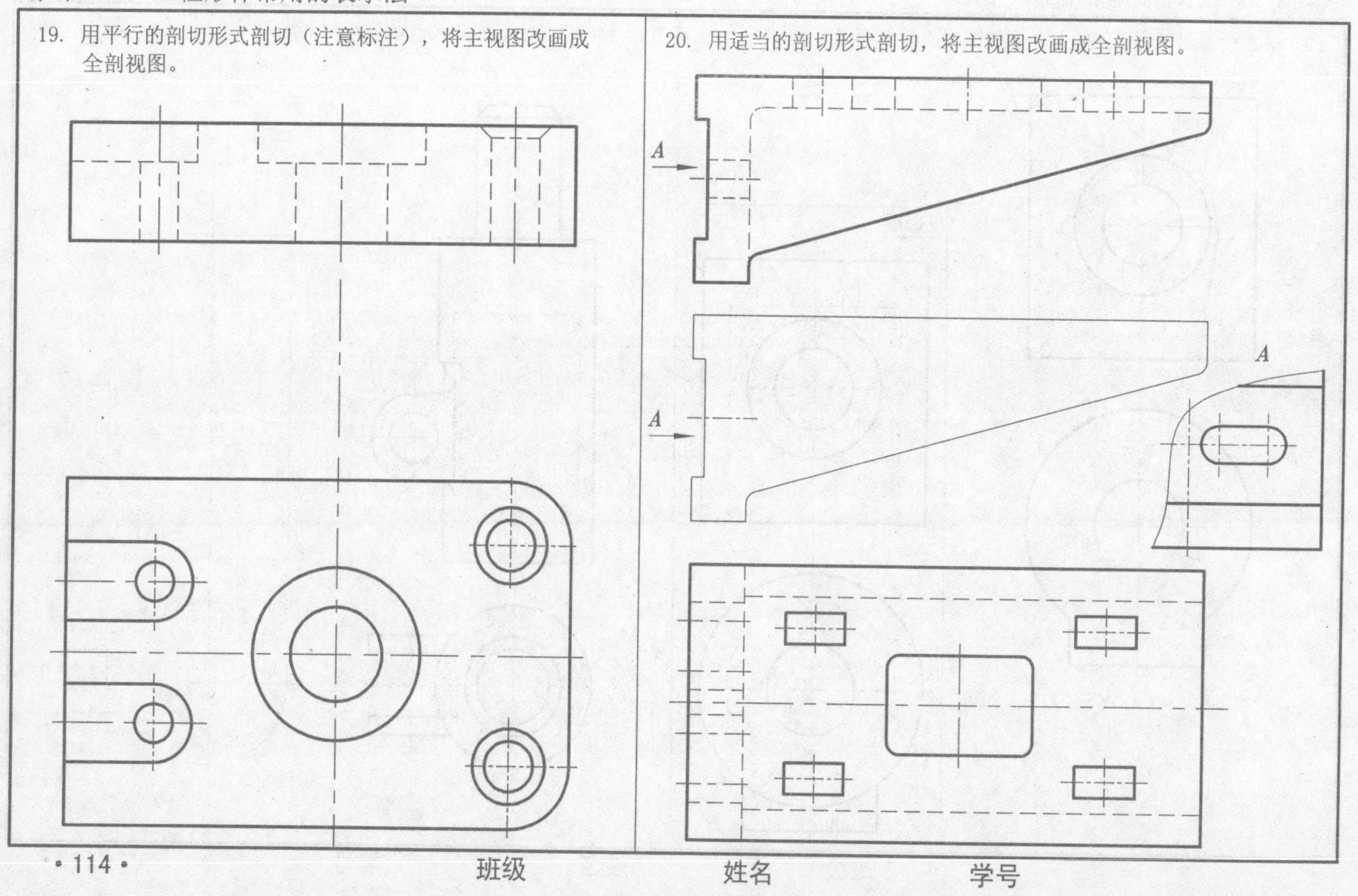
A
A
A

班级　　姓名　　学号

21. 用适当的剖切形式，将主视图改画成半剖视图。

22. 用适当的剖切形式将零件的主视图改为全剖视图。

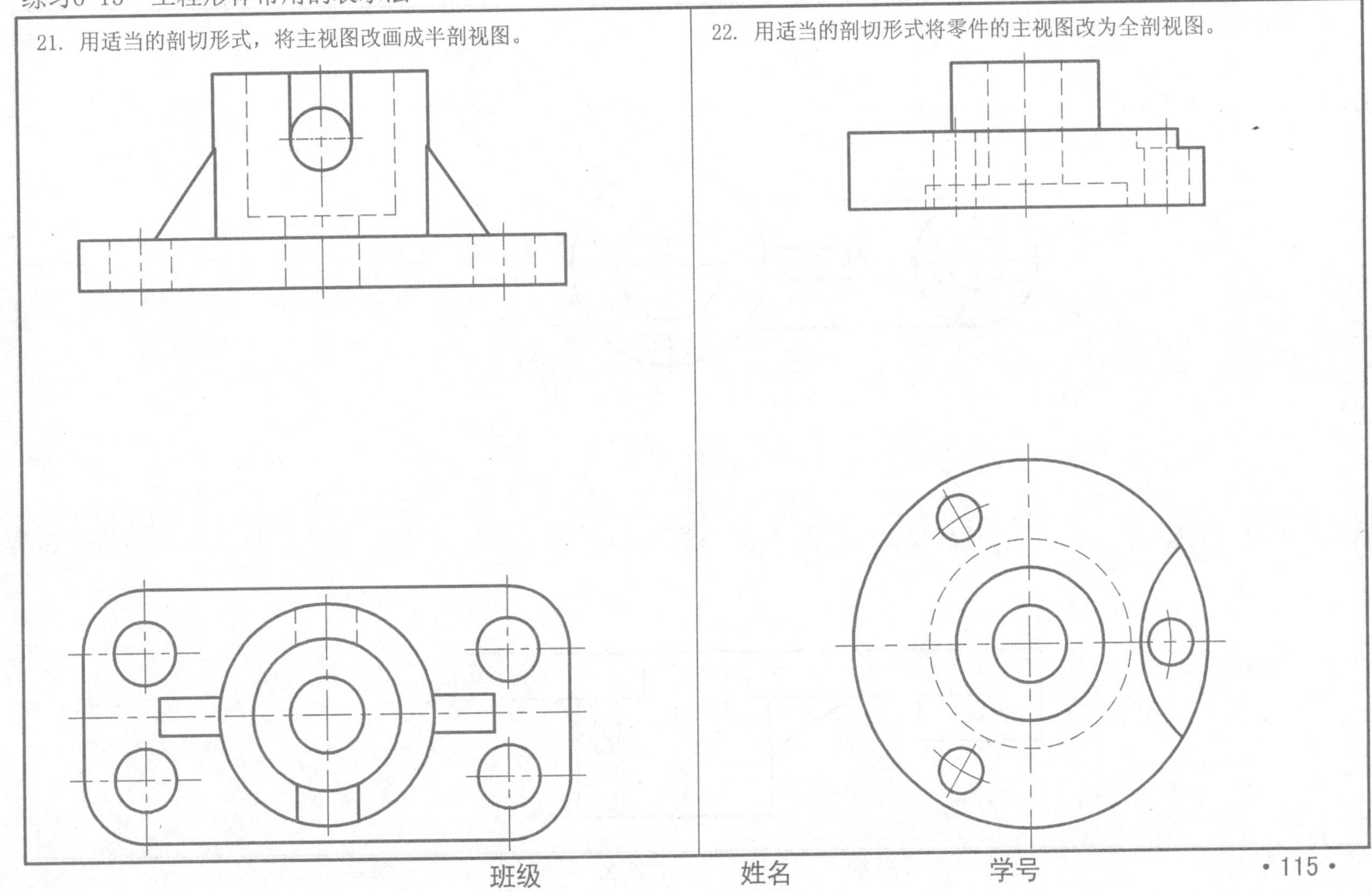

23. 用适当的剖切形式将零件的俯视图改画成全剖视图。

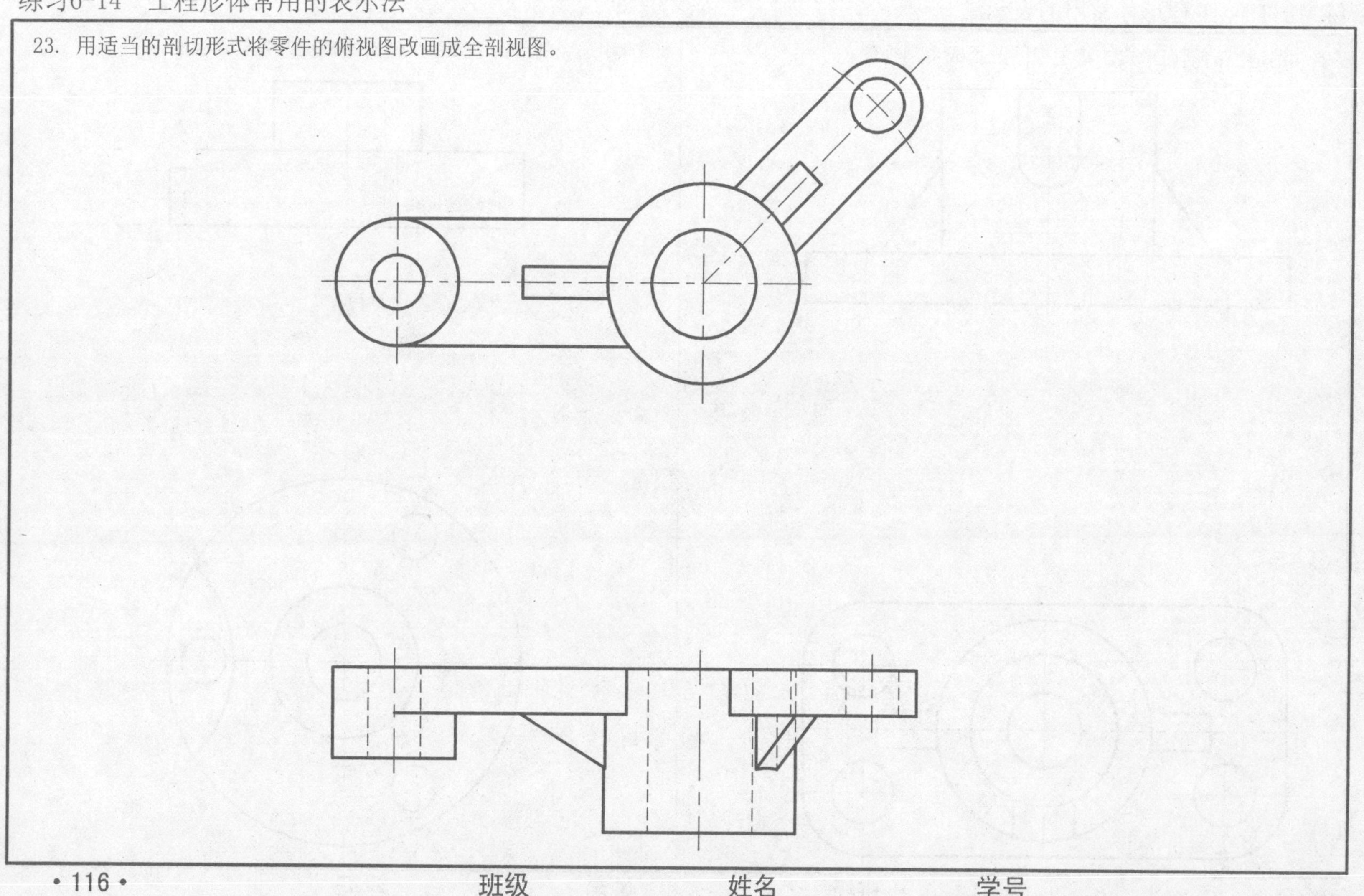

　　班级　　姓名　　学号

24. 在右边将零件的主视图改为全剖视图，俯视图改为局部剖视图。

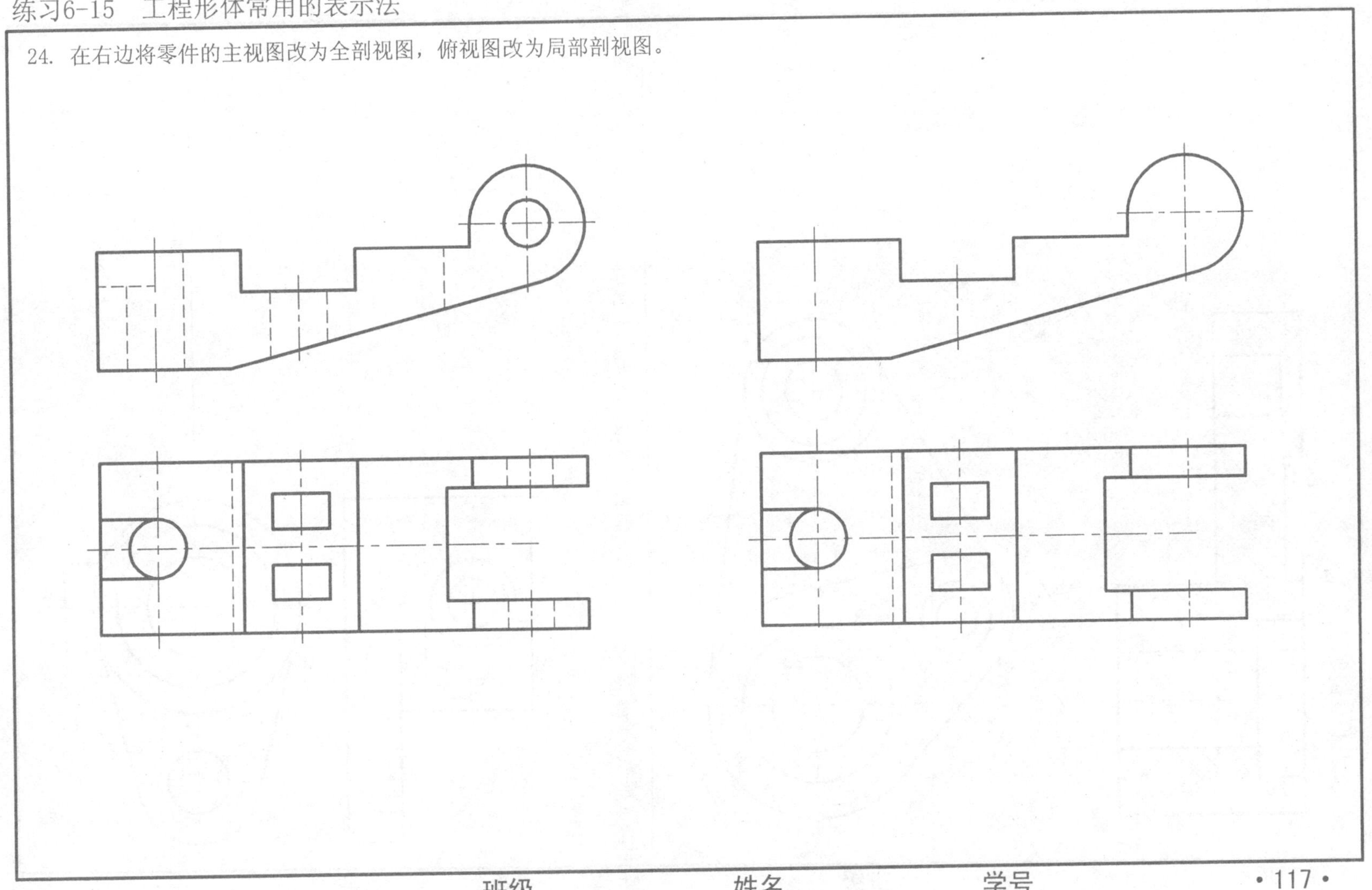

班级　　　　姓名　　　　学号

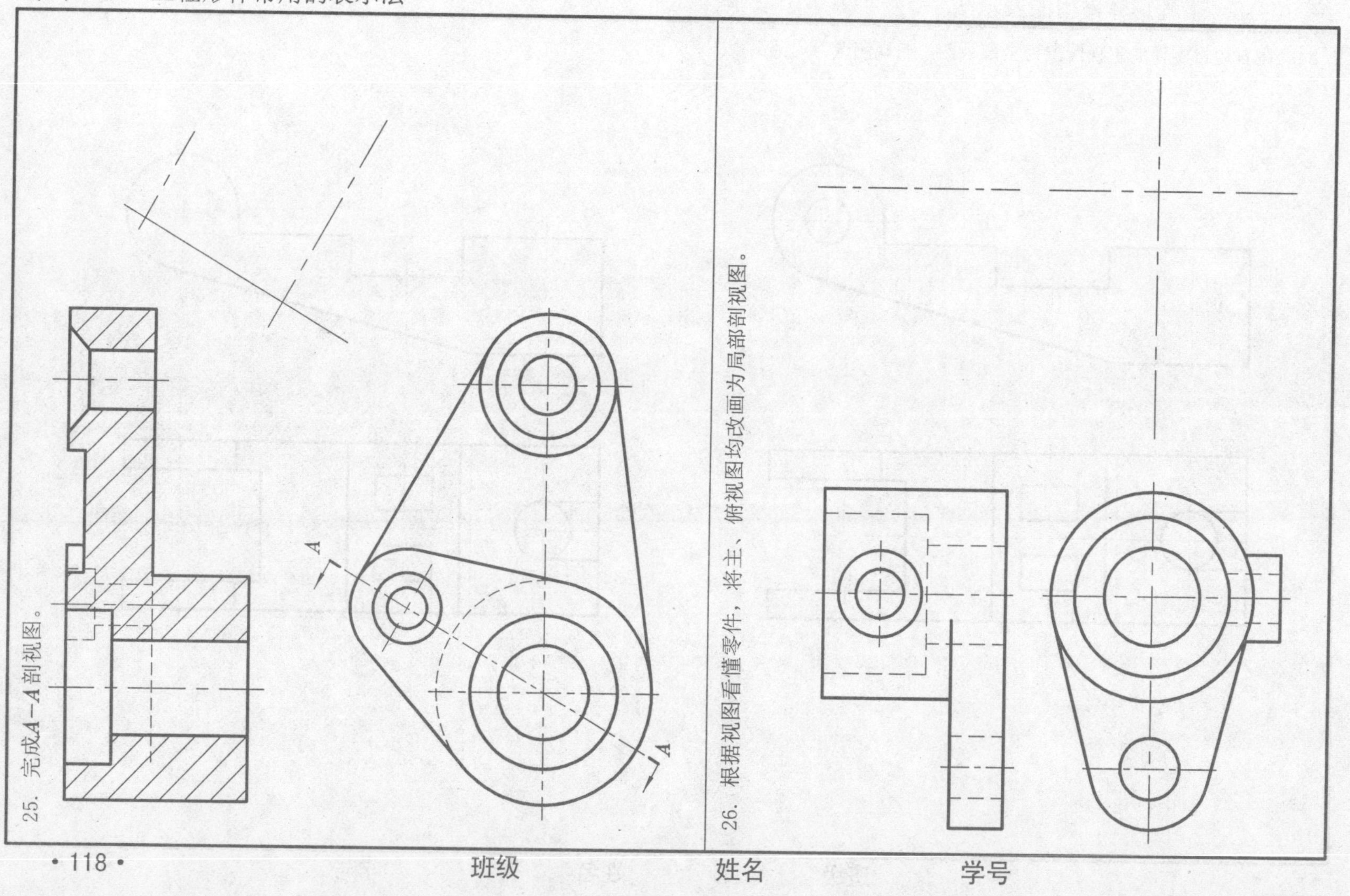
25. 完成$A-A$剖视图。
A
A
26. 根据视图看懂零件，将主、俯视图均改画为局部剖视图。

班级　　　　姓名　　　　学号

27. 根据所给的视图，分析零件的结构特点，并将主视图、俯视图改画成局部剖视图（画在下方）。

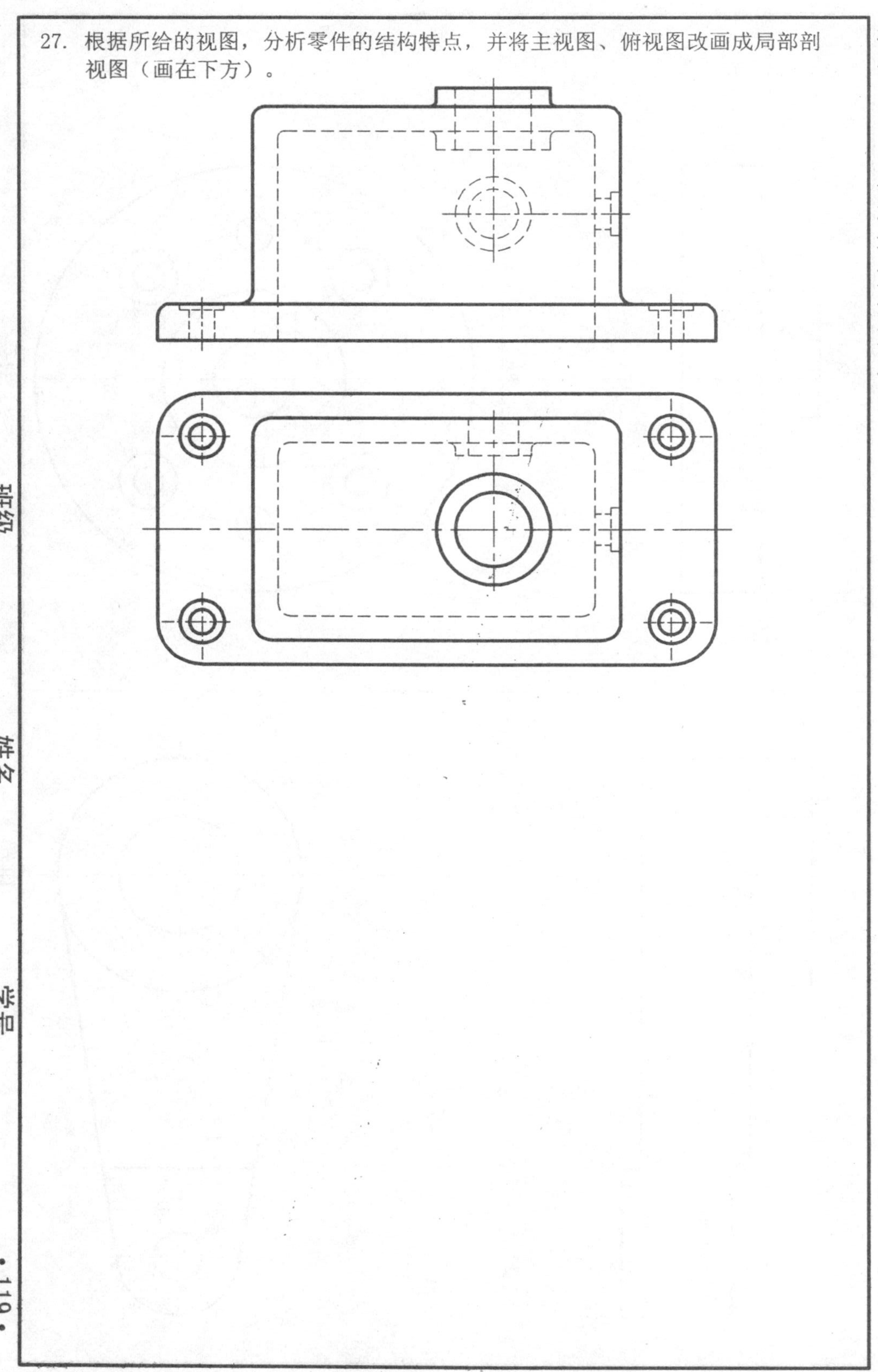

28. 选择适当的剖切方法，将主视图改为全剖视图。

29. 选择适当的剖切方式，将主视图改为全剖视图。

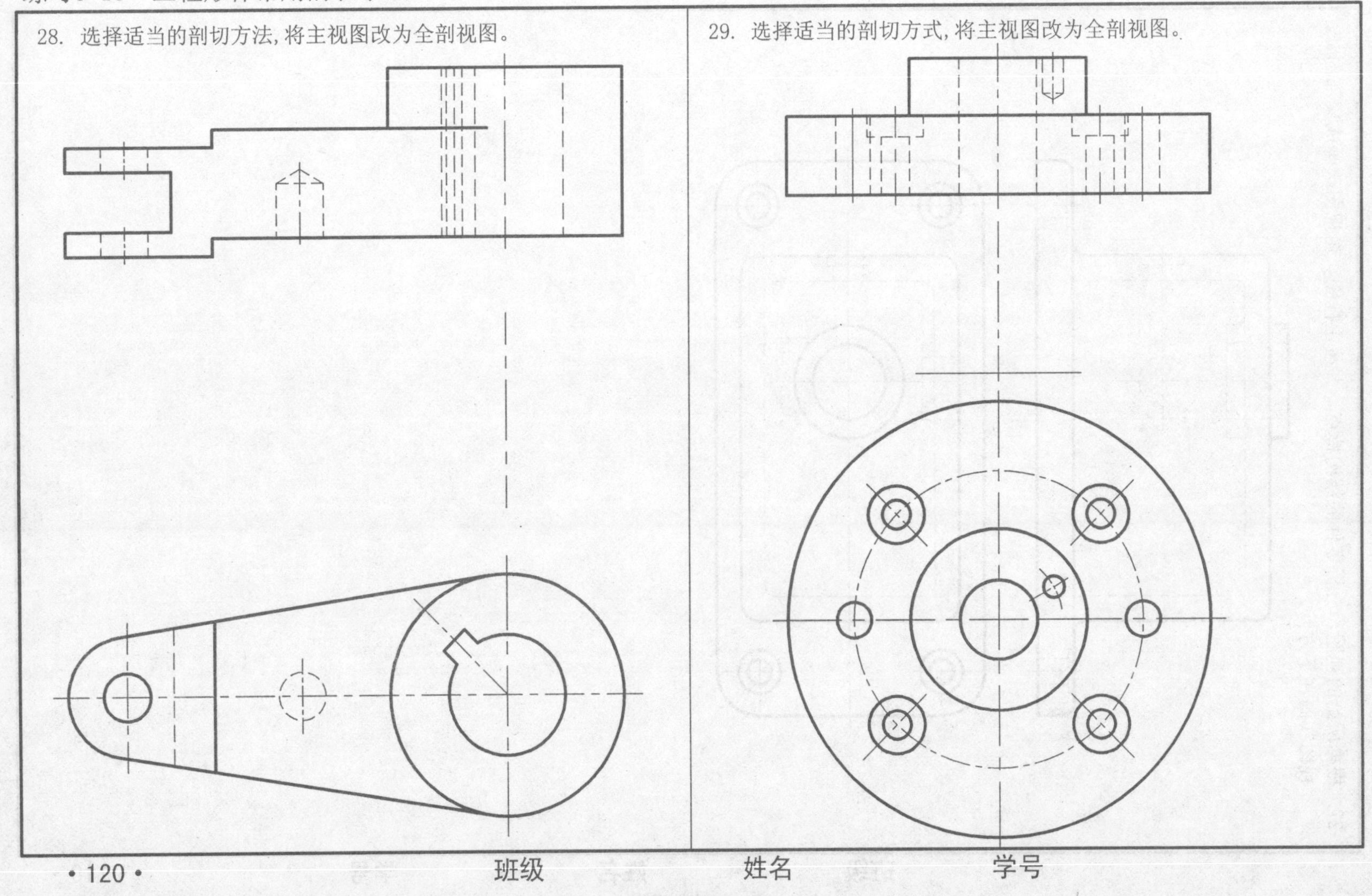

班级　　　　姓名　　　　学号

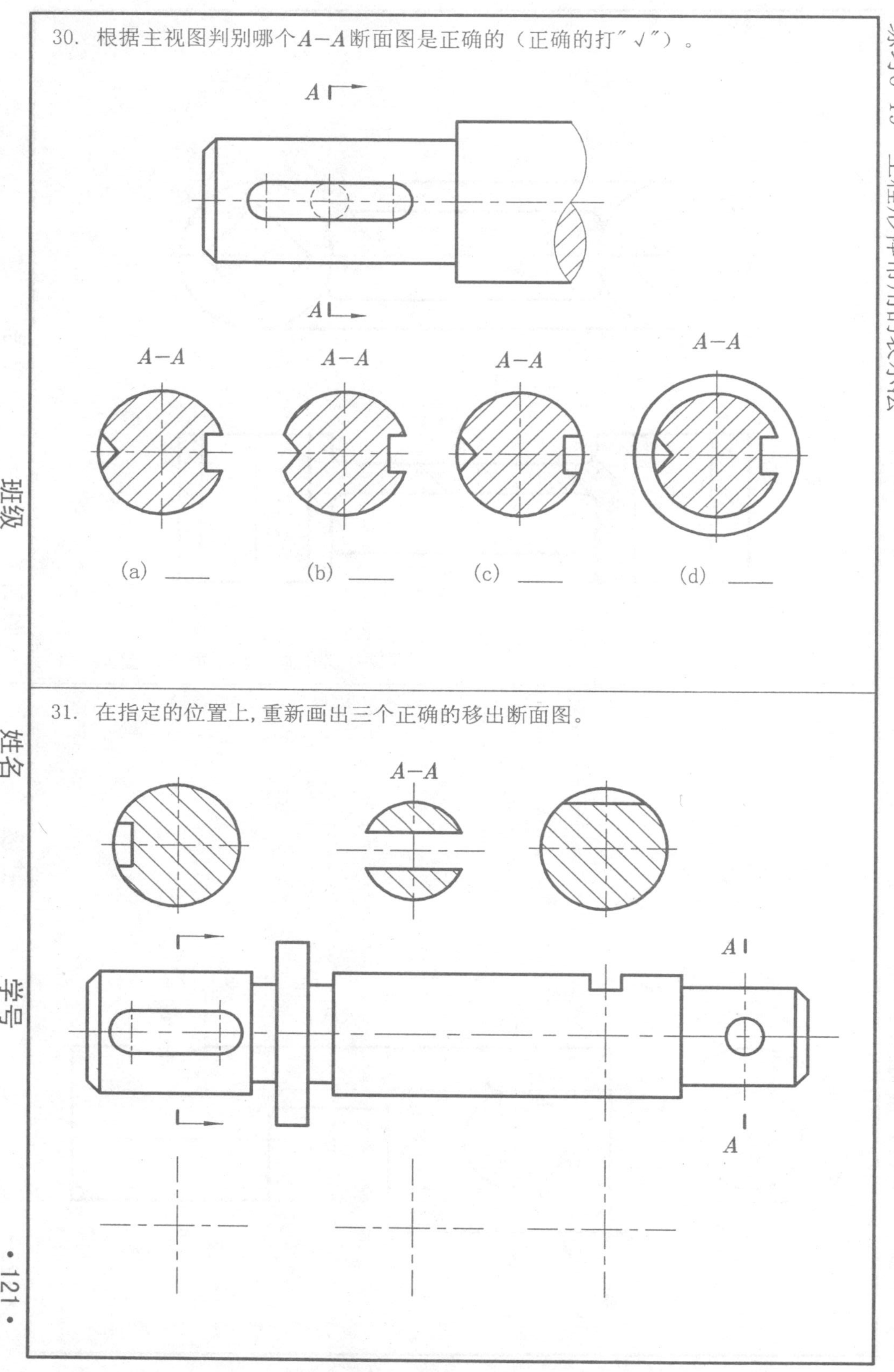
30. 根据主视图判别哪个A−A断面图是正确的（正确的打"√"）。
A
A
A−A
A−A
A−A
A−A
(a)
(b)
(c)
(d)
31. 在指定的位置上，重新画出三个正确的移出断面图。
A−A
A
A

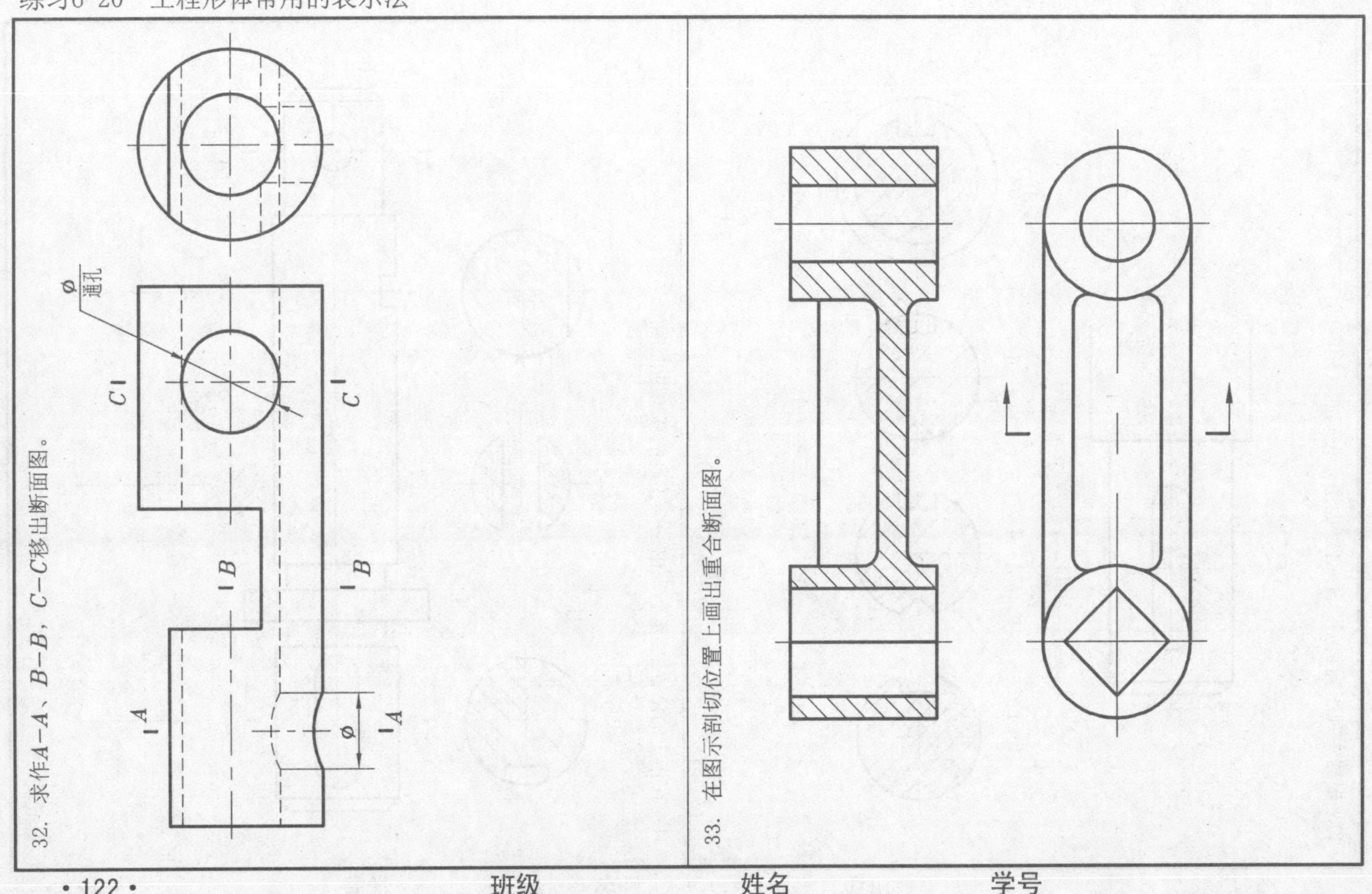
32. 求作$A-A$、$B-B$，$C-C$移出断面图。
ϕ
通孔
C
C
B
B
A
A
ϕ
33. 在图示剖切位置上画出重合断面图。

班级　　　　　　　姓名　　　　　　　学号

34. 将零件的主视图画成全剖视图。

35. 将俯视图改为剖视图，并画出$B-B$移出断面图。

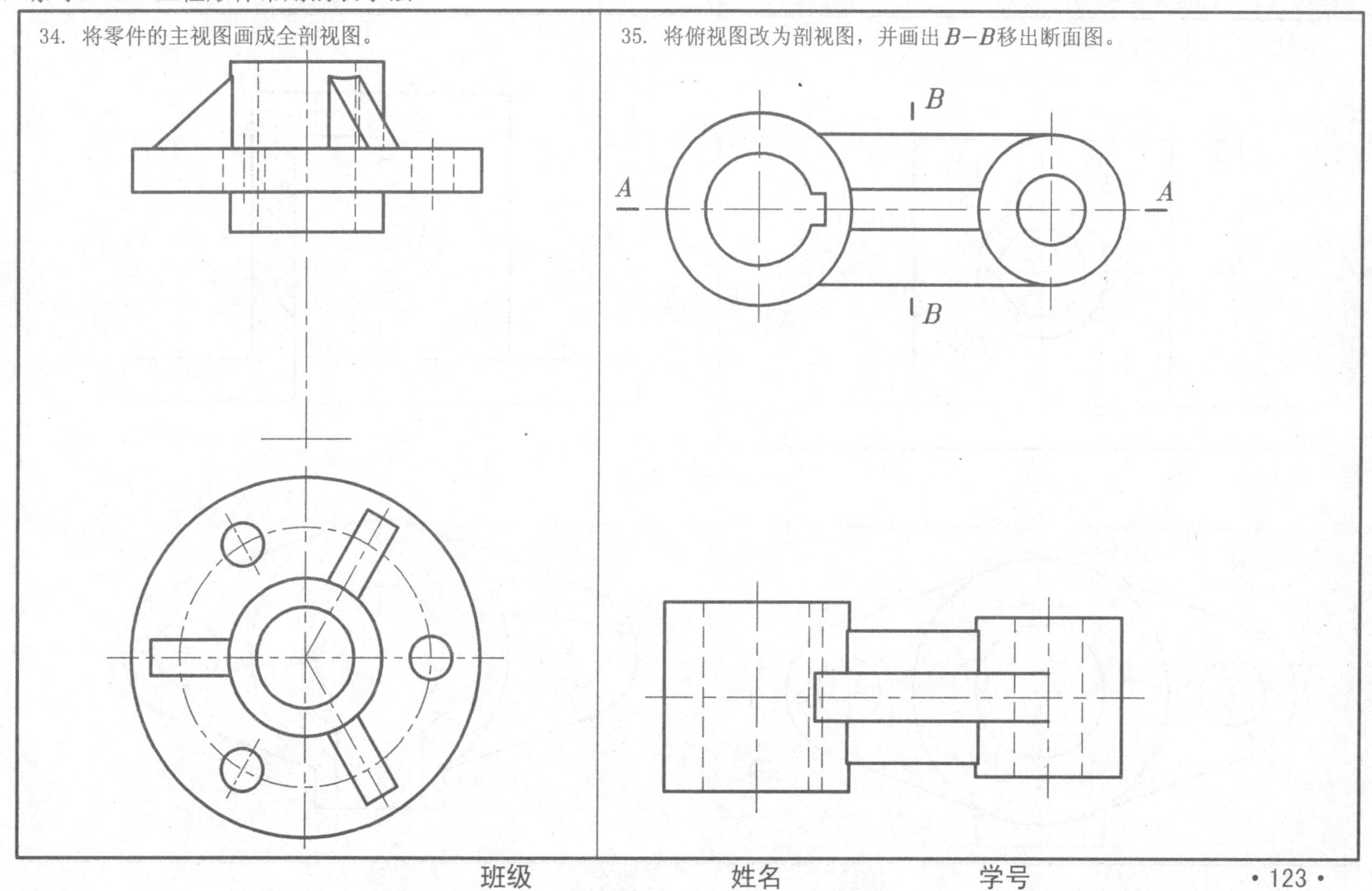
B
A
A
B

班级　　　　姓名　　　　学号

36. 根据视图所给的尺寸，在剖视图中标注尺寸。

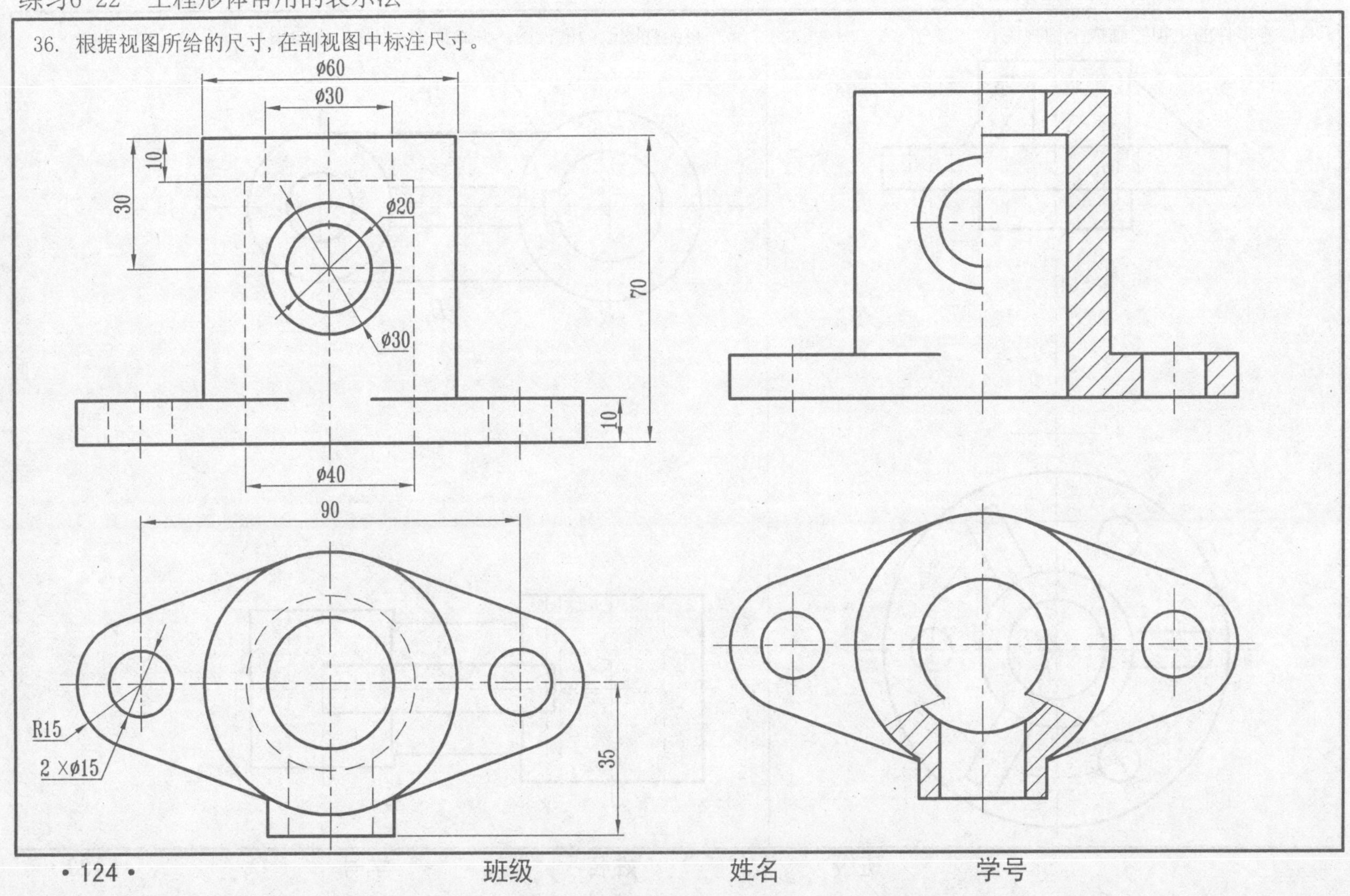
ø60
ø30
10
30
ø20
ø30
70
10
ø40
90
R15
2×ø15
35

 班级 姓名 学号

练习6-23 工程形体常用的表示法

37. 根据视图，将零件用适当的表达方法画在A3幅面的图纸上，并标注尺寸（在视图上按整数量取）。

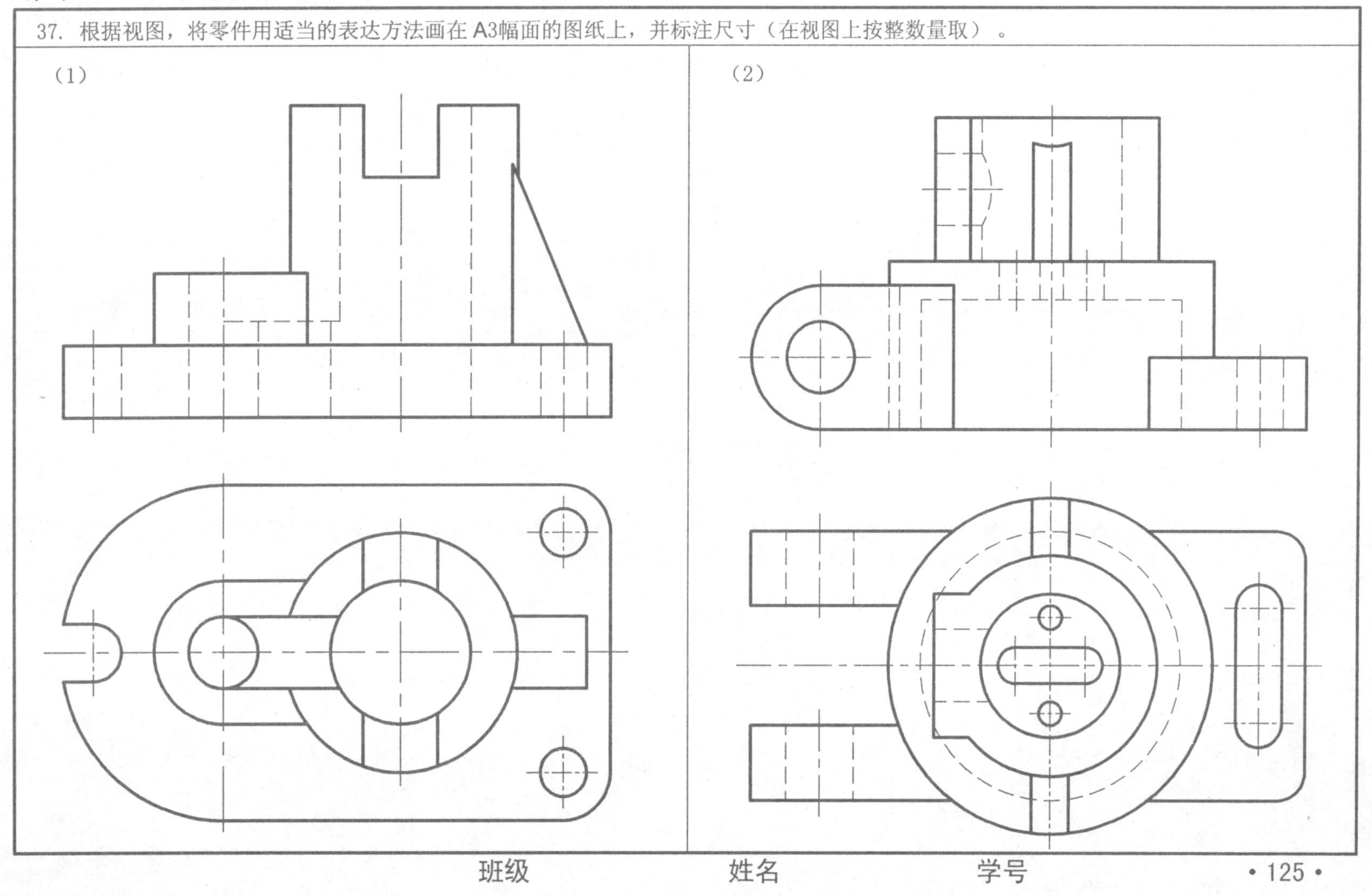
(1)
(2)

练习7　零件图

练习7-1　零件图

1. 看主轴零件图，想像出形状，并完成下列任务。

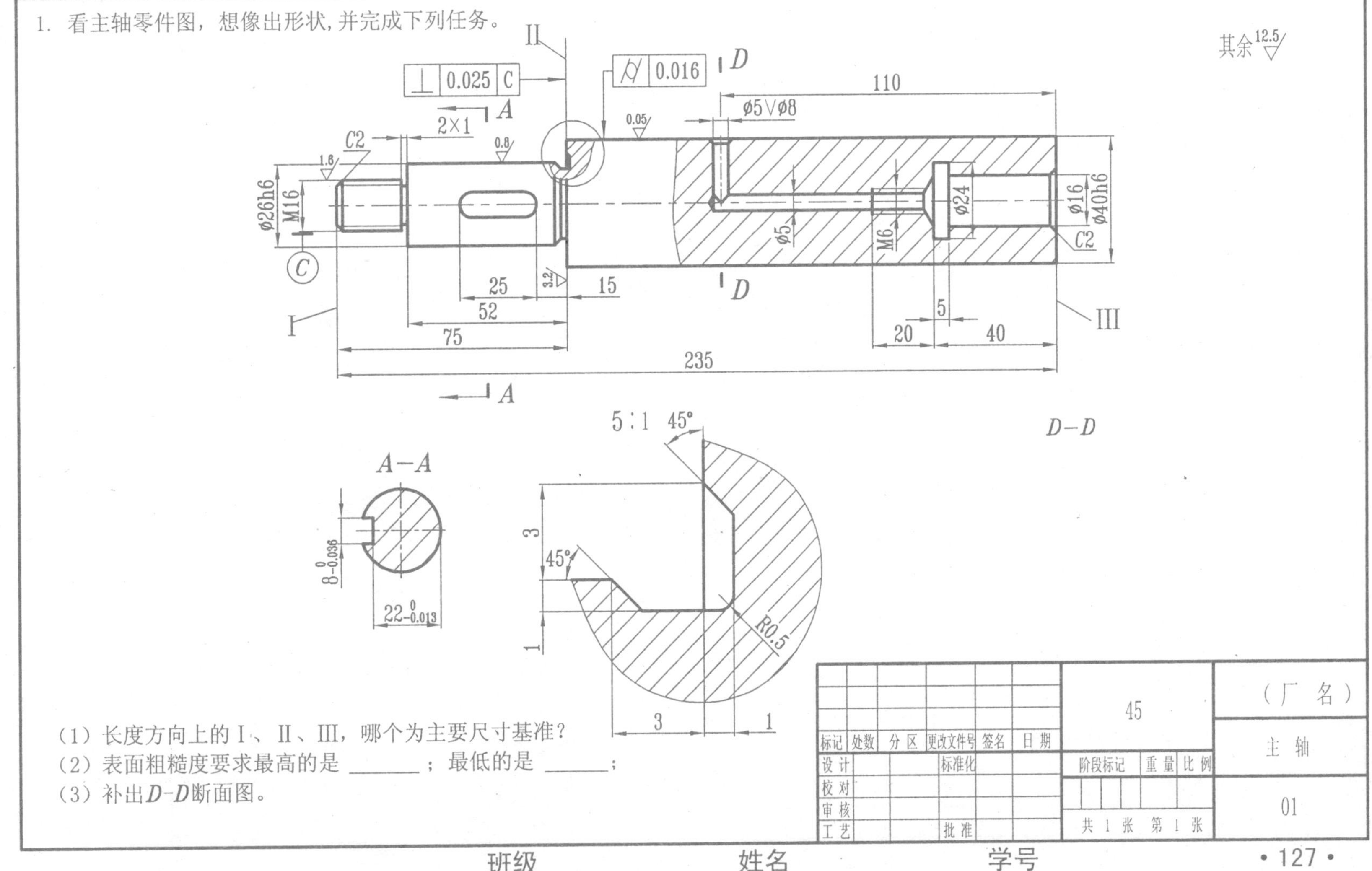

其余 12.5
0.025
C
0.016
D
110
A
2×1
φ5∨φ8
C2
0.05
0.8
1.6
φ26h6
M16
φ5
M6
φ24
φ16
φ40h6
C2
C
25
3.2
15
D
52
I
5
III
75
20
40
235
A
5∶1 45°
D—D
A—A
3
45°
8-0.036
22-0.013
R0.5
1
3
1
45
(厂 名)
主 轴
01
标记 处数 分 区 更改文件号 签名 日 期
设 计
标准化
阶段标记 重 量 比 例
校 对
审 核
工 艺
批 准
共 1 张 第 1 张

(1) 长度方向上的Ⅰ、Ⅱ、Ⅲ，哪个为主要尺寸基准？

(2) 表面粗糙度要求最高的是 ______；最低的是 ______；

(3) 补出*D-D*断面图。

2. 看懂端盖的零件图，想像出形状，补画出右视图（不画虚线）。

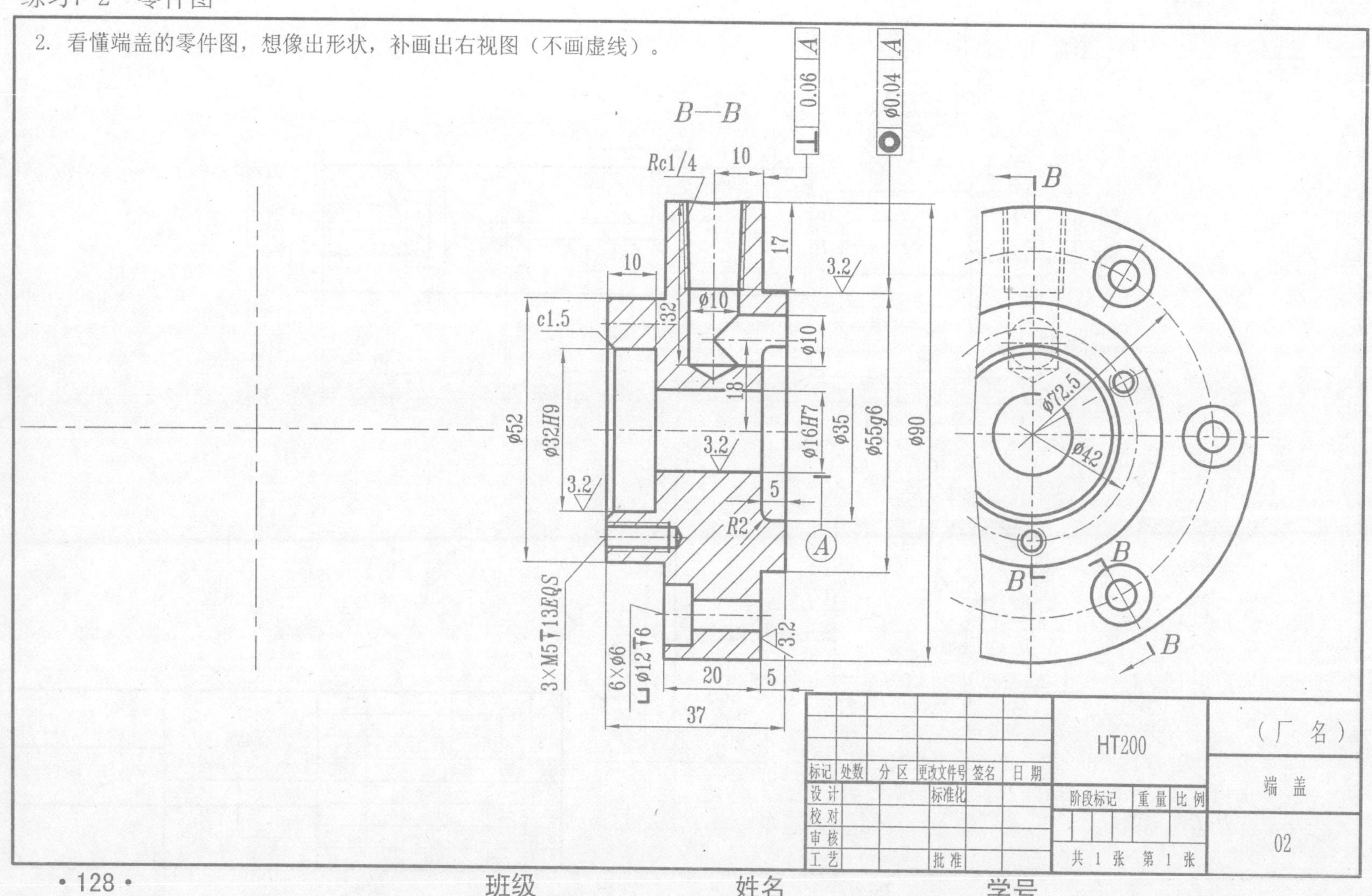
B—B
Rc1/4
10
0.06 A
ϕ0.04 A
17
3.2
ϕ10
32
c1.5
ϕ10
18
ϕ52
ϕ32H9
3.2
ϕ16H7
ϕ35
ϕ55g6
ϕ90
3.2
5
R2
A
3×M5↧13EQS
6×ϕ6
⌴ϕ12↧6
3.2
20
5
37
B
ϕ72.5
ϕ42
B
B
B
HT200
（厂　名）
端　盖
02
标记
处数
分 区
更改文件号
签名
日 期
设 计
标准化
阶段标记
重 量
比 例
校 对
审 核
工 艺
批 准
共 1 张　第 1 张

5. 看懂托架的零件图，完成下面的问题。

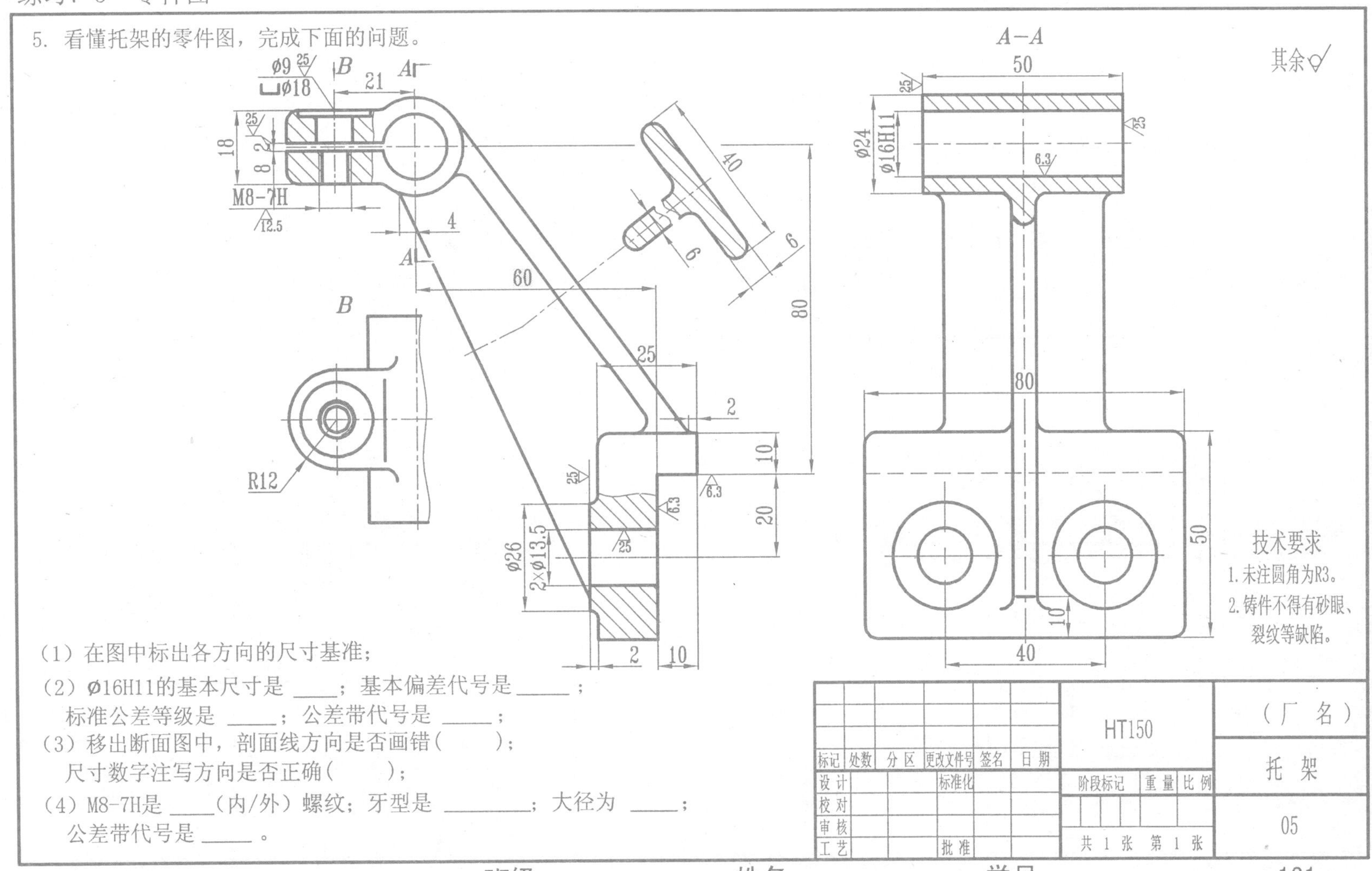
A—A
其余
B
技术要求
1. 未注圆角为R3。
2. 铸件不得有砂眼、裂纹等缺陷。
HT150
（厂　名）
托　架
05
标记　处数　分 区　更改文件号　签名　日 期
设 计　标准化
校 对
审 核
工 艺　批 准
阶段标记　重 量　比 例
共 1 张　第 1 张

（1）在图中标出各方向的尺寸基准；

（2）ø16H11的基本尺寸是 ____；基本偏差代号是 _____；
标准公差等级是 _____；公差带代号是 _____；

（3）移出断面图中，剖面线方向是否画错（　　）；
尺寸数字注写方向是否正确（　　）；

（4）M8-7H是 ____（内/外）螺纹；牙型是 ________；大径为 ____；
公差带代号是 _____ 。

6. 看懂连接块零件图，想像出形状，并完成下列任务。

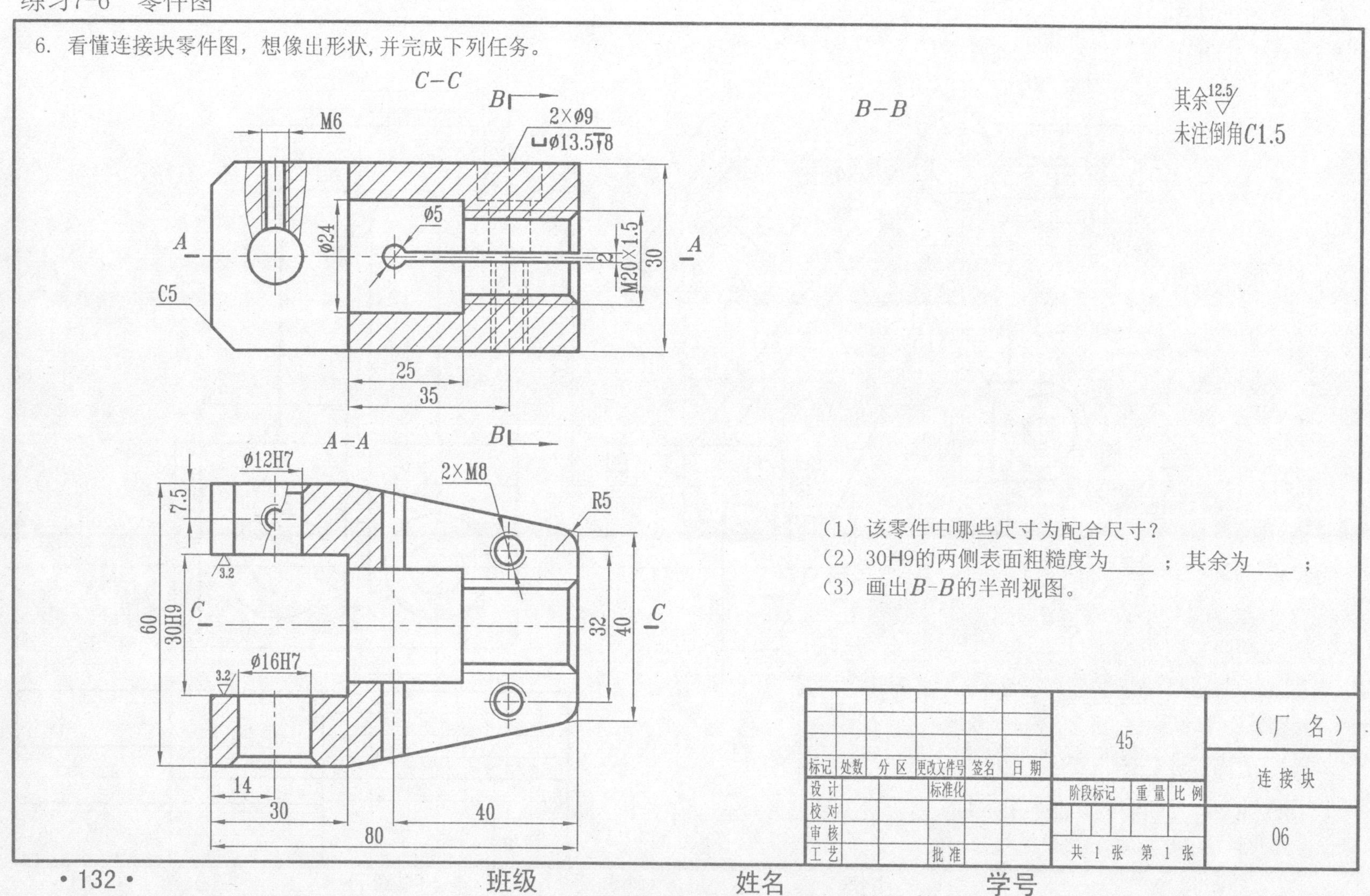
C−C
B
2×ϕ9
⌴ϕ13.5↧8
M6
ϕ5
ϕ24
A
A
2
M20×1.5
30
C5
25
35
B−B
其余12.5
未注倒角C1.5
A−A
B
ϕ12H7
2×M8
R5
7.5
3.2
60
30H9
C
C
32
40
ϕ16H7
3.2
14
30
40
80
45
（厂　名）
标记 处数 分 区 更改文件号 签名 日 期
设 计 标准化
校 对
审 核
工 艺 批 准
阶段标记 重 量 比 例
共 1 张 第 1 张
连 接 块
06

（1）该零件中哪些尺寸为配合尺寸？

（2）30H9的两侧表面粗糙度为＿＿＿；其余为＿＿＿；

（3）画出B-B的半剖视图。

班级　　　　姓名　　　　学号

7. 看懂阀体零件图，在A3图纸上按1：1画出主视图的外形图、*A*-*A*剖视图以及*B*向视图。

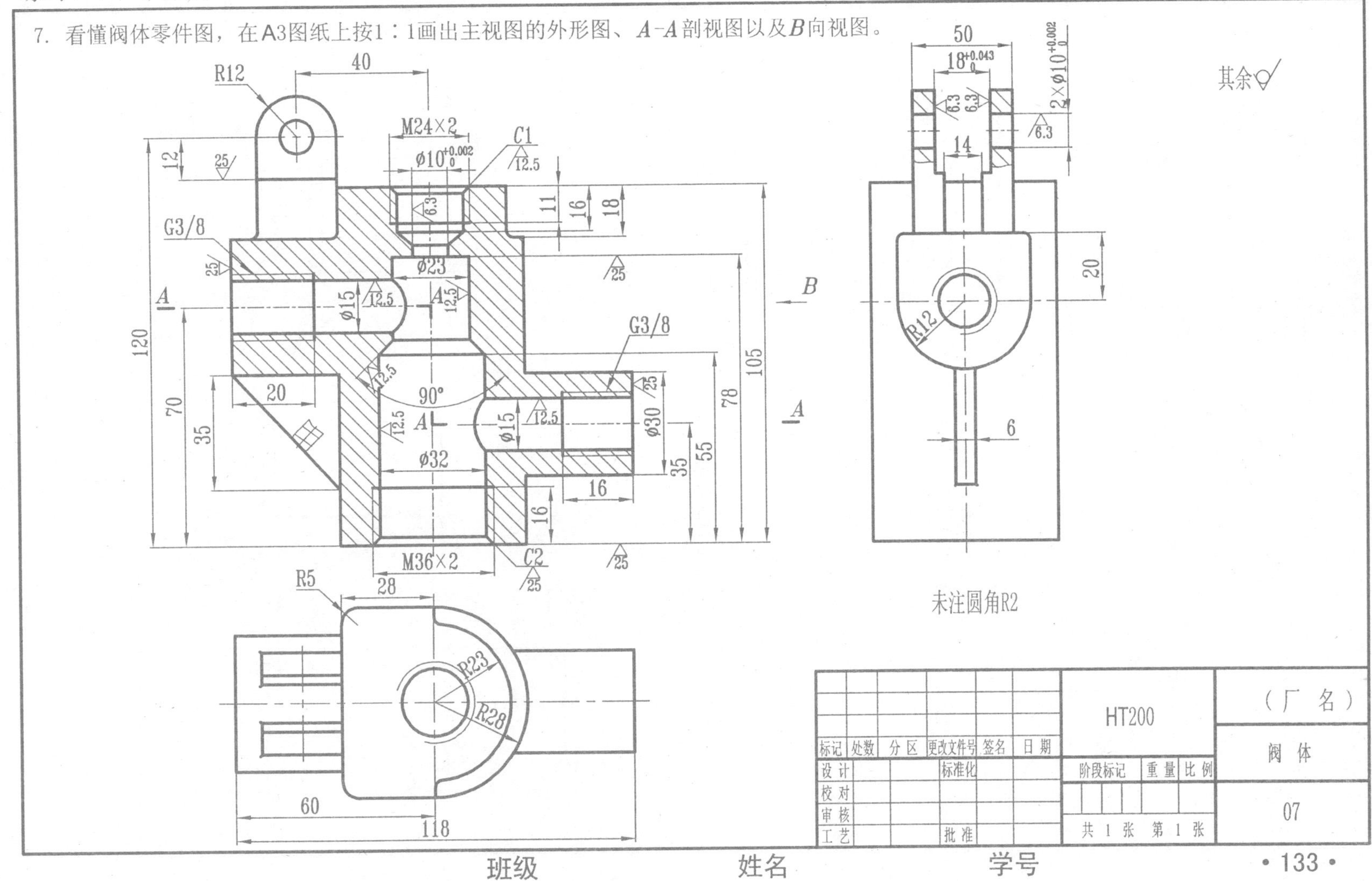
R12
40
M24×2
C1
ϕ10$^{+0.002}_{0}$
12.5
12
25
11
16
18
G3/8
25
ϕ23
ϕ15
12.5
A
12.5
B
20
120
70
35
20
90°
12.5
A
ϕ15
12.5
G3/8
25
ϕ30
ϕ32
105
78
55
35
16
16
M36×2
C2
25
25
R5
28
R23
R28
60
118
50
18$^{+0.043}_{0}$
2×ϕ10$^{+0.002}_{0}$
6.3
6.3
6.3
14
20
R12
6
其余
未注圆角R2
HT200
（厂　名）
阀　体
07
标记　处数　分 区　更改文件号　签名　日 期
设 计　标准化
校 对
审 核
工 艺　批 准
阶段标记　重 量　比 例
共 1 张　第 1 张

8. 查表注出零件配合面的尺寸偏差值。

9. 根据装配图中所注的配合尺寸，分别在相应的零件图上注出基本尺寸和偏差数值。

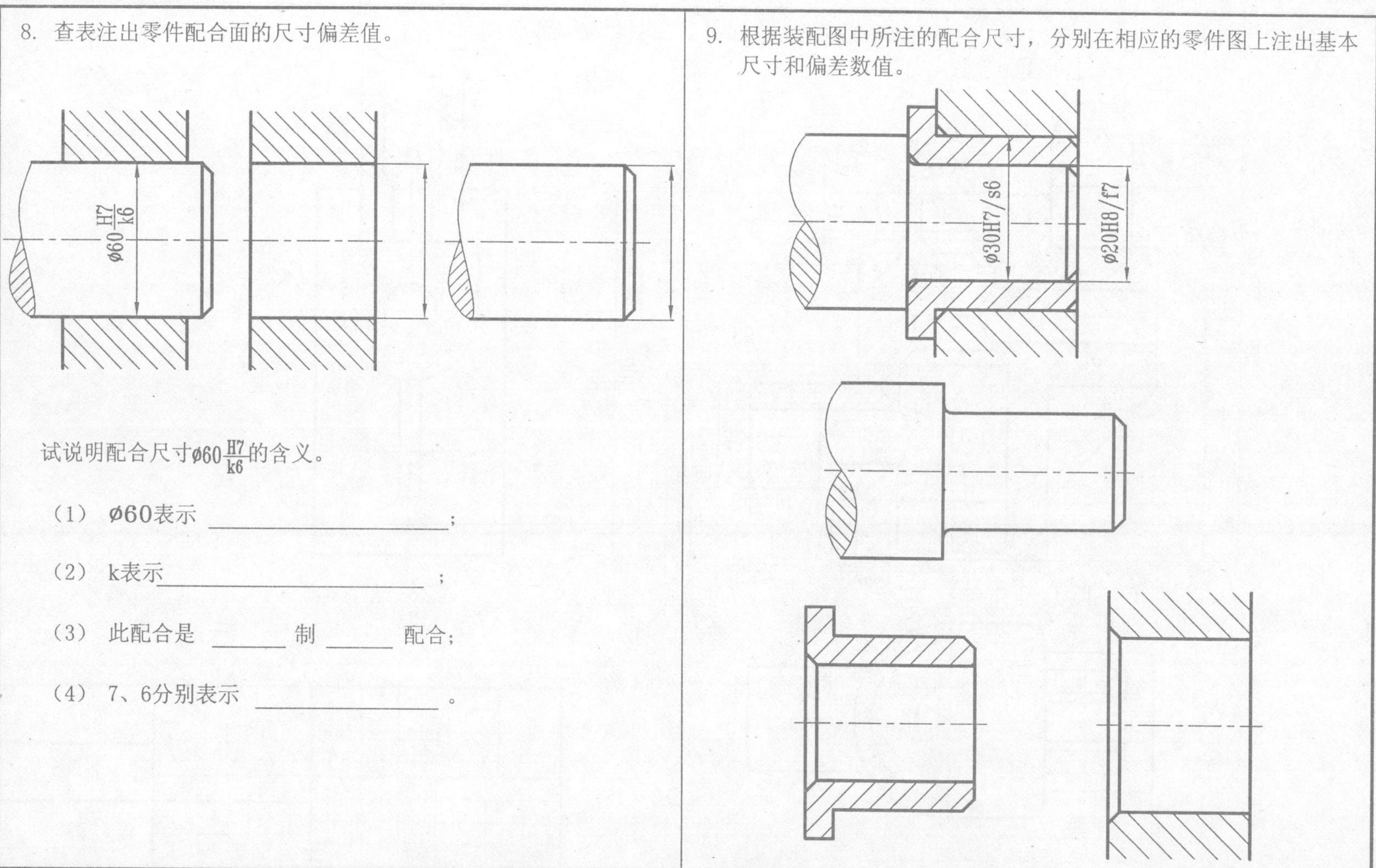

ø60 H7/k6
ø30H7/s6
ø20H8/f7

试说明配合尺寸$\phi 60\frac{H7}{k6}$的含义。

（1） ø60表示 ________________；

（2） k表示________________ ；

（3） 此配合是 ______ 制 ______ 配合；

（4） 7、6分别表示 ______________ 。

10. 将文字说明的形位公差标注在图形上。

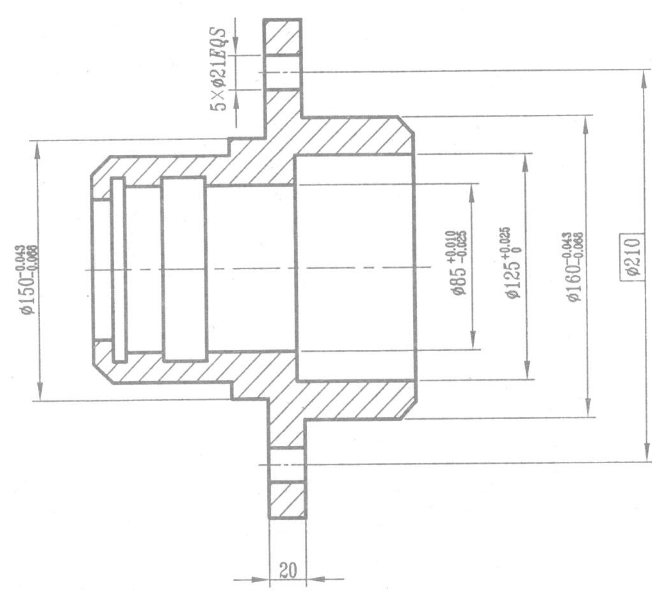

5×ϕ21EQS
ϕ150$^{-0.043}_{-0.068}$
ϕ85$^{+0.010}_{-0.025}$
ϕ125$^{+0.025}_{0}$
ϕ160$^{-0.043}_{-0.068}$
ϕ210
20

（1）ϕ160$^{-0.043}_{-0.068}$ 圆柱表面对 ϕ85$^{+0.010}_{-0.025}$ 圆柱孔轴线 A 的径向跳动为 0.03；

（2）厚度为 20 的安装板左端面对 ϕ150$^{-0.043}_{-0.068}$ 圆柱面轴线 B 的垂直度公差为 0.05；

（3）ϕ125$^{+0.025}_{0}$ 圆柱孔的轴线与轴线 A 的同轴度公差为 ϕ0.06。

11. 解释下列各图中所标形位公差的含义。

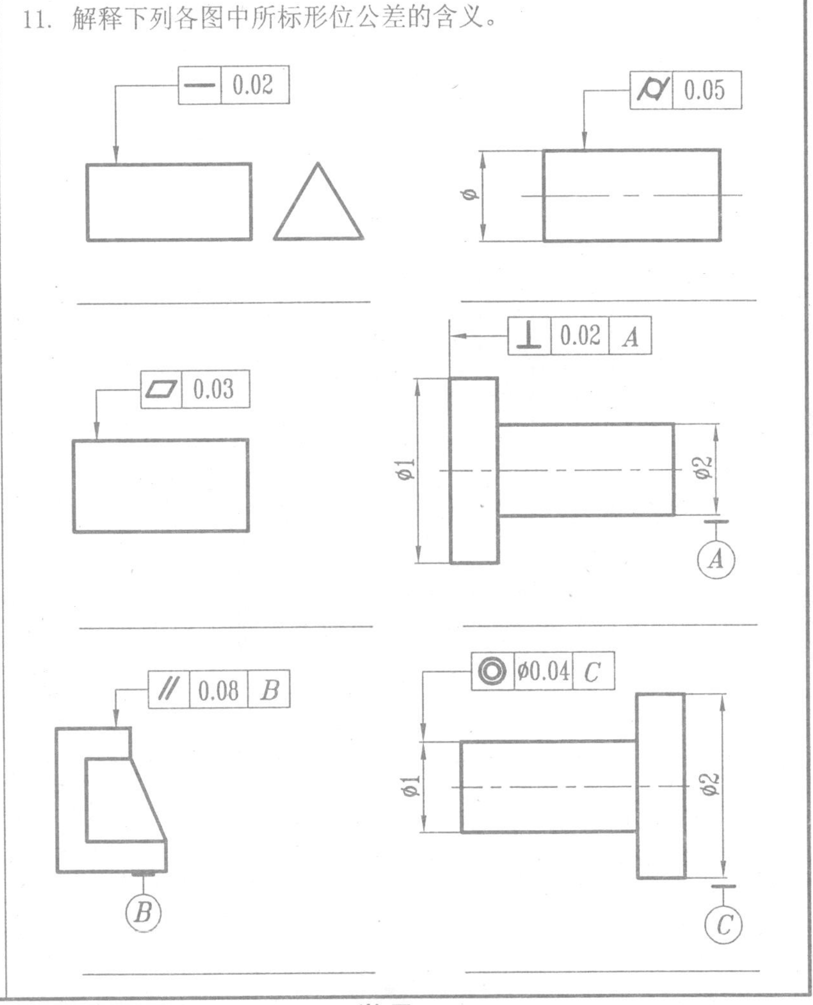

0.02
0.05
ϕ
0.03
0.02 A
ϕ1
ϕ2
A
0.08 B
B
ϕ0.04 C
ϕ1
ϕ2
C

12. 找出轴承套图中表面粗糙度代号的错误标注。

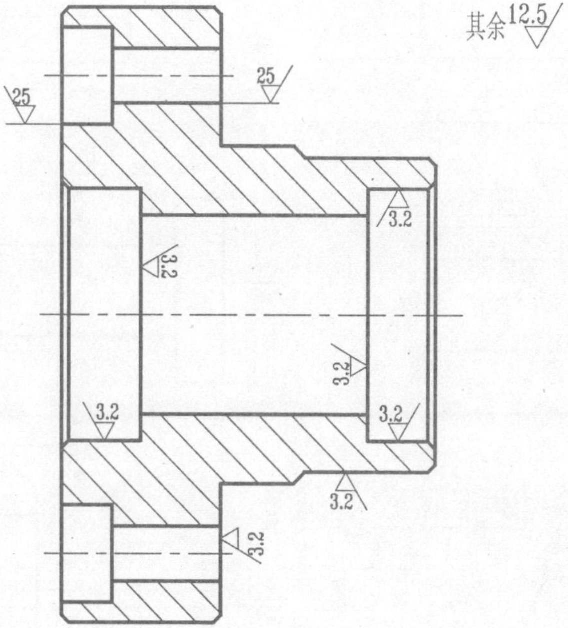

其余12.5
25
25
3.2
3.2
3.2
3.2
3.2
3.2
3.2

13. 根据已知参数标注表面粗糙度：

ϕA、ϕB、ϕC表面粗糙度为1.6；

L两端面的表面粗糙度为6.3；

ϕC圆柱孔底的表面粗糙度为3.2。

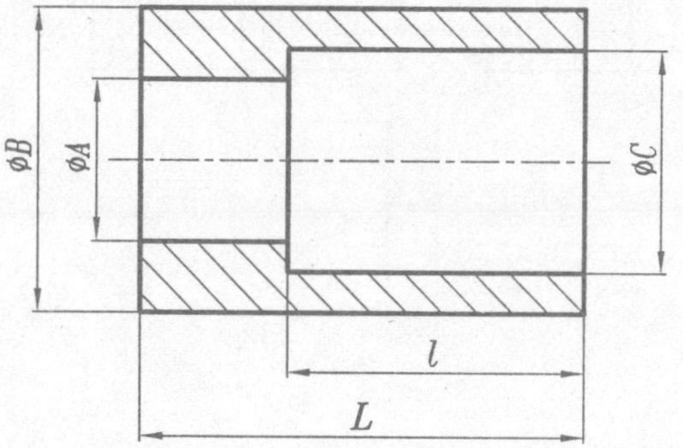

φB
φA
φC
l
L

　班级　　姓名　　学号

练习8　常用的零部件和结构要素的特殊表示法

练习8-1　常用的零部件和结构要素的特殊表示法

1. 指出下列螺纹画法的错误，并在下方画出正确的图形。

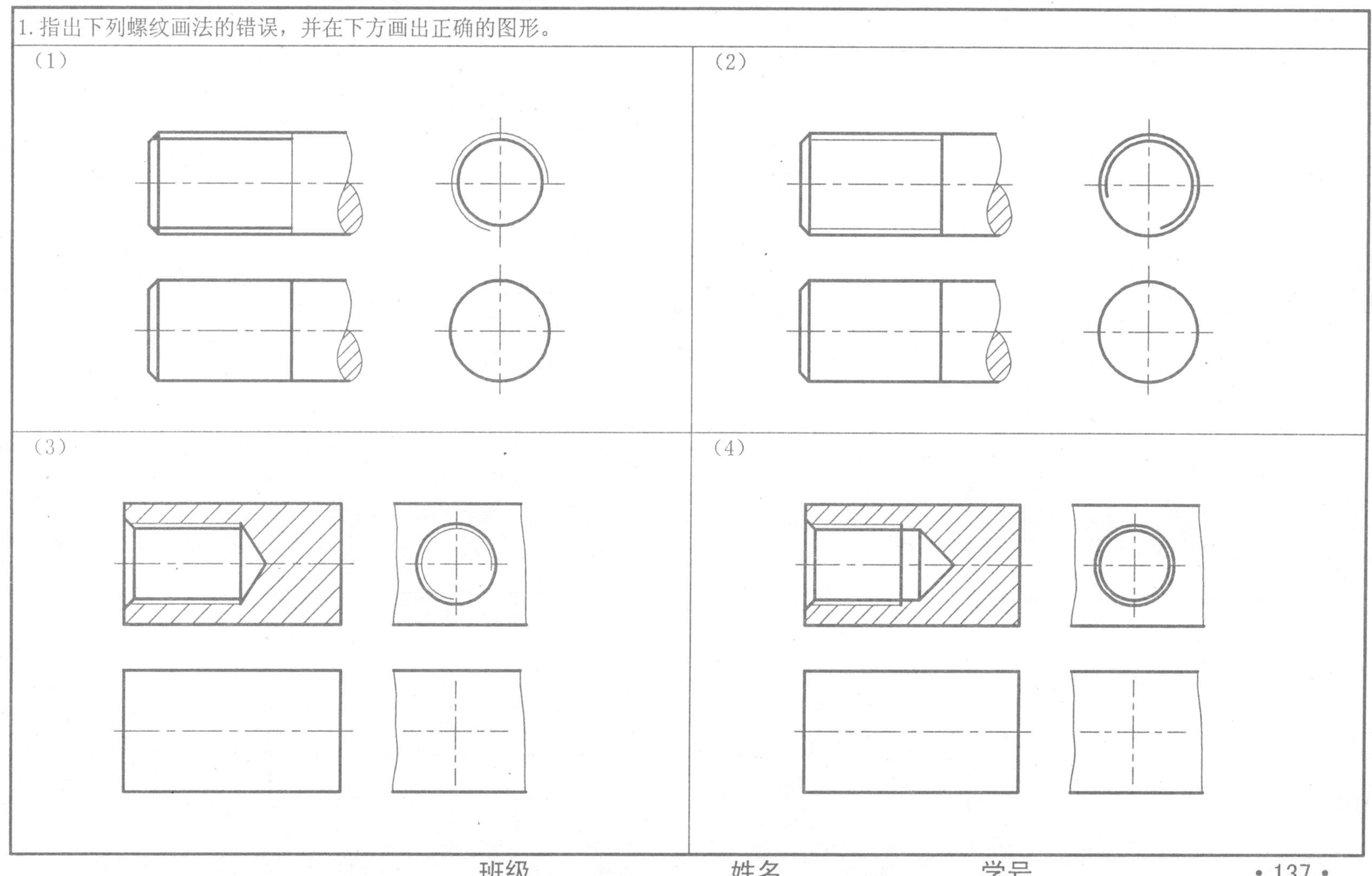
(1)
(2)
(3)
(4)

2. 指出下列螺纹连接画法中的错误，并在下方画出正确的图形。

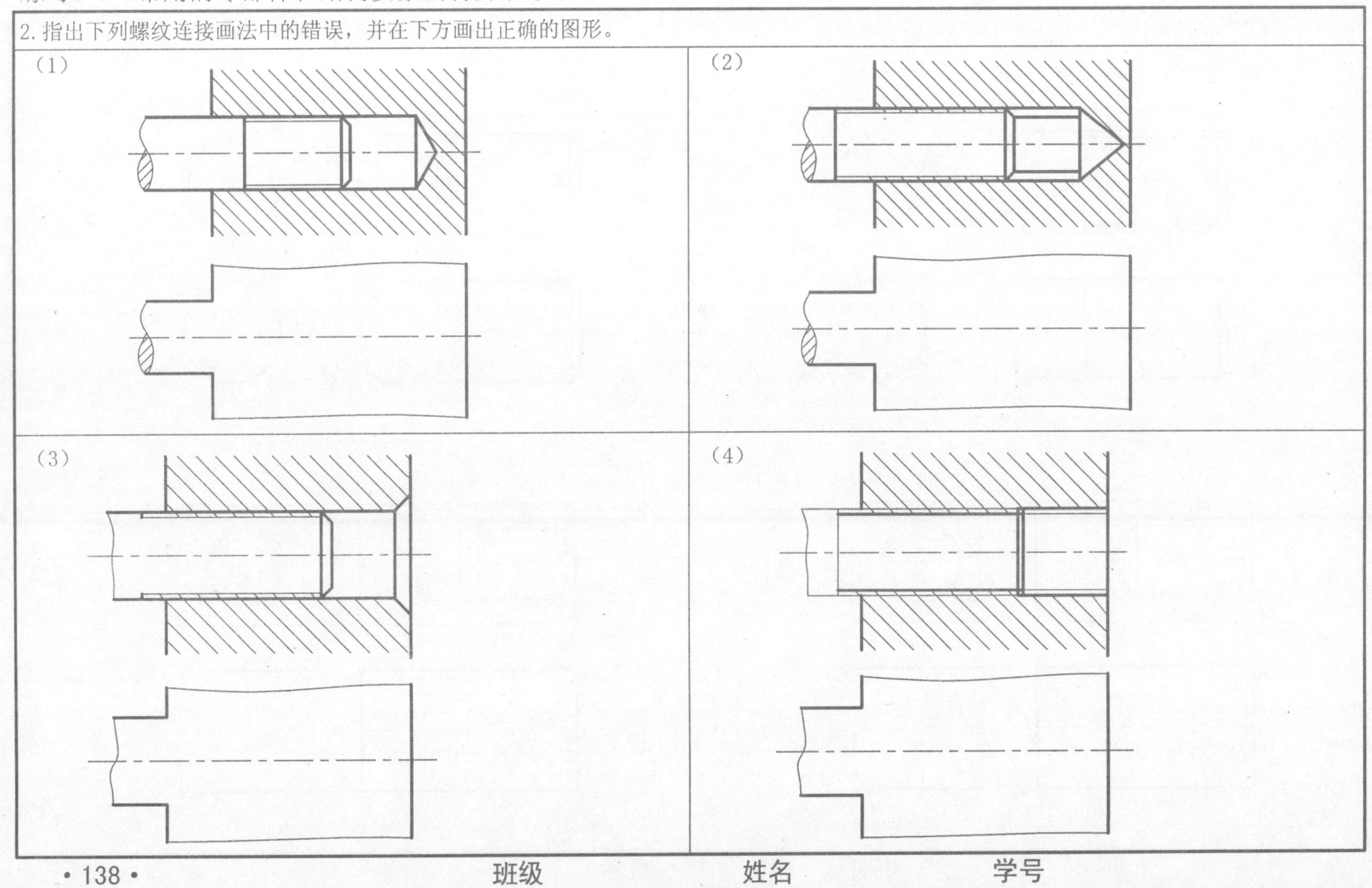
(1)
(2)
(3)
(4)

班级 姓名 学号

3. 判断下列螺纹及螺纹紧固件画法的正误（正确的打√，错误的打×）。

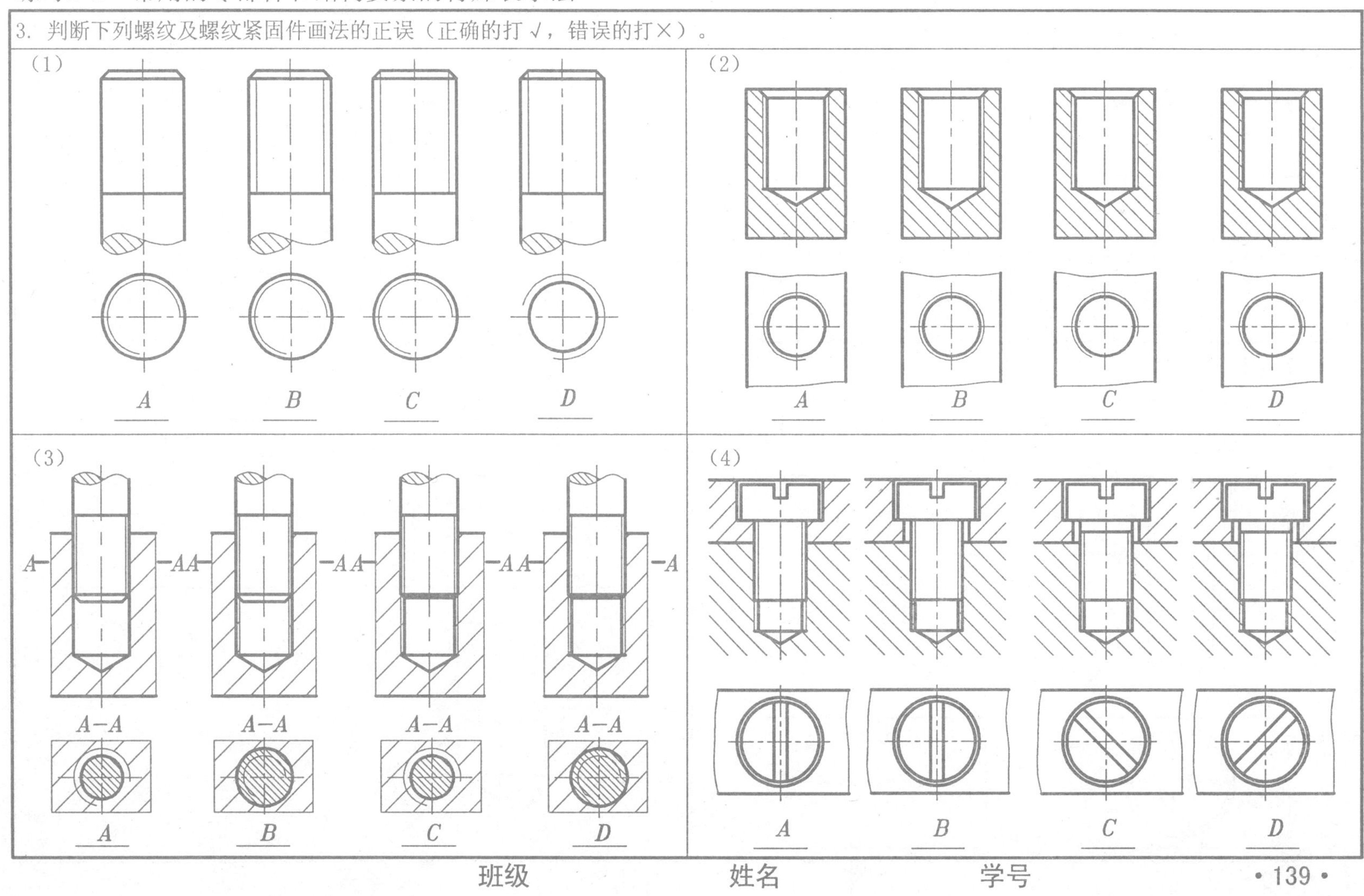
(1)
A
B
C
D
(2)
A
B
C
D
(3)
A
A
A
A
A
A
A
A
A—A
A—A
A—A
A—A
A
B
C
D
(4)
A
B
C
D

班级　　　　　　　　姓名　　　　　　　　学号

4. 分析下列各种螺纹紧固件连接图中的错误，并将正确的连接图画在旁边。

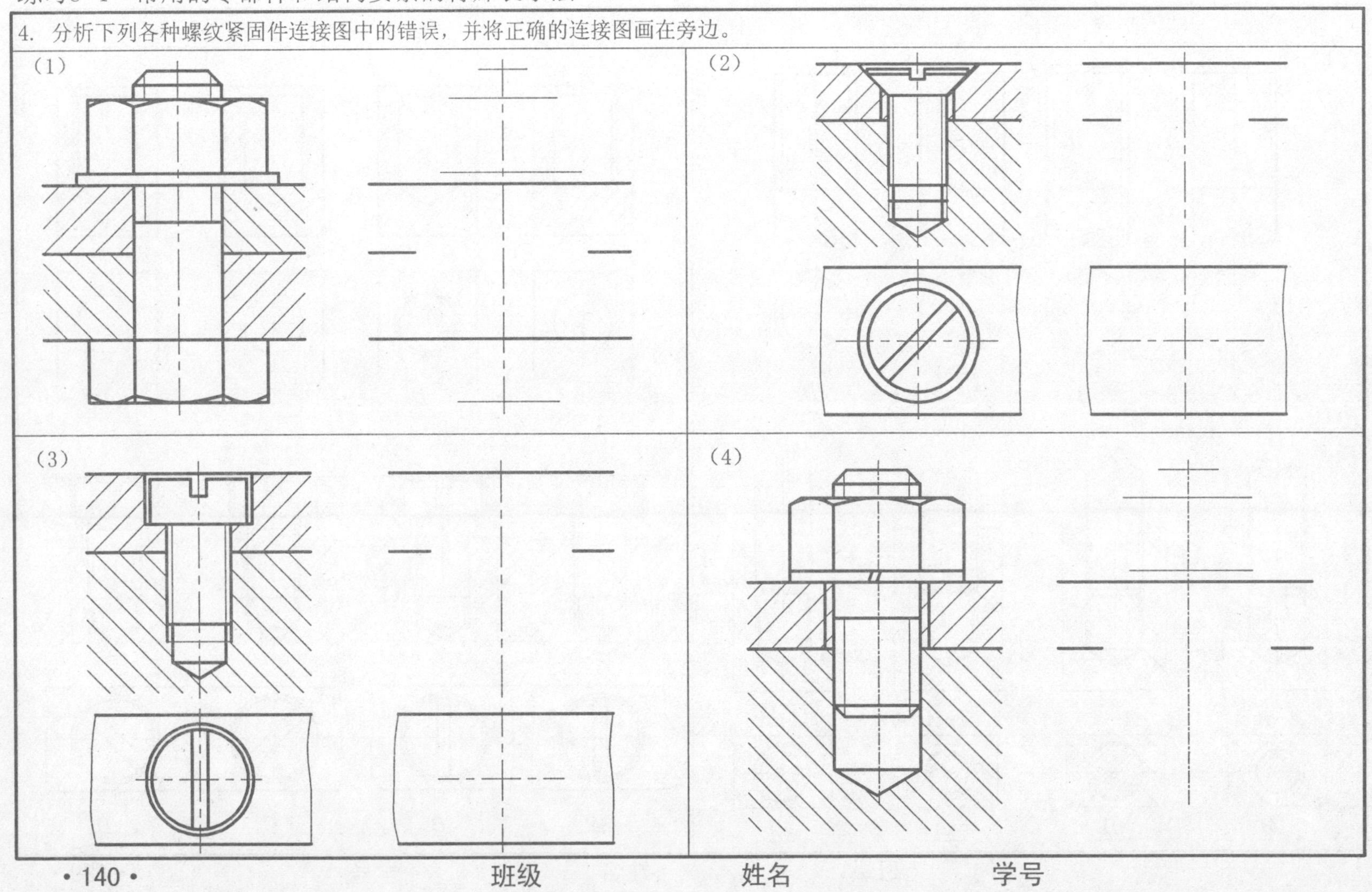
(1)
(2)
(3)
(4)

练习8-5　常用的零部件和结构要素的特殊表示法

5. 根据已知条件写出螺纹的代号。

（1）普通螺纹，公称直径为20，螺距 2，左旋，中径、顶径公差带代号为 6*H* ____________________；

（2）梯形螺纹，公称直径22，导程10，中径、顶径公差带代号为7 *e*，旋合长度20 ____________________；

（3）解释*Rc*3/4：____。

6. 根据已知螺纹要素，在图中标注螺纹。

（1）粗牙普通螺纹，大径16mm，螺距2，中径、顶径公差带代号5 *g*6*g*，旋合长度为*S*。

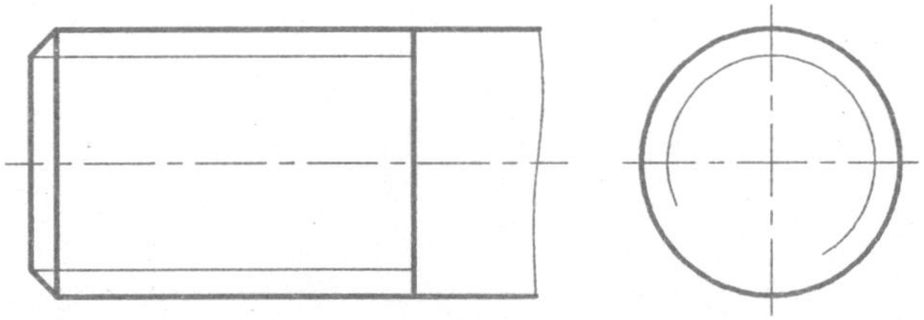

（2）梯形螺纹，公称直径16mm，导程8，线数2，左旋，中径、顶径公差带代号为8*e*，旋入长度为*L*。

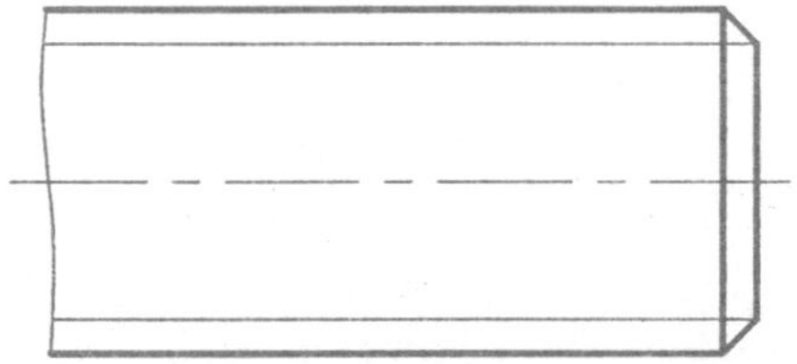

（3）细牙普通螺纹，大径12mm，螺距1，中径、顶径公差带代号7 *H*，旋合长度为*N*。

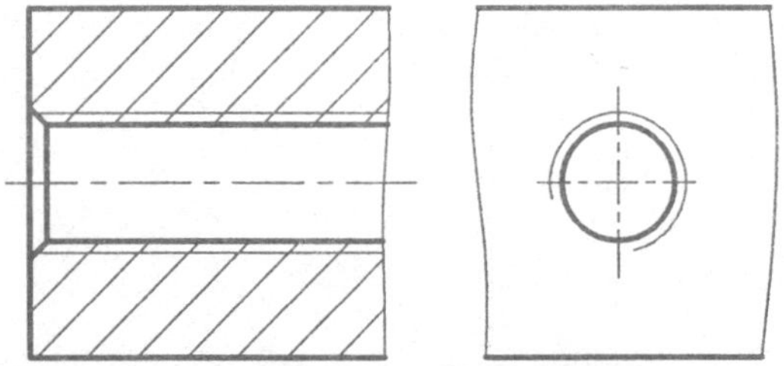

（4）非螺纹密封的管螺纹，尺寸代号1/2，A级（公差等级），右旋。

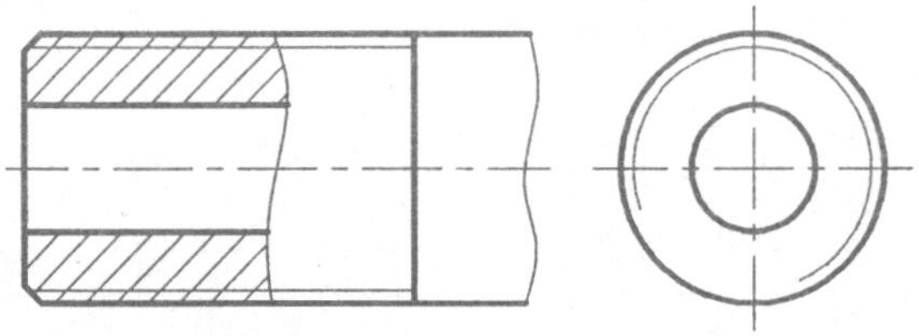

7. 已知直齿圆柱齿轮模数m=8mm，齿数z=27，试计算该齿轮的齿顶圆、分度圆，齿根圆直径，用适当的比例完成下图。

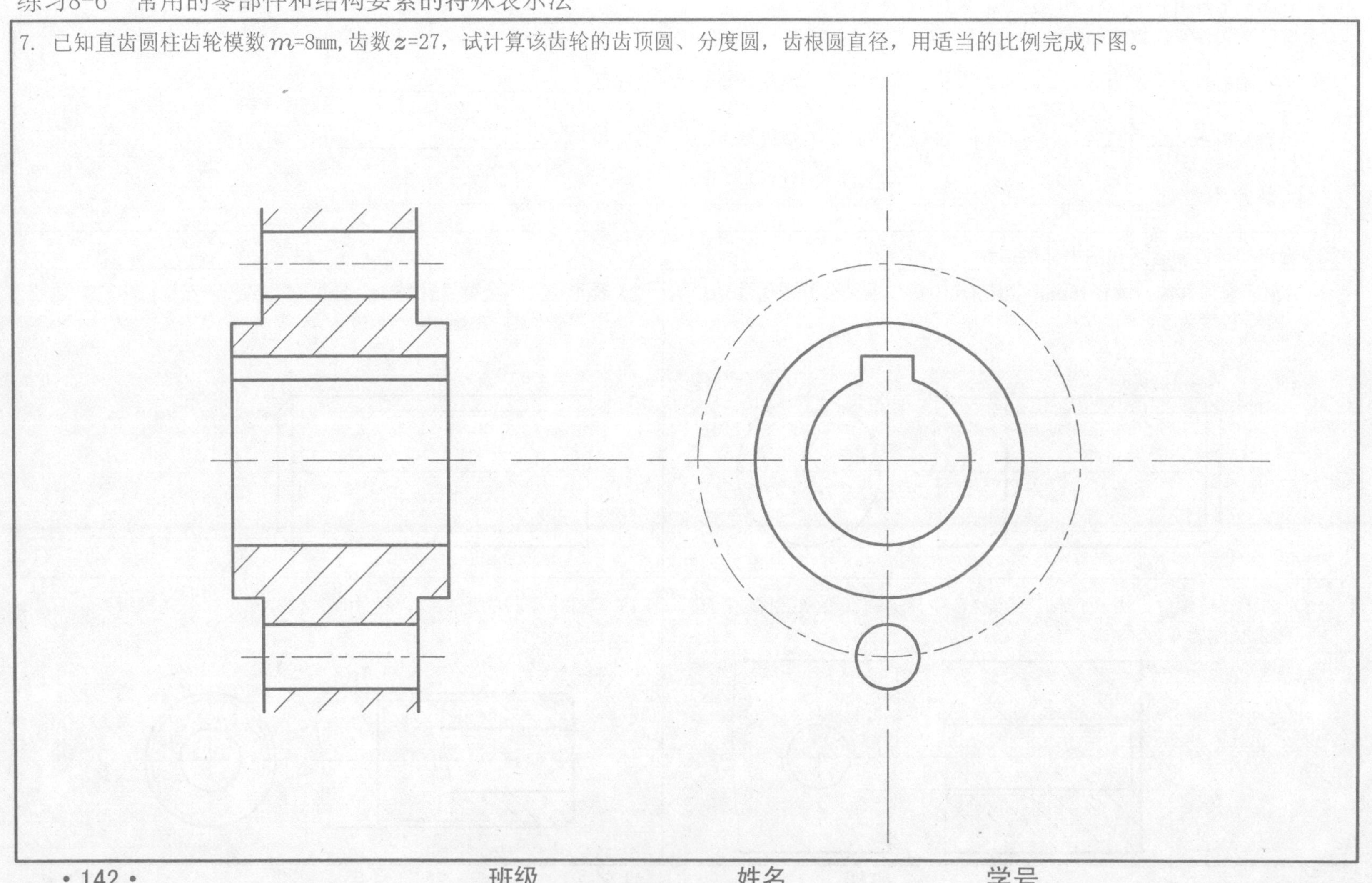

班级　　　　姓名　　　　学号

8. 判断下列齿轮啮合画法的正误性（正确的打√，错误的打×）。

9. 完成两个直齿圆柱齿轮啮合图。

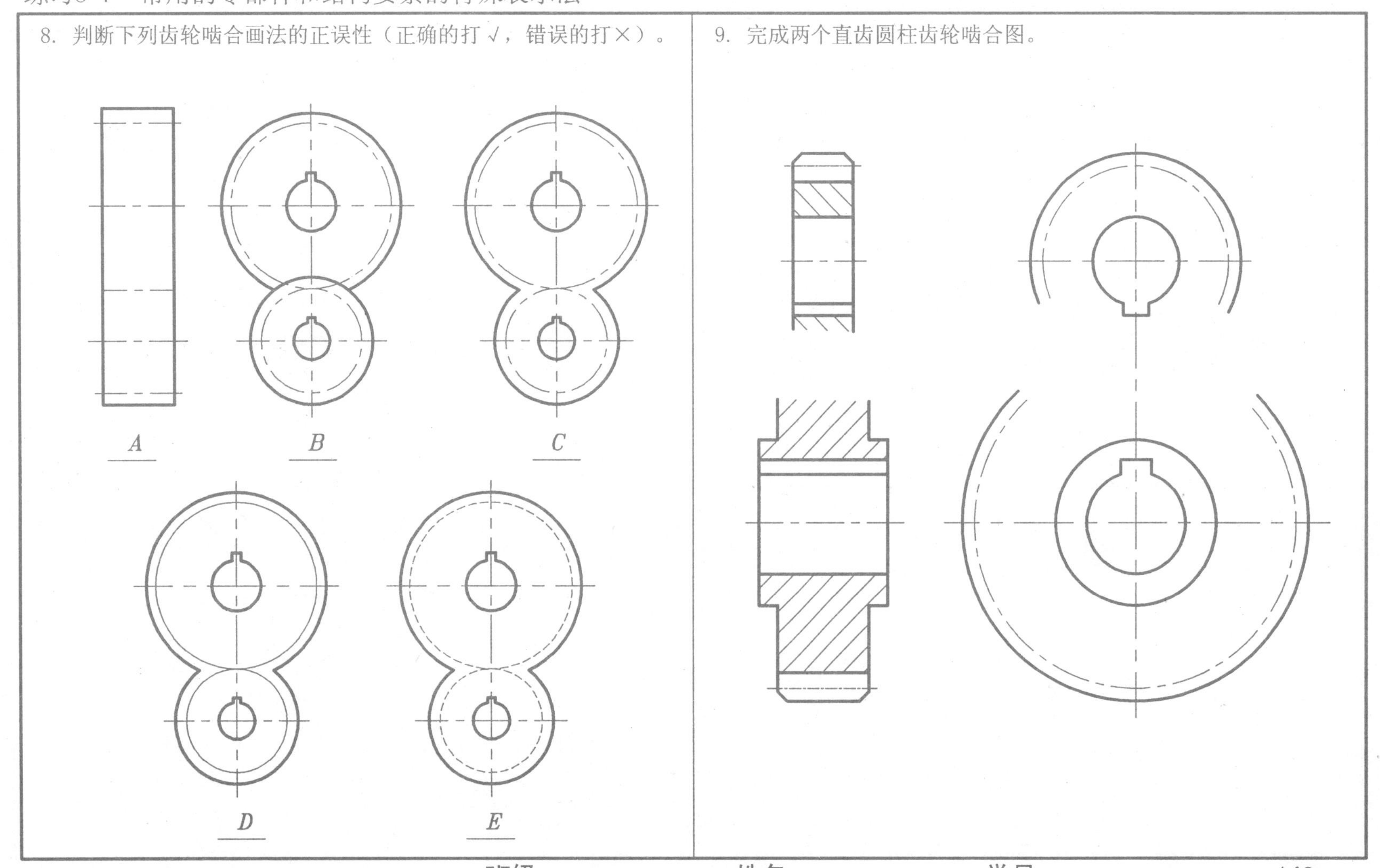
A
B
C
D
E

10. 在A3图纸上,用适当的比例绘出图示连接装置,按要求装配上各连接件并标注其规定标记。

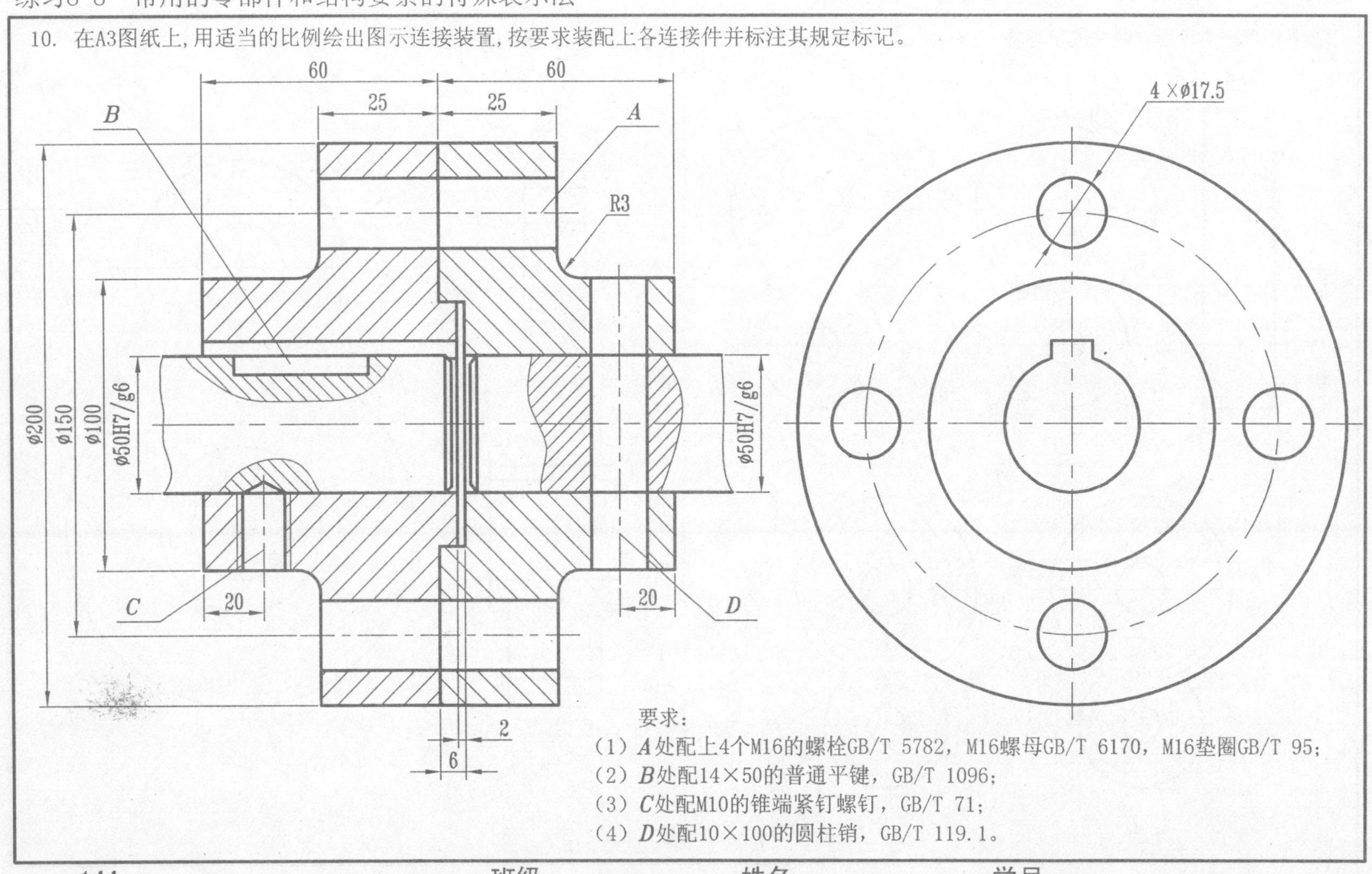
60
60
25
25
B
A
4×ø17.5
R3
ø200
ø150
ø100
ø50H7/g6
ø50H7/g6
C
20
20
D
2
6

要求:

(1) *A*处配上4个M16的螺栓GB/T 5782, M16螺母GB/T 6170, M16垫圈GB/T 95;

(2) *B*处配14×50的普通平键, GB/T 1096;

(3) *C*处配M10的锥端紧钉螺钉, GB/T 71;

(4) *D*处配10×100的圆柱销, GB/T 119.1。

班级　　姓名　　学号

练习9 装配图

练习9-1 装配图

根据千斤顶装配图的示意图及零件图，在A3图纸上用1：1画出其装配图。

工 作 原 理

千斤顶是利用螺旋传动来顶举重物，是汽车修理和机械安装中一种常见的起重工具。工作时，绞杠穿在螺旋杆顶部的圆孔中。旋转绞杠，螺旋杆在螺套中靠螺纹作上下移动。顶垫上的重物靠螺旋杆的上升而被顶起。

螺套嵌压底座中，一边用螺纹固定，磨损后便于更换、修配。

螺旋杆的球面形顶部套上一个顶垫，靠螺钉与螺旋杆连接，以防止顶垫随螺旋杆一起旋转而脱落。

序号	名　　称	件数	材料	备　　注
1	底座	1	HT200	
2	螺旋杆	1	45	
3	螺套	1		
4	螺钉 M12×12	1	QAl9-4	GB/T73-2000
5	铰杠	1	Q255	
6	螺钉 M8×12	1		GB/T75-2000
7	顶垫	1	35	

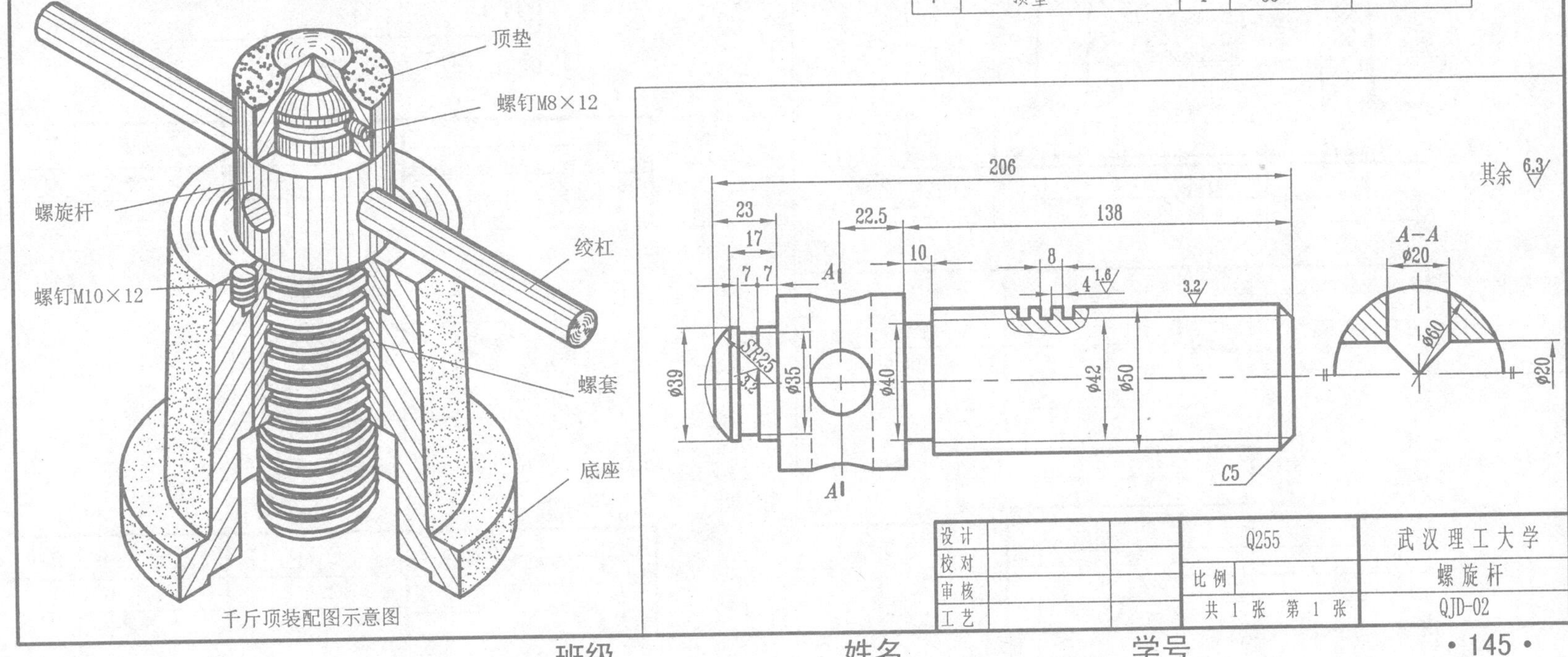

顶垫
螺钉M8×12
螺旋杆
绞杠
螺钉M10×12
螺套
底座
其余 6.3
206
23
22.5
138
17
10
7.7
8
4
1.6
3.2
A
A—A
Ø20
Ø39
SR25
Ø35
Ø40
Ø42
Ø50
Ø60
C5
设计
校对
审核
工艺
Q255
比例
共 1 张 第 1 张
武汉理工大学
螺旋杆
QJD-02

千斤顶装配图示意图

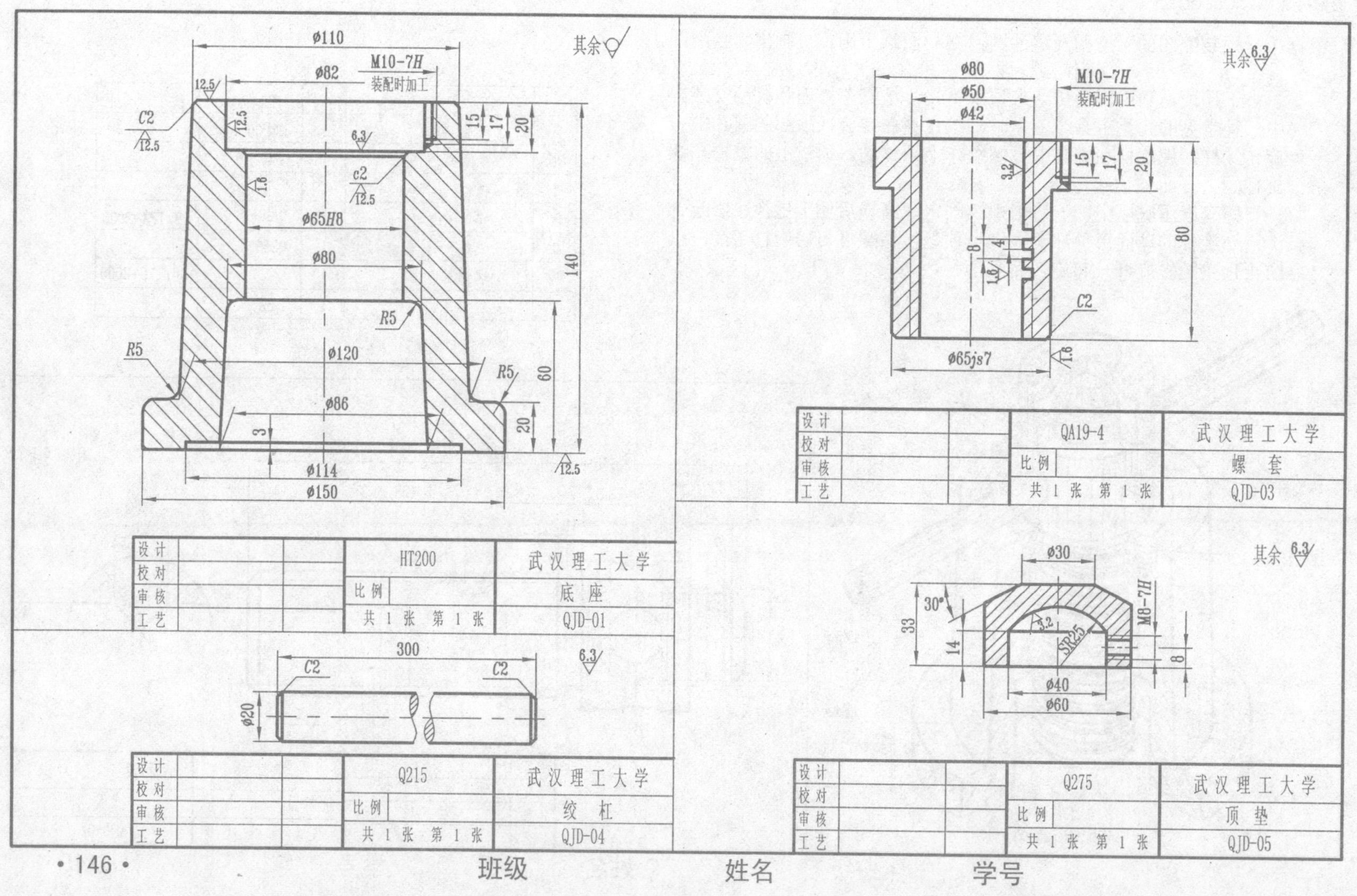
其余
ø110
ø82
M10-7H
装配时加工
12.5
C2
6.3
c2
1.6
ø65H8
ø80
R5
ø120
ø86
3
20
60
140
15
17
ø114
ø150
设计
校对
审核
工艺
HT200
比例
共 1 张 第 1 张
武汉理工大学
底座
QJD-01
ø80
ø50
ø42
3.2
8
4
80
C2
ø65js7
QA19-4
螺 套
QJD-03
300
ø20
Q215
绞 杠
QJD-04
ø30
30°
33
14
SR25
M8-7H
ø40
ø60
Q275
顶 垫
QJD-05

班级 姓名 学号

练习9-2　装配图

根据管钳的装配图示意图和零件图，在A2图纸上按1:1绘制管钳的装配图。

工作原理

管钳是一种夹紧管件的工具，使用时转动手柄8即可。由于导杆5与螺杆6以及压板7联动，使螺杆和导杆可带动上钳口4上下移动，用以松开或夹紧管件。导杆与上钳口用螺纹连接，下钳口3与钳座1用螺钉2连接。

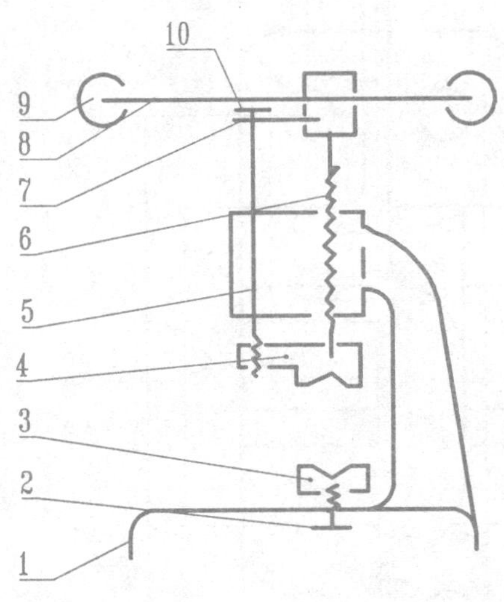

10
9
8
7
6
5
4
3
2
1

明细表

序号	图　号	名　称	数量	材料	备注
10	GB/T6170-2000	螺母 M8	1		
9	GQ01-06	手柄球	2	A3	
8	GQ01-08	手柄	1	45	
7	GQ01-04	压板	1	A3	
6	GQ01-02	螺杆	1	45	
5	GQ01-05	导杆	1	45	
4	GQ01-03	上钳口	1	A3	
3	GQ01-07	下钳口	1	45	
2	GB/T67-2000	螺钉 M6×12	2		
1	GQ01-01	钳座	1	HT250	

技术要求

1. 装配后，转动手柄时钳口上下移动应灵活、无爬行和卡死现象。
2. 非加工表面喷黑色皱纹漆。

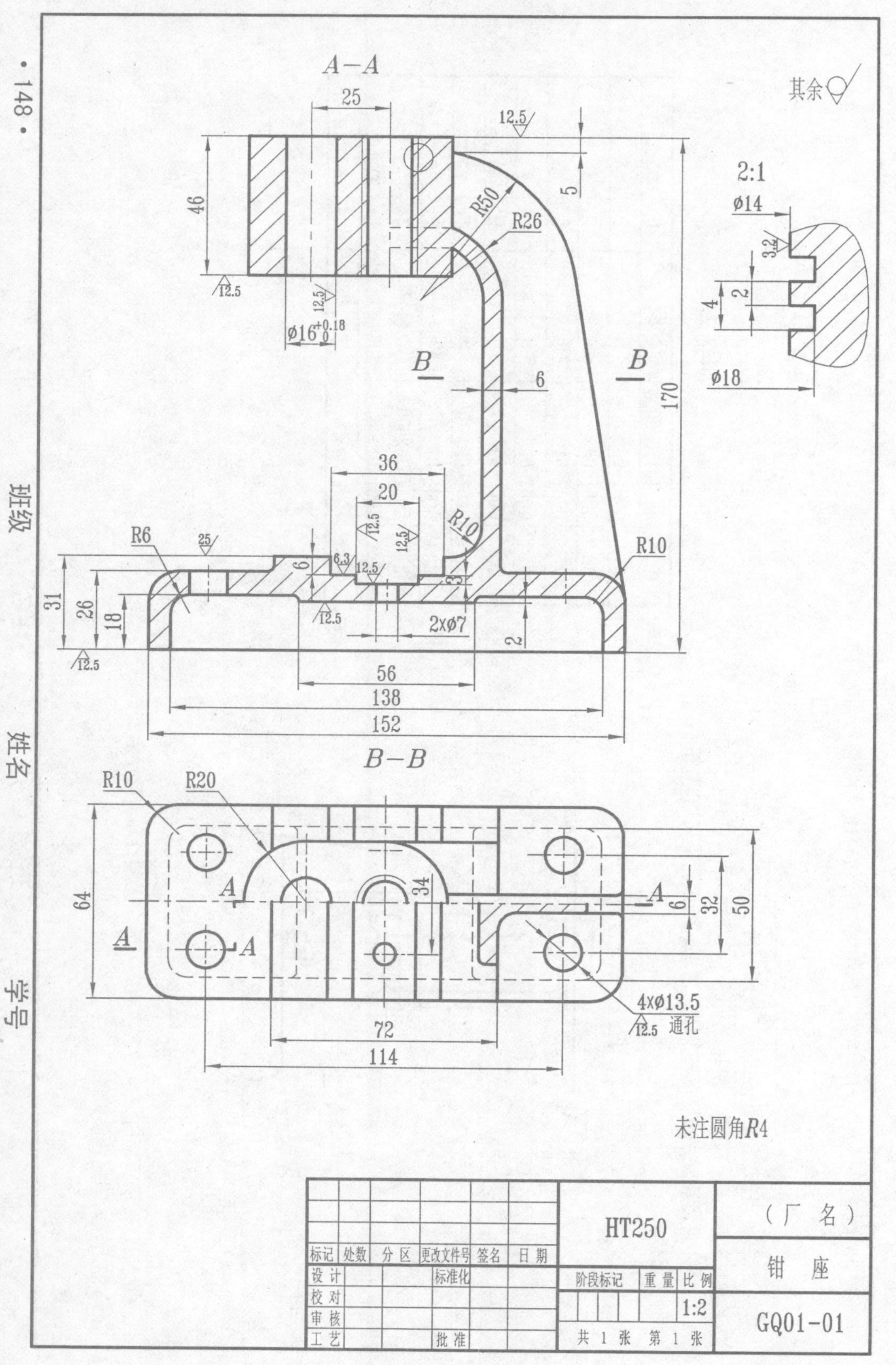
A—A
其余
2:1
Ø14
Ø18
Ø16$^{+0.18}_{0}$
R50
R26
R10
R6
B—B
2×Ø7
4×Ø13.5 通孔
未注圆角R4
HT250
（厂 名）
钳 座
GQ01-01
标记 处数 分 区 更改文件号 签名 日 期
设 计 标准化
校 对
审 核
工 艺 批 准
阶段标记 重 量 比 例
1:2
共 1 张 第 1 张

 班级 姓名 学号

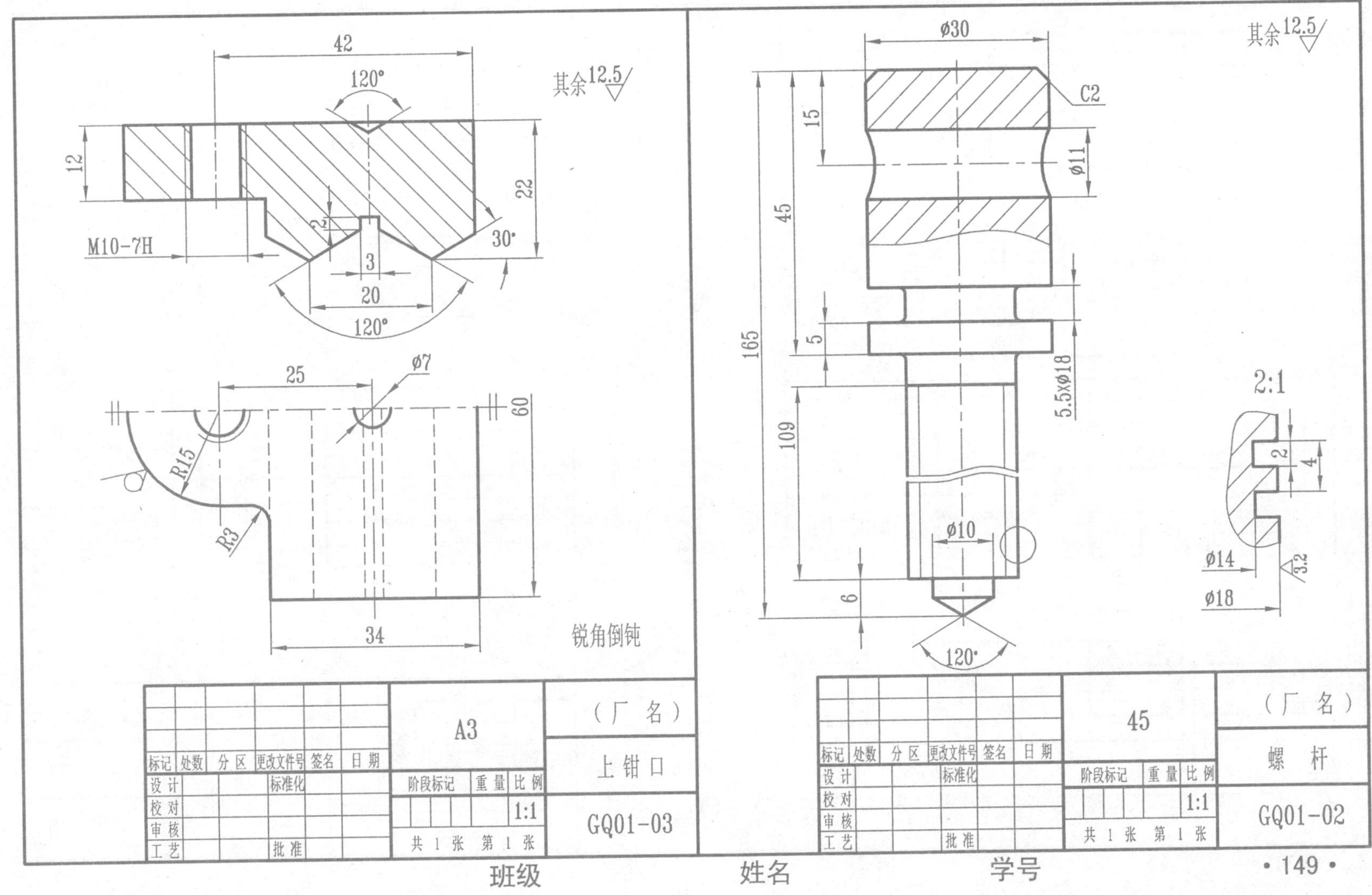

42
120°
其余12.5
12
22
M10-7H
2
30°
3
20
120°
25
φ7
60
R15
R3
34
锐角倒钝
A3
（厂　名）
上钳口
GQ01-03
标记 处数 分 区 更改文件号 签名 日 期
设 计 标准化
校 对
审 核
工 艺 批 准
阶段标记 重 量 比 例
1:1
共 1 张 第 1 张
φ30
C2
15
φ11
45
165
5
5.5xφ18
109
φ10
6
120°
2:1
2
4
φ14
φ18
3.2
45
（厂　名）
螺　杆
GQ01-02

班级　　　　姓名　　　　学号

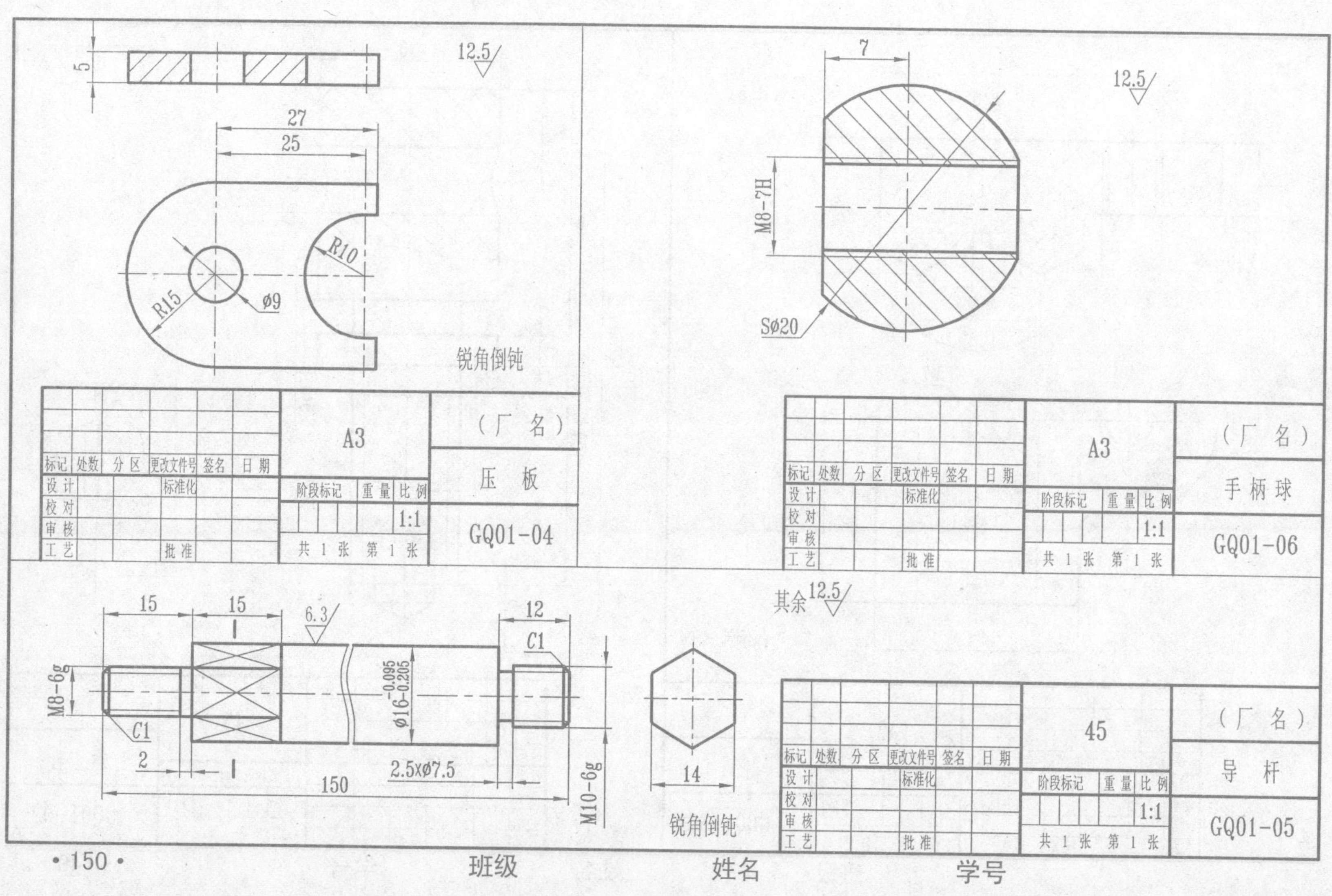

12.5
5
27
25
R10
R15
ø9
锐角倒钝
A3
（厂 名）
压 板
GQ01-04
标记 处数 分区 更改文件号 签名 日期
设计 标准化
校对
审核
工艺 批准
阶段标记 重量 比例
1:1
共 1 张 第 1 张
7
12.5
M8-7H
Sø20
A3
（厂 名）
手柄球
GQ01-06
标记 处数 分区 更改文件号 签名 日期
设计 标准化
校对
审核
工艺 批准
阶段标记 重量 比例
1:1
共 1 张 第 1 张
其余 12.5
15
15
6.3
12
C1
M8-6g
C1
$\phi16^{-0.095}_{-0.205}$
2
2.5xø7.5
150
M10-6g
14
锐角倒钝
45
（厂 名）
导 杆
GQ01-05
标记 处数 分区 更改文件号 签名 日期
设计 标准化
校对
审核
工艺 批准
阶段标记 重量 比例
1:1
共 1 张 第 1 张

班级　姓名　学号

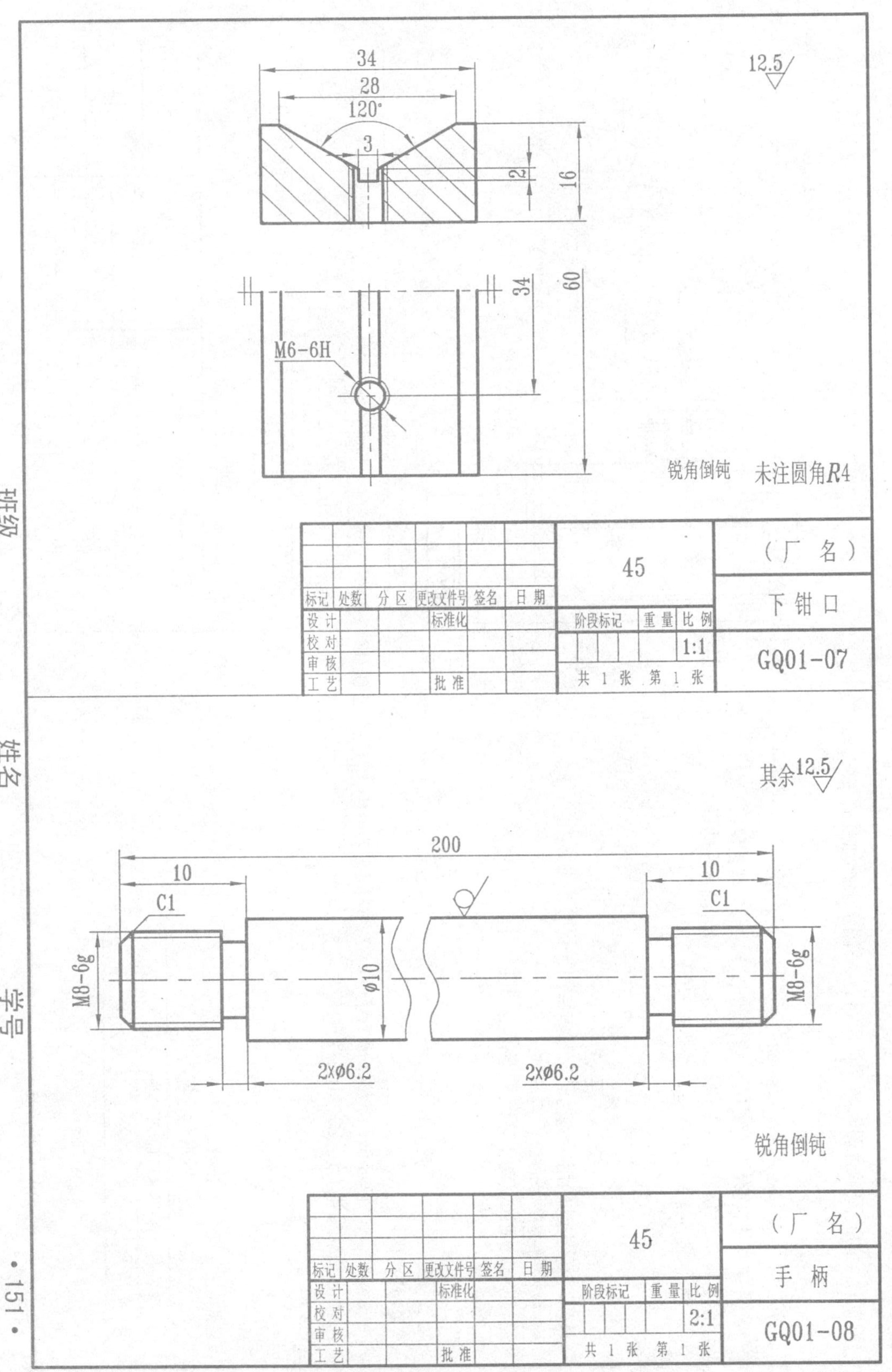

34
28
120°
3
2
16
12.5
34
60
M6-6H
锐角倒钝　未注圆角R4
45
（厂　名）
下钳口
GQ01-07
标记 处数 分区 更改文件号 签名 日期
设计 标准化
校对
审核
工艺 批准
阶段标记 重量 比例
1:1
共 1 张 第 1 张
其余12.5
200
10
10
C1
C1
M8-6g
Ø10
M8-6g
2×Ø6.2
2×Ø6.2
锐角倒钝
45
（厂　名）
手柄
GQ01-08
标记 处数 分区 更改文件号 签名 日期
设计 标准化
校对
审核
工艺 批准
阶段标记 重量 比例
2:1
共 1 张 第 1 张

根据油泵的装配示意图和各零件图，在A3图纸上画油泵的装配图。

工作原理

在泵体7内装有一对啮合的齿轮3、5。当主动齿轮轴5作顺时针旋转时（见泵油原理图），将机油从左边进油孔ø15吸入，然后经管接头孔$G3/8$压出。

技术要求

1. 装合后主动轴用手旋动时，不得有时紧时松现象。
2. 校验时各结合面处不得漏油。
3. 在800r/min驱动下，流量不得少于8L/min。

尺寸标注

（1）规格尺寸$G3/8$；
（2）配合尺寸$\phi15H7/f7$、$\phi15H7/f7$、$\phi14H7/n6$、28.76 ± 0.03；
（3）安装尺寸35、$2\times$M6-7H；
（4）总体尺寸112、73、88。

标准件明细表

名称	螺钉M6×12 GB/T65-2000	材料	35
序号	6	数量	6

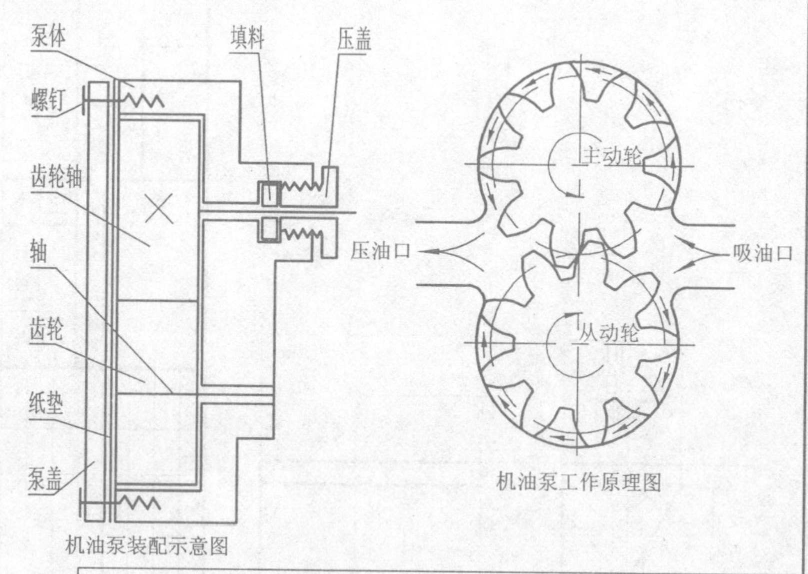

泵体
填料
压盖
螺钉
齿轮轴
轴
齿轮
纸垫
泵盖
主动轮
从动轮
压油口
吸油口

机油泵装配示意图

机油泵工作原理图

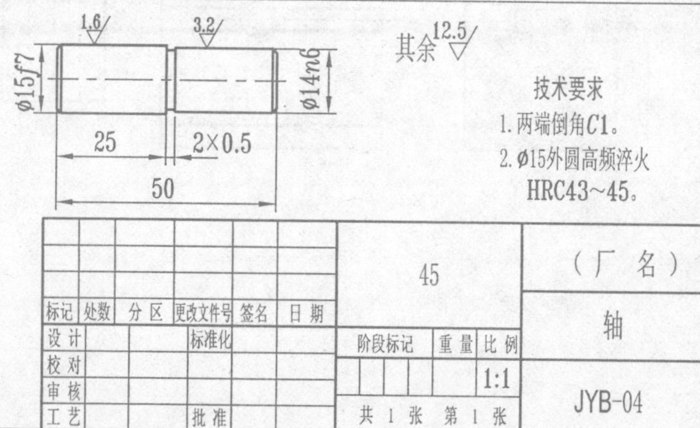

1.6
3.2
其余12.5
ø15f7
ø14n6
25
2×0.5
50
技术要求
1.两端倒角C1。
2.ø15外圆高频淬火
HRC43~45。
45
（厂 名）
轴
JYB-04
标记 处数 分区 更改文件号 签名 日期
设计 标准化
校对
审核
工艺 批准
阶段标记 重量 比例
1:1
共 1 张 第 1 张

班级 姓名 学号

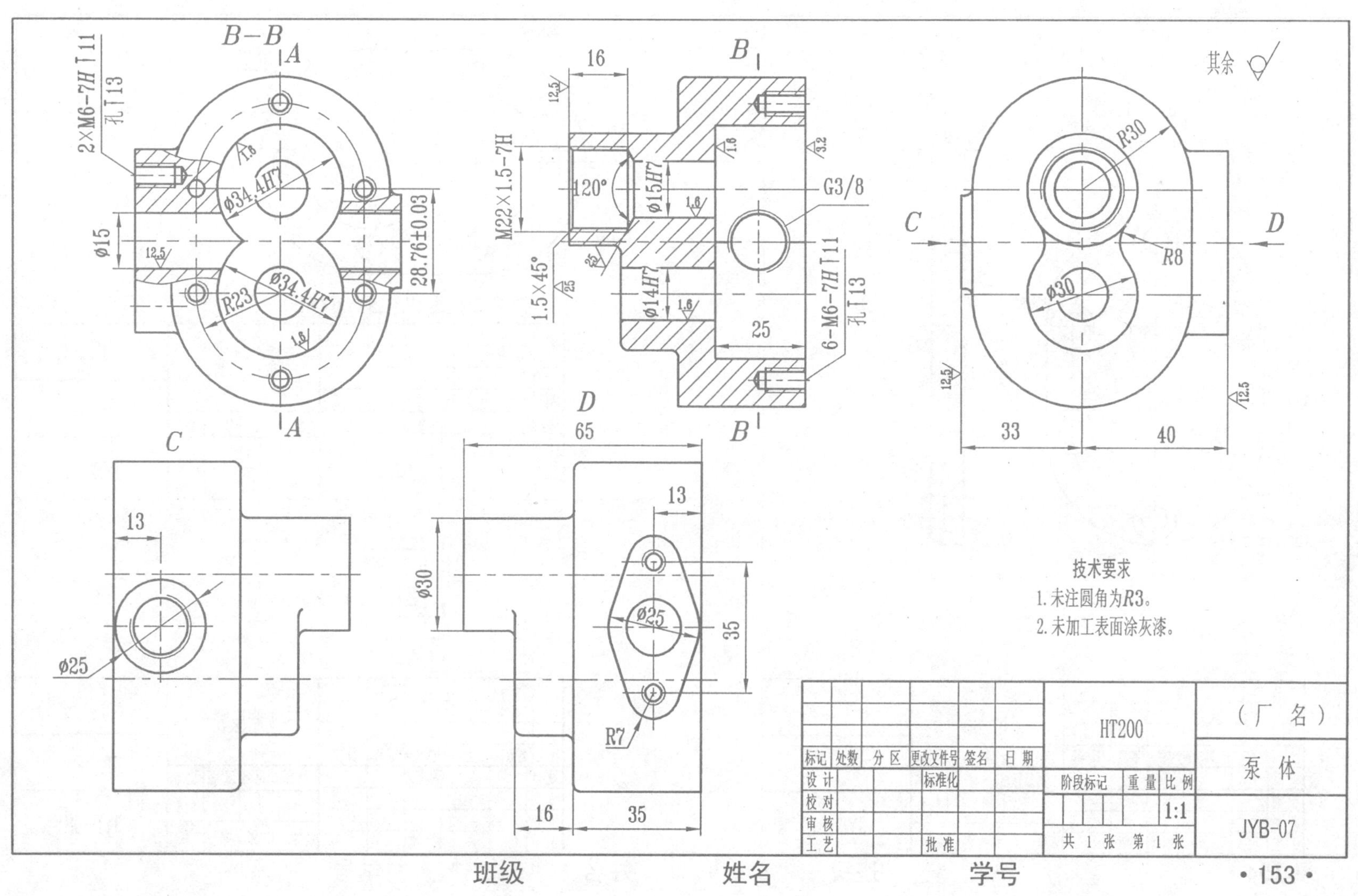
B—B
A
A
2×M6-7H↧11
孔↧13
Ø34.4H7
Ø34.4H7
Ø15
R23
28.76±0.03
16
B
B
M22×1.5-7H
120°
Ø15H7
Ø14H7
1.5×45°
G3/8
6-M6-7H↧11
孔↧13
25
其余
R30
R8
Ø30
C
D
33
40
C
13
Ø25
D
65
13
Ø30
Ø25
35
R7
16
35
技术要求
1. 未注圆角为R3。
2. 未加工表面涂灰漆。
标记 处数 分区 更改文件号 签名 日期
设计 标准化
校对
审核
工艺 批准
HT200
阶段标记 重量 比例
1:1
共 1 张 第 1 张
（厂名）
泵体
JYB-07

班级 姓名 学号

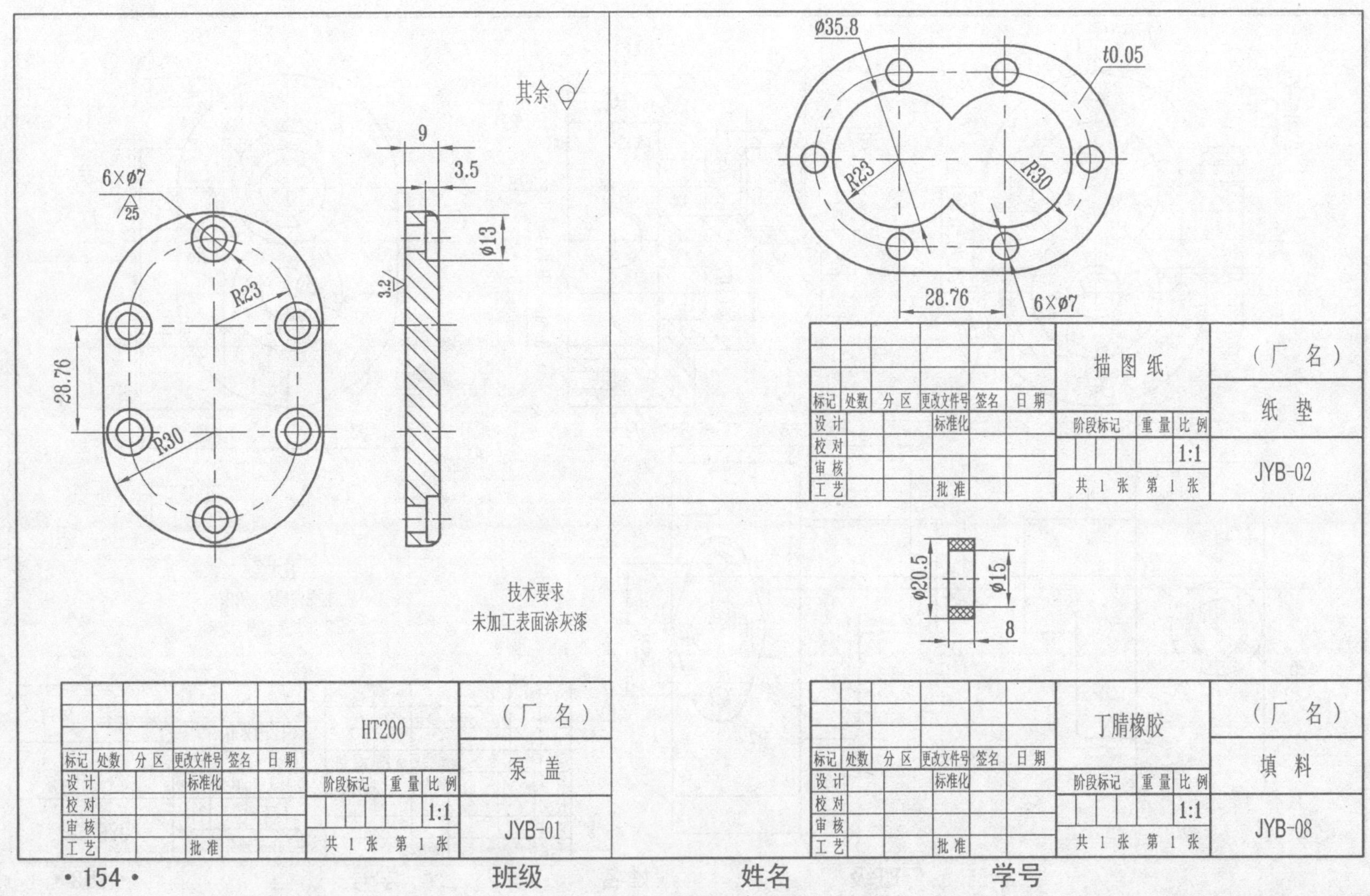

其余
6×ø7
25
9
3.5
ø13
3.2
R23
28.76
R30
技术要求
未加工表面涂灰漆
HT200
（厂 名）
泵 盖
JYB-01
标记 处数 分区 更改文件号 签名 日期
设计 标准化
校对
审核
工艺 批准
阶段标记 重量 比例
1:1
共 1 张 第 1 张
ø35.8
t0.05
R23
R30
28.76
6×ø7
描图纸
（厂 名）
纸 垫
JYB-02
ø20.5
ø15
8
丁腈橡胶
（厂 名）
填 料
JYB-08

 班级 姓名 学号

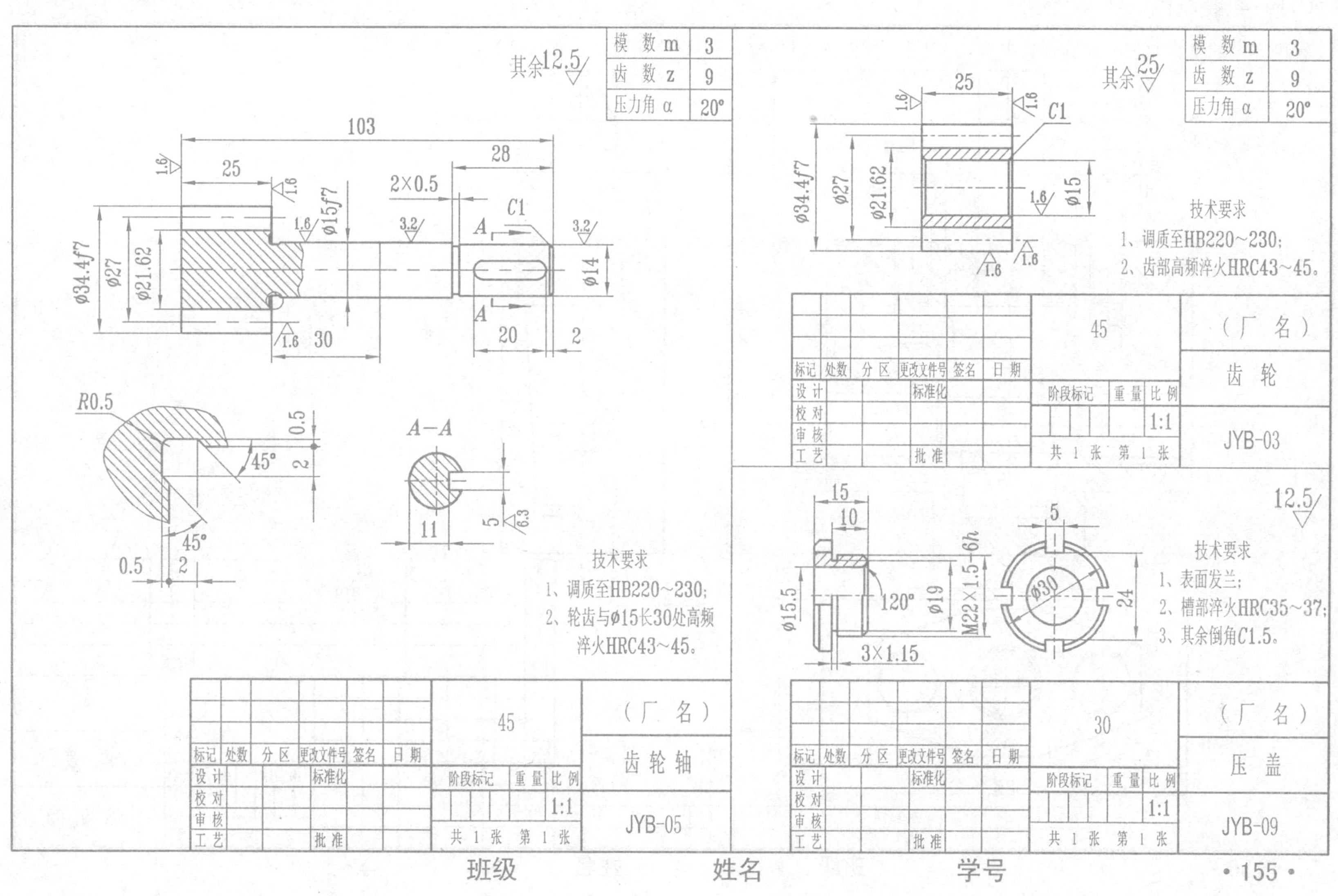

模数m 3
齿数z 9
压力角α 20°
其余12.5
技术要求
1、调质至HB220~230；
2、轮齿与ø15长30处高频淬火HRC43~45。
45
（厂 名）
齿轮轴
JYB-05
1:1
共 1 张 第 1 张
模数m 3
齿数z 9
压力角α 20°
其余25
技术要求
1、调质至HB220~230；
2、齿部高频淬火HRC43~45。
45
（厂 名）
齿轮
JYB-03
1:1
共 1 张 第 1 张
技术要求
1、表面发兰；
2、槽部淬火HRC35~37；
3、其余倒角C1.5。
30
（厂 名）
压盖
JYB-09
1:1
共 1 张 第 1 张

班级 姓名 学号

练习9-4 装配图

看懂旋塞的工作原理，并拆画其中1、3、4号的零件图（尺寸在图中直接量取，不标尺寸）。

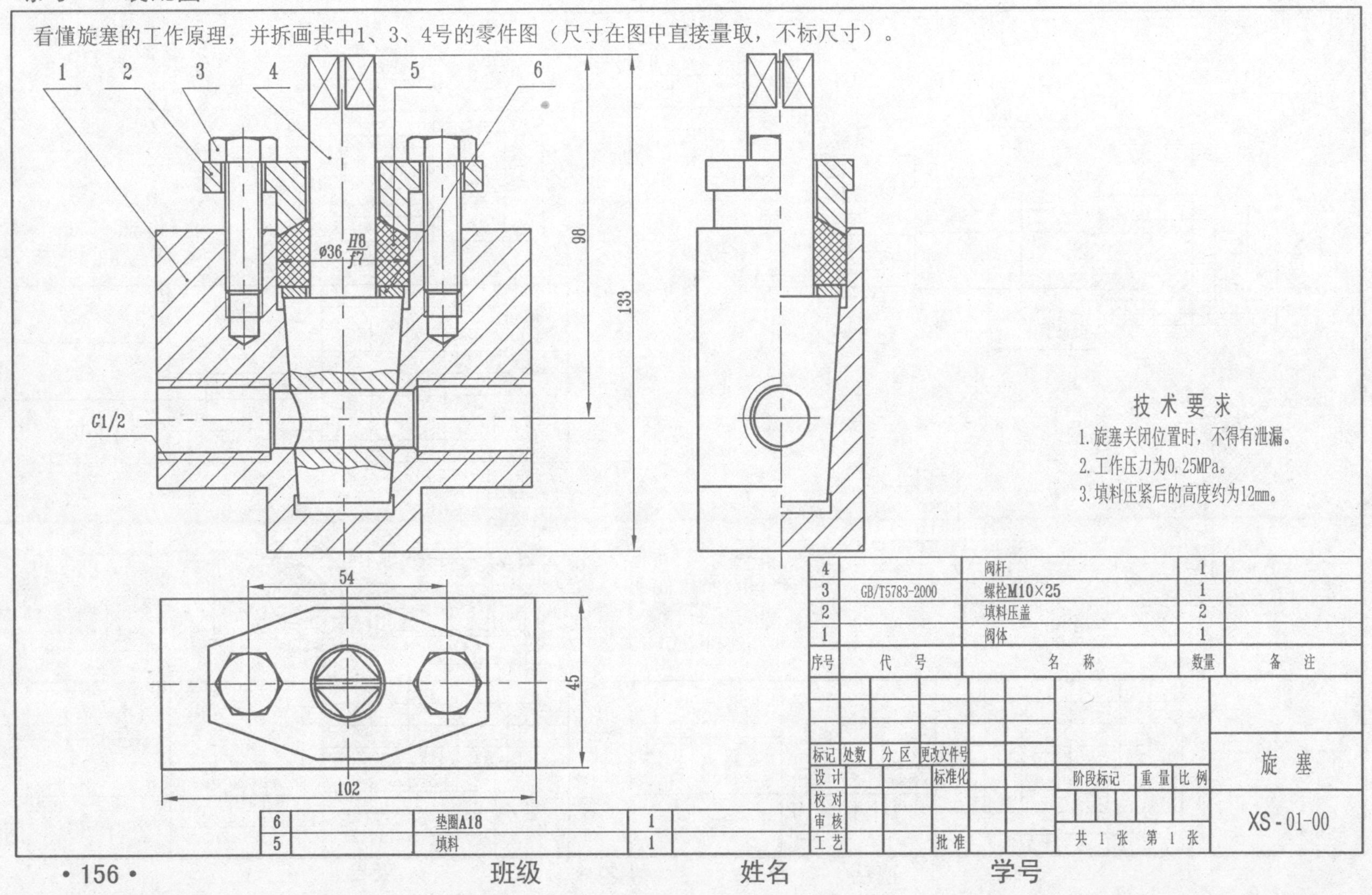

1
2
3
4
5
6
ø36 H8/f7
98
133
G1/2
54
45
102
技术要求
1.旋塞关闭位置时，不得有泄漏。
2.工作压力为0.25MPa。
3.填料压紧后的高度约为12mm。

序号	代号	名称	数量	备注
6		垫圈A18	1	
5		填料	1	
4		阀杆	1	
3	GB/T5783-2000	螺栓M10×25	1	
2		填料压盖	2	
1		阀体	1	

标记	处数	分区	更改文件号		
设计			标准化	阶段标记 / 重量 / 比例	旋塞
校对					
审核					XS-01-00
工艺			批准	共 1 张 第 1 张	

班级　　姓名　　学号

练习9-5　装配图

读懂钻模的装配图。

用　　途

在批量生产中，在钻床上钻孔用的夹具，称为钻模。该钻模用于对工件中3×ø7孔的加工。

工作原理

该钻模底座1是主要零件，其他零件都依据它来定位。被加工工件（双点画线画出）ø40$H7$孔和内侧端面在钻模底座上定位，装上钻模版后用带肩螺母和开口销夹紧。钻头通过钻套钻孔。当钻套磨损后可再换新钻套。由于钻模3×ø7孔的尺寸精度和位置精度比加工工件3×ø7的精度高，因此可以保证加工件的精度。销2用于钻模板和底座的定位，方便孔ø7F7与底座上的圆弧槽对准，避开钻头钻入底座。

要　　求

读懂装配图，弄清工作原理和表达方法，看懂各零件间的装配关系以及各个零件的结构形状。并完成：

（1）画出零件1或零件3的零件图（按零件图的要求选择表达方案，比例自定）；

（2）注全零件的尺寸和技术要求；

（3）ø14H7/k6为________制的________配合，是零件和零件________表面接触；

（4）装或拆卸被加工工件的顺序是____________________。

班级　　　　姓名　　　　学号

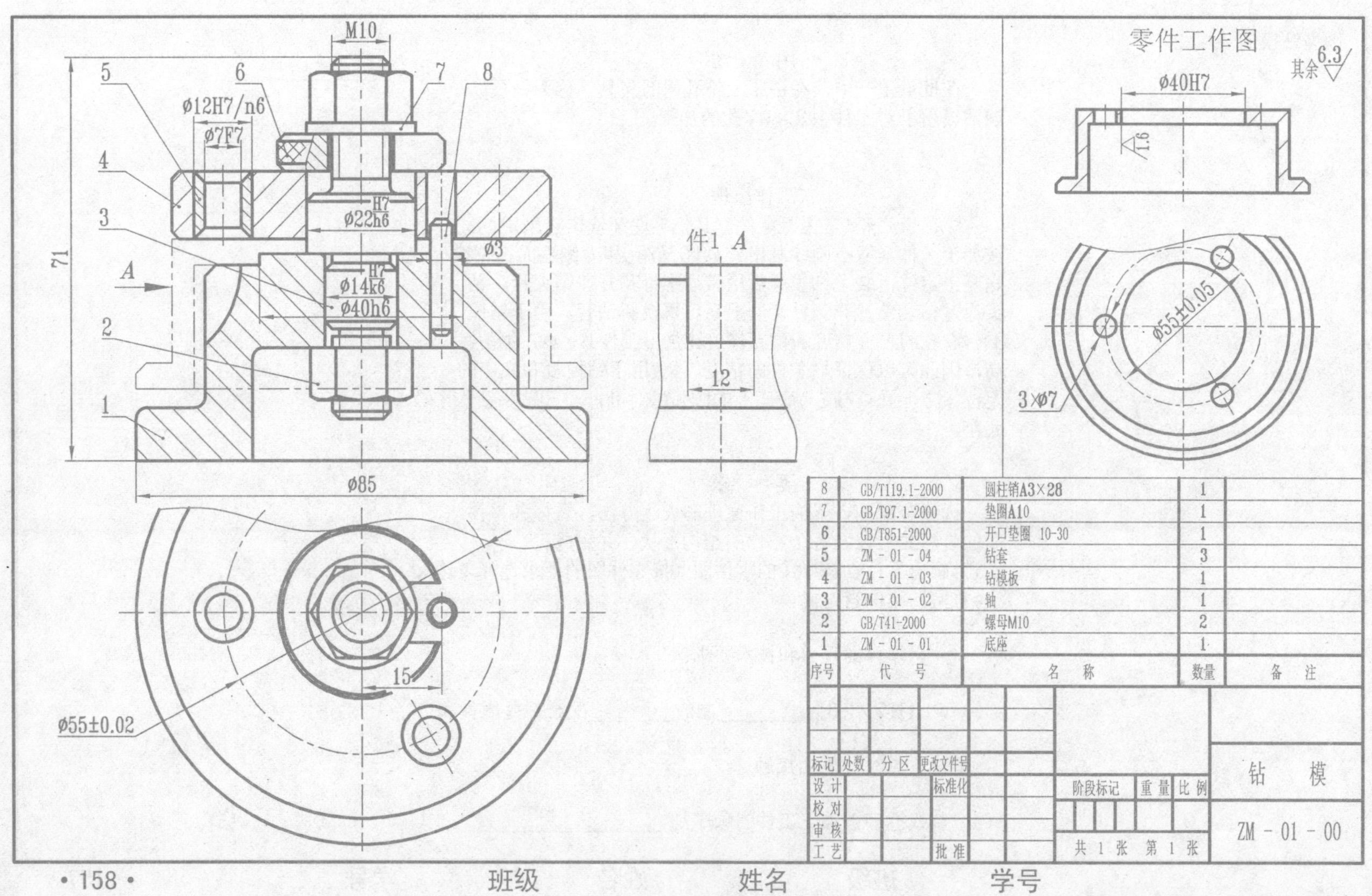

M10
5
6
7
8
ϕ12H7/n6
ϕ7F7
4
3
2
1
H7
ϕ22h6
ϕ3
H7
ϕ14k6
ϕ40h6
71
A
ϕ85
件1 A
12
15
ϕ55±0.02
零件工作图
其余 6.3
ϕ40H7
1.6
ϕ55±0.05
3×ϕ7

8	GB/T119.1-2000	圆柱销A3×28	1	
7	GB/T97.1-2000	垫圈A10	1	
6	GB/T851-2000	开口垫圈 10-30	1	
5	ZM - 01 - 04	钻套	3	
4	ZM - 01 - 03	钻模板	1	
3	ZM - 01 - 02	轴	1	
2	GB/T41-2000	螺母M10	2	
1	ZM - 01 - 01	底座	1	
序号	代号	名称	数量	备注

标记 处数 分区 更改文件号
设计 标准化
校对
审核
工艺 批准
阶段标记 重量 比例
共 1 张 第 1 张
钻模
ZM - 01 - 00

班级 姓名 学号

练习9-6　装配图

读懂换向阀的装配图。

用　　途

换向阀是用于管路中控制流体输出方向的一种阀门。

工作原理

本换向阀主要有阀体1、阀门2和手柄4等零件组成。在图示情况下流体由右边进入，因上出口不通，就从下出口流出。当转动手柄4，使阀门2旋转90°时， 则下出口不通，就改从上出口流出。同时根据手柄转动角度的大小，还可以调节出口的流量。

要　　求

读懂装配图，弄清换向阀的工作原理和表达方法，看懂各零件间的装配关系以及各个零件的结构形状。画出零件1和零件2的零件图（按零件图的要求选择表达方案，图形大小在装配图中量取，不标尺寸）。

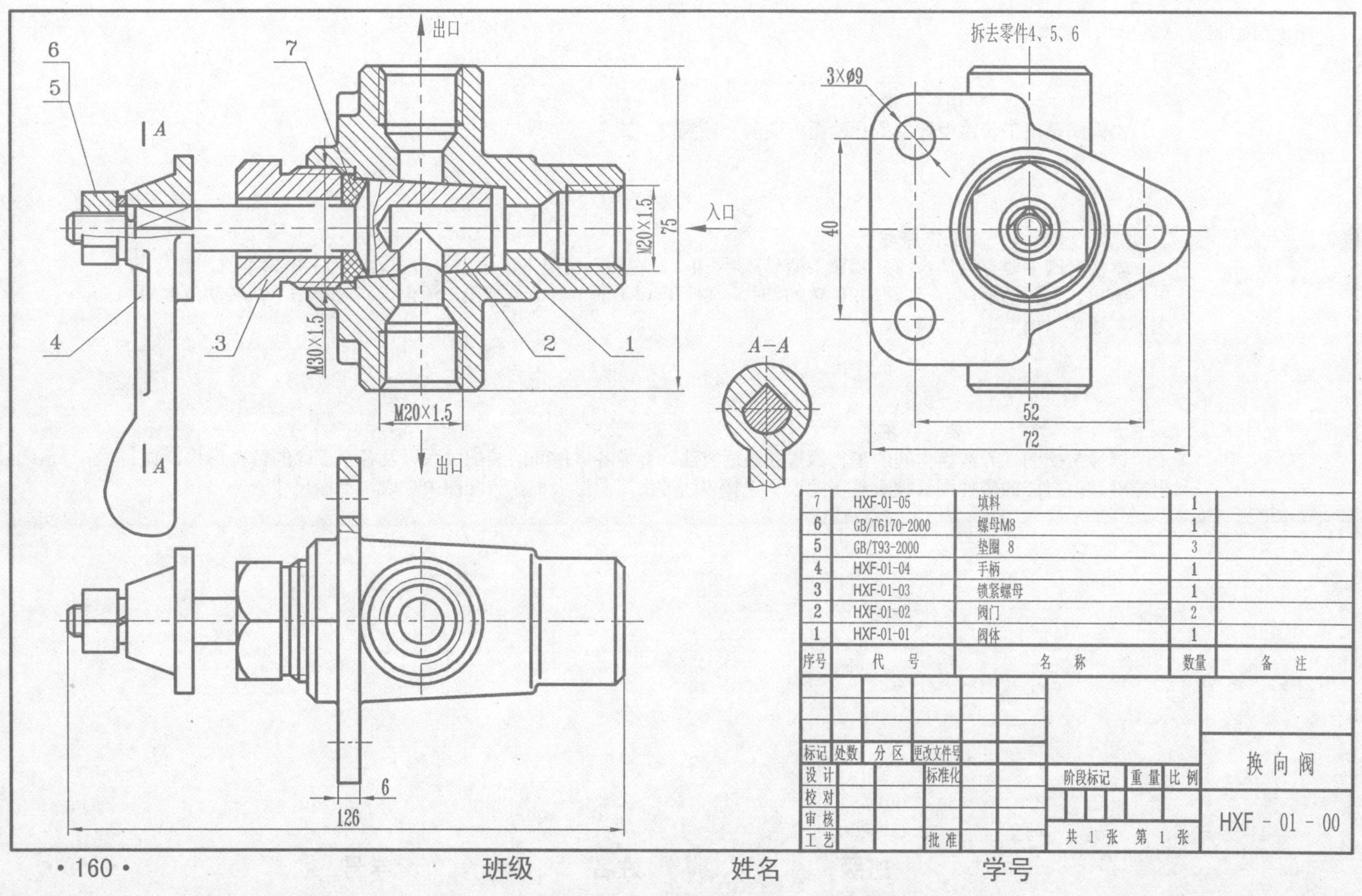

出口
入口
拆去零件4、5、6
3×ø9
A
A–A
M20×1.5
M30×1.5
75
40
52
72
126
6
7 HXF-01-05 填料 1
6 GB/T6170-2000 螺母M8 1
5 GB/T93-2000 垫圈 8 3
4 HXF-01-04 手柄 1
3 HXF-01-03 锁紧螺母 1
2 HXF-01-02 阀门 2
1 HXF-01-01 阀体 1
序号 代号 名称 数量 备注
标记 处数 分区 更改文件号
设计 标准化
校对
审核
工艺 批准
阶段标记 重量 比例
共 1 张 第 1 张
换向阀
HXF－01－00

班级 姓名 学号

练习9-7　装配图

看懂虎钳的工作原理，并完成下列任务。

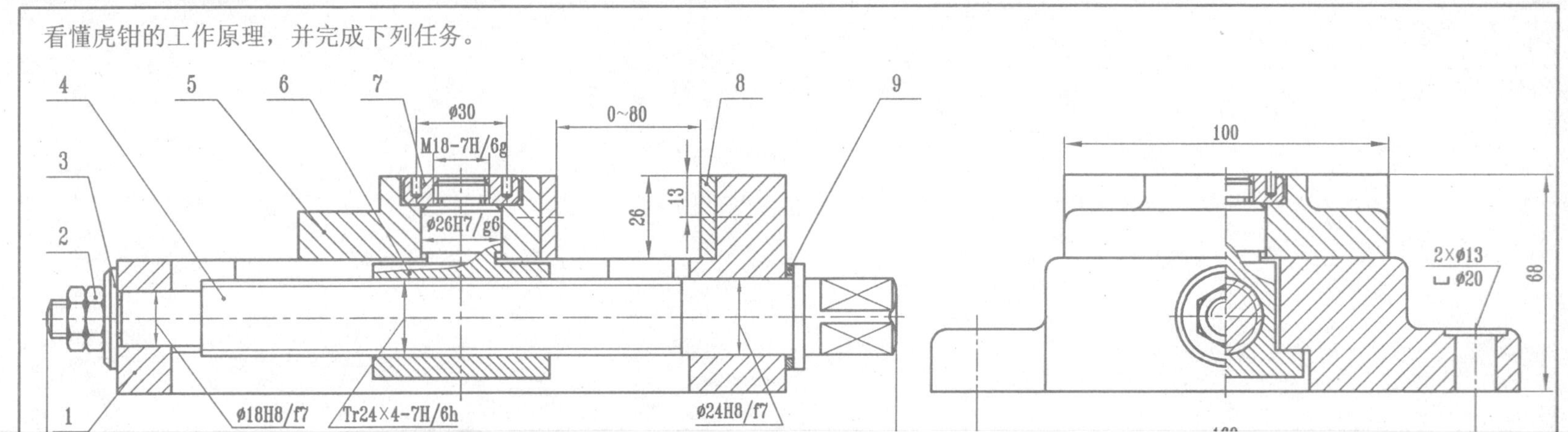
4
5
6
7
8
9
3
2
1
ø30
M18-7H/6g
0~80
13
26
ø26H7/g6
ø18H8/f7
Tr24×4-7H/6h
ø24H8/f7
100
2×ø13
⌴ ø20
68

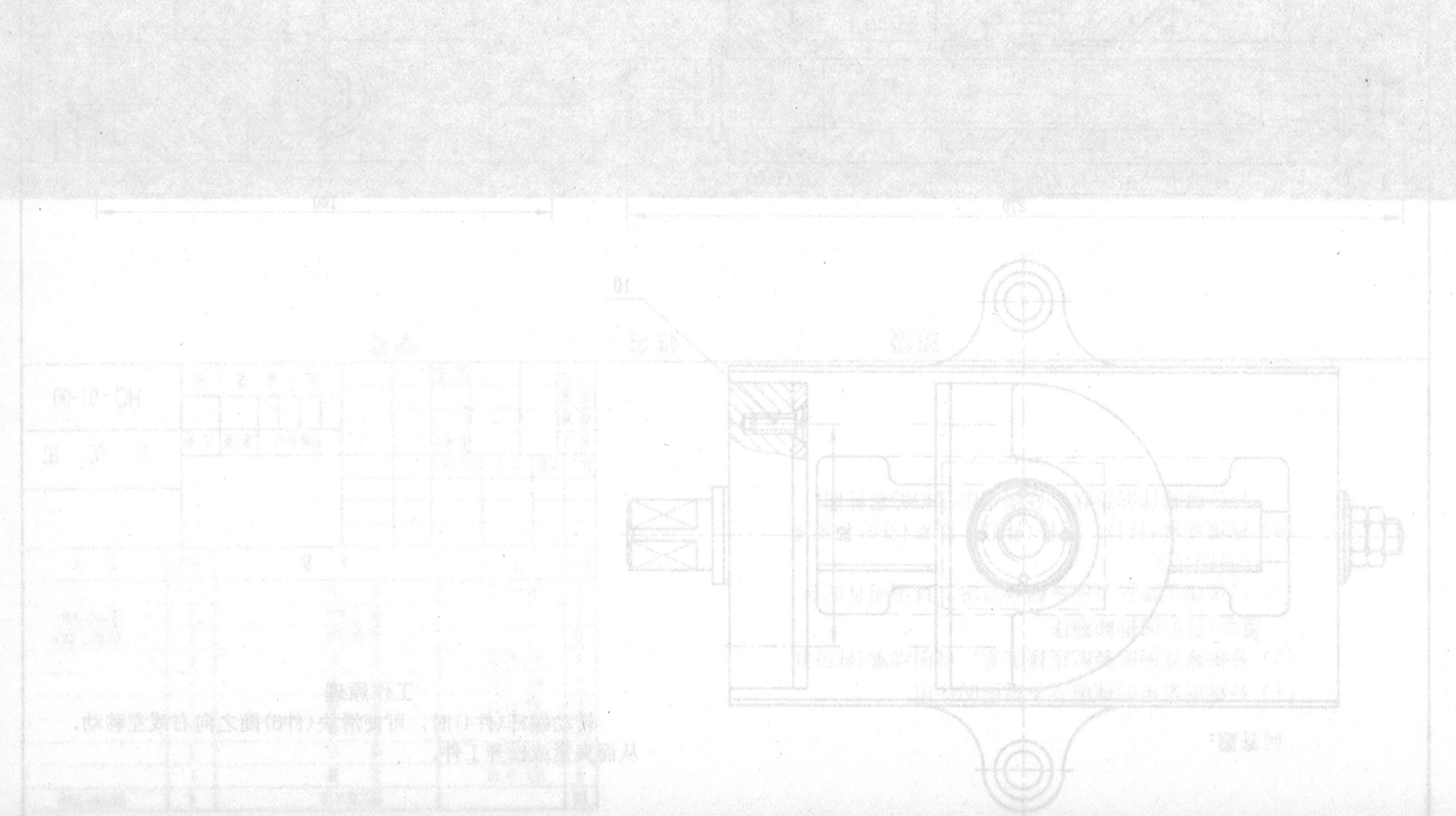

练习10 **AutoCAD绘图**

练习10-1 AutoCAD绘图

1. 根据有关标准,绘制A3幅面的模板。

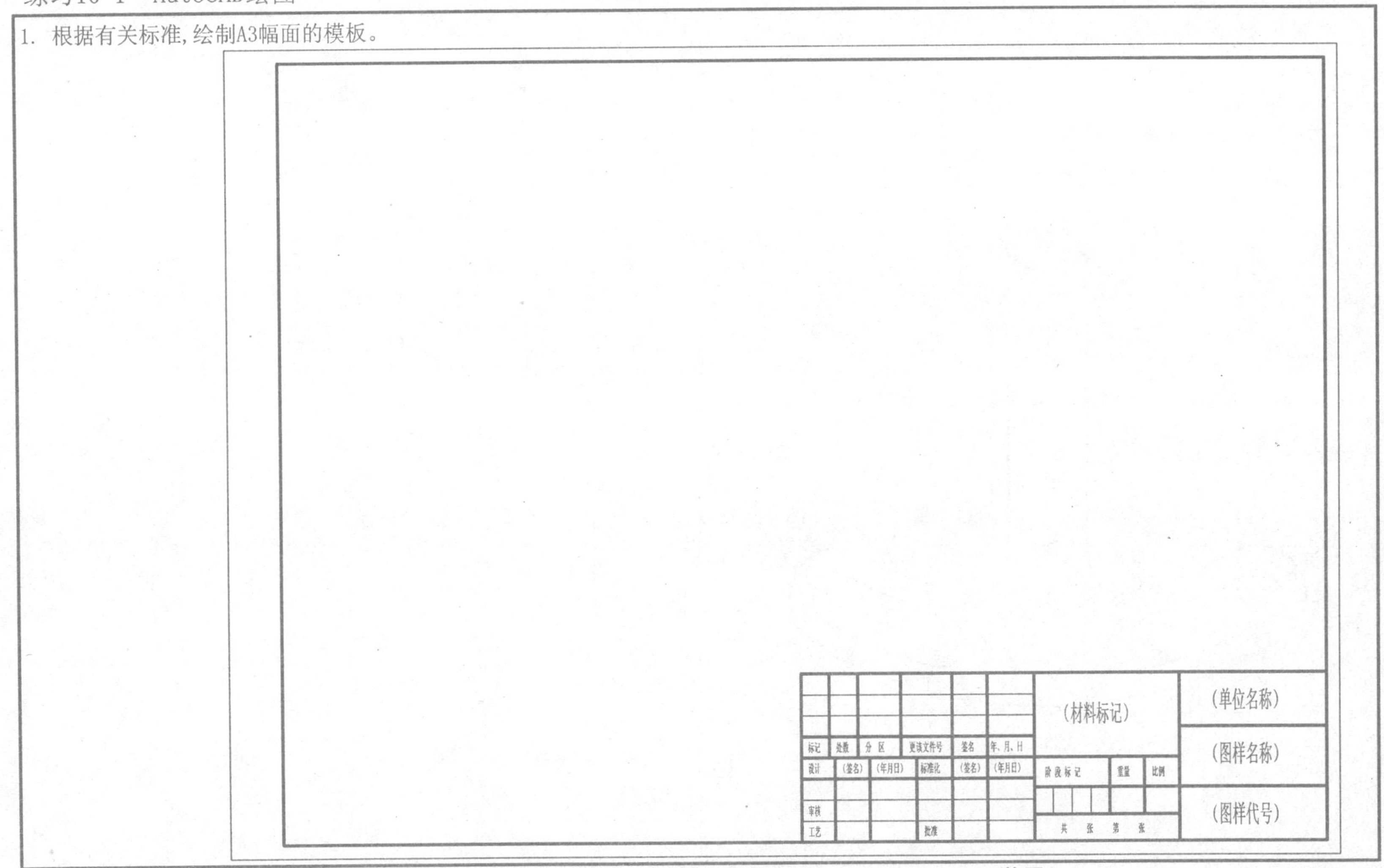
(材料标记)
(单位名称)
(图样名称)
(图样代号)
标记
处数
分 区
更该文件号
签名
年、月、日
设计
(签名)
(年月日)
标准化
(签名)
(年月日)
阶段标记
重量
比例
审核
工艺
批准
共 张 第 张

班级 姓名 学号

2. 绘制下列平面图形。

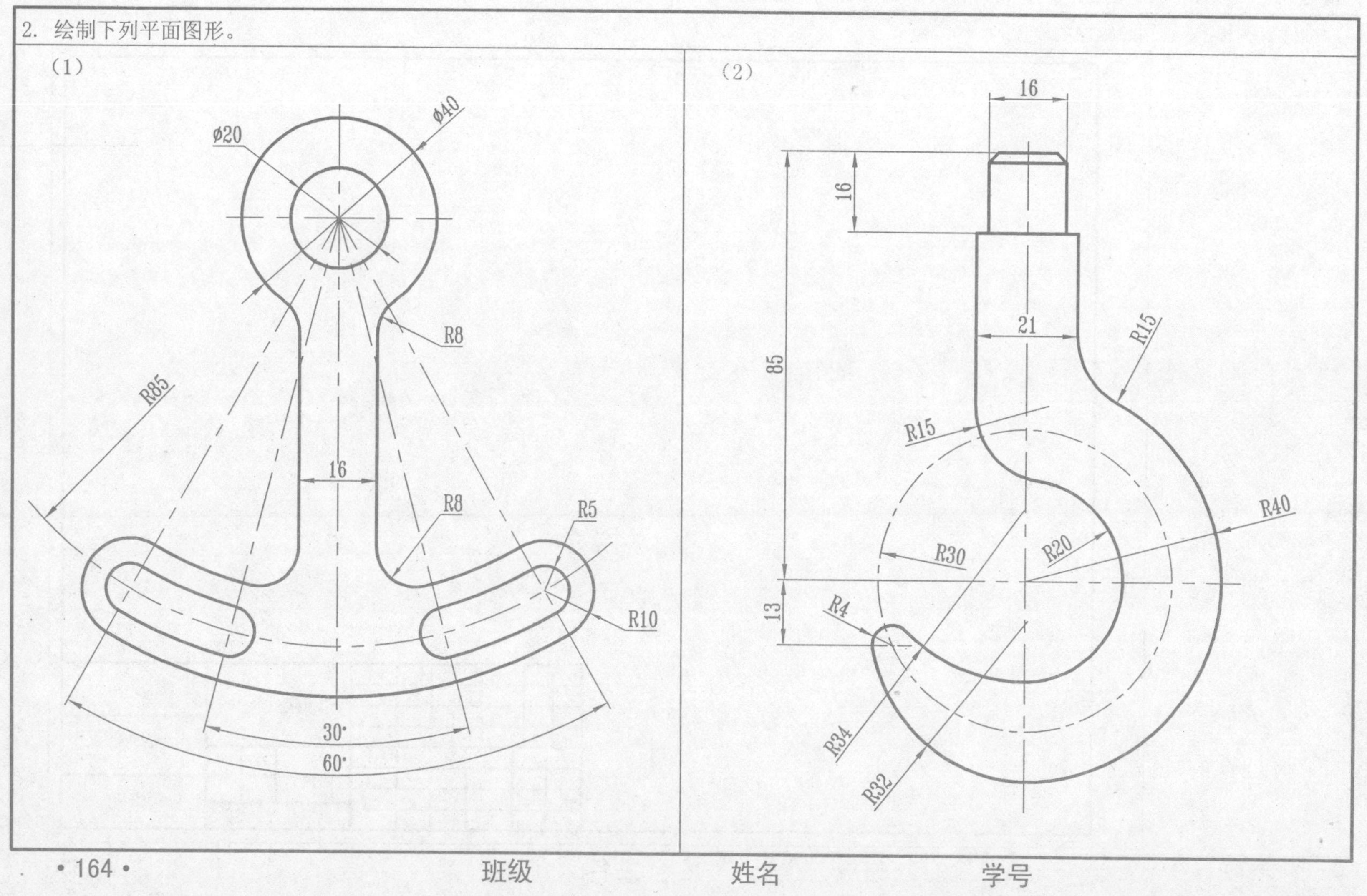
(1)
ϕ20
ϕ40
R8
R85
16
R8
R5
R10
30°
60°
(2)
16
16
85
21
R15
R15
R40
R20
R30
13
R4
R34
R32

班级　　　　姓名　　　　学号

3. 绘制下列平面图形。

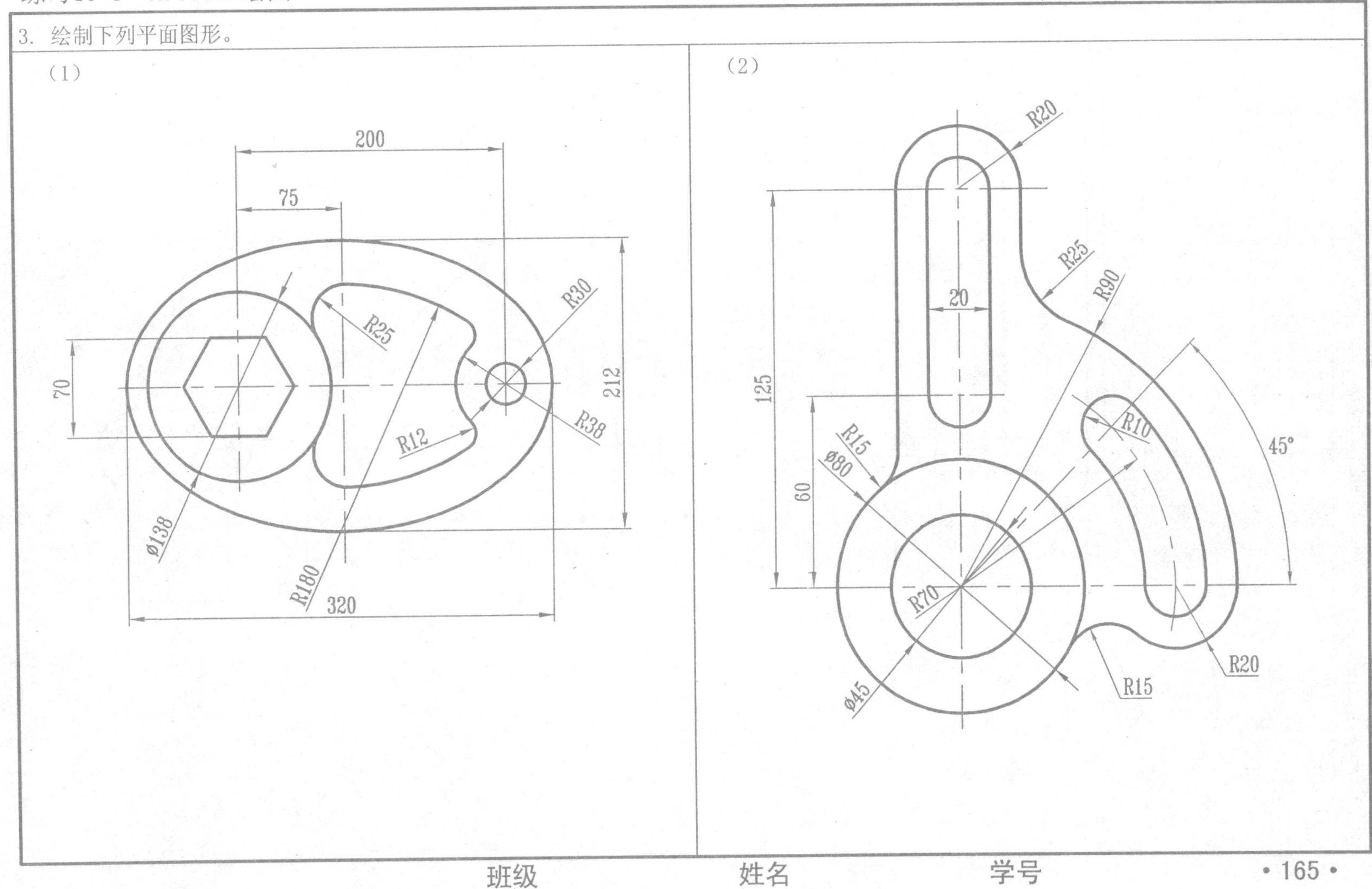
(1)
200
75
R30
R25
70
212
R12
R38
ø138
R180
320
(2)
R20
R25
R90
20
125
R10
45°
R15
ø80
60
R70
R20
R15
ø45

4. 绘制下列平面图形。

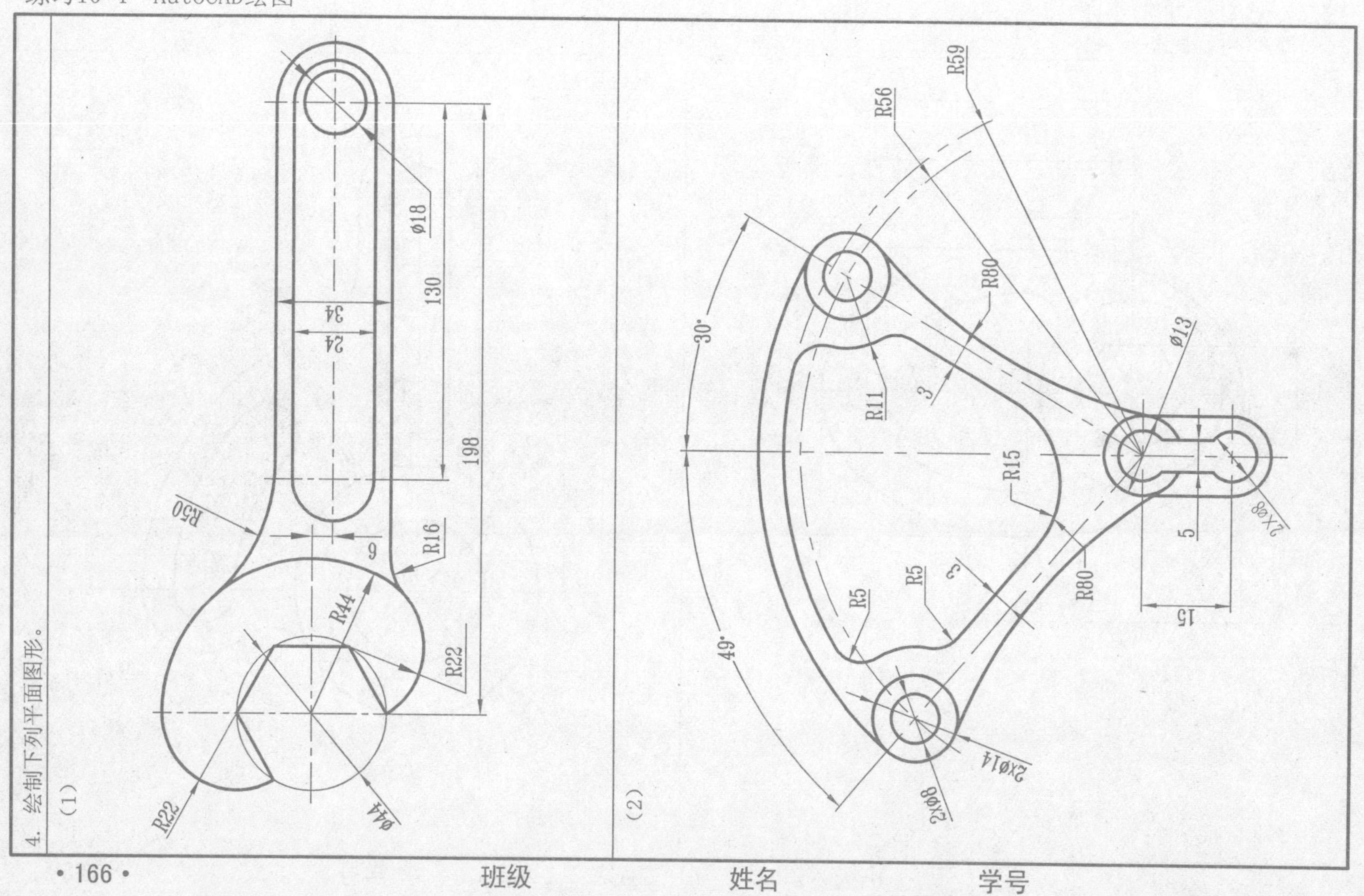
(1)
ø18
130
198
34
24
R50
6
R16
R44
R22
R22
ø44
(2)
R59
R56
R80
ø13
30°
R11
3
R15
2×ø8
5
15
R80
R5
R5
3
49°
2×ø14
2×ø8

班级 姓名 学号

练习10-5 AutoCAD绘图

5. 在A3图幅内选适当比例绘制下列物体的三视图。

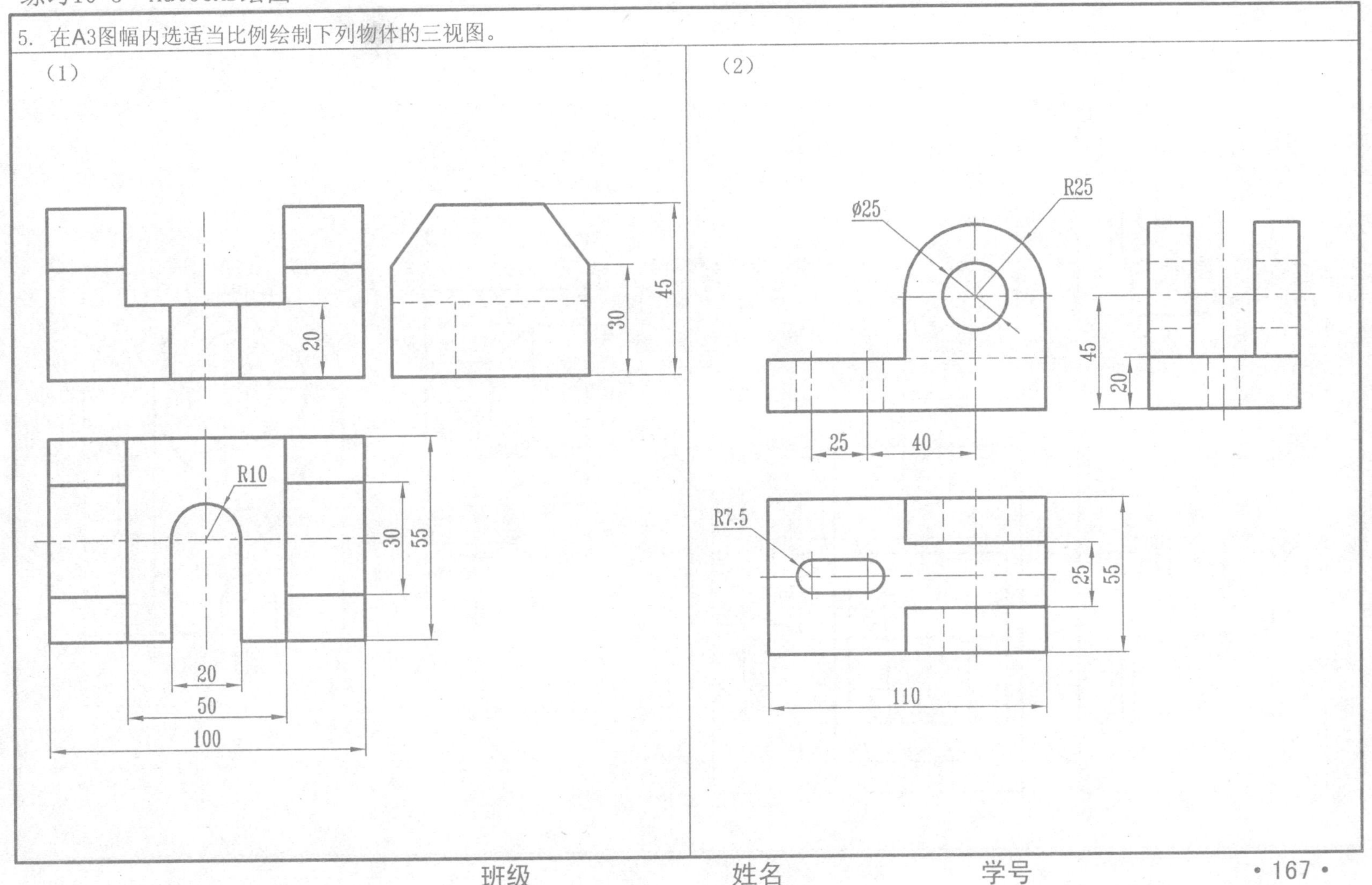

(1)
20
30
45
R10
30
55
20
50
100
(2)
ø25
R25
45
20
25
40
R7.5
25
55
110

班级 姓名 学号

6. 绘制下列平面图形。

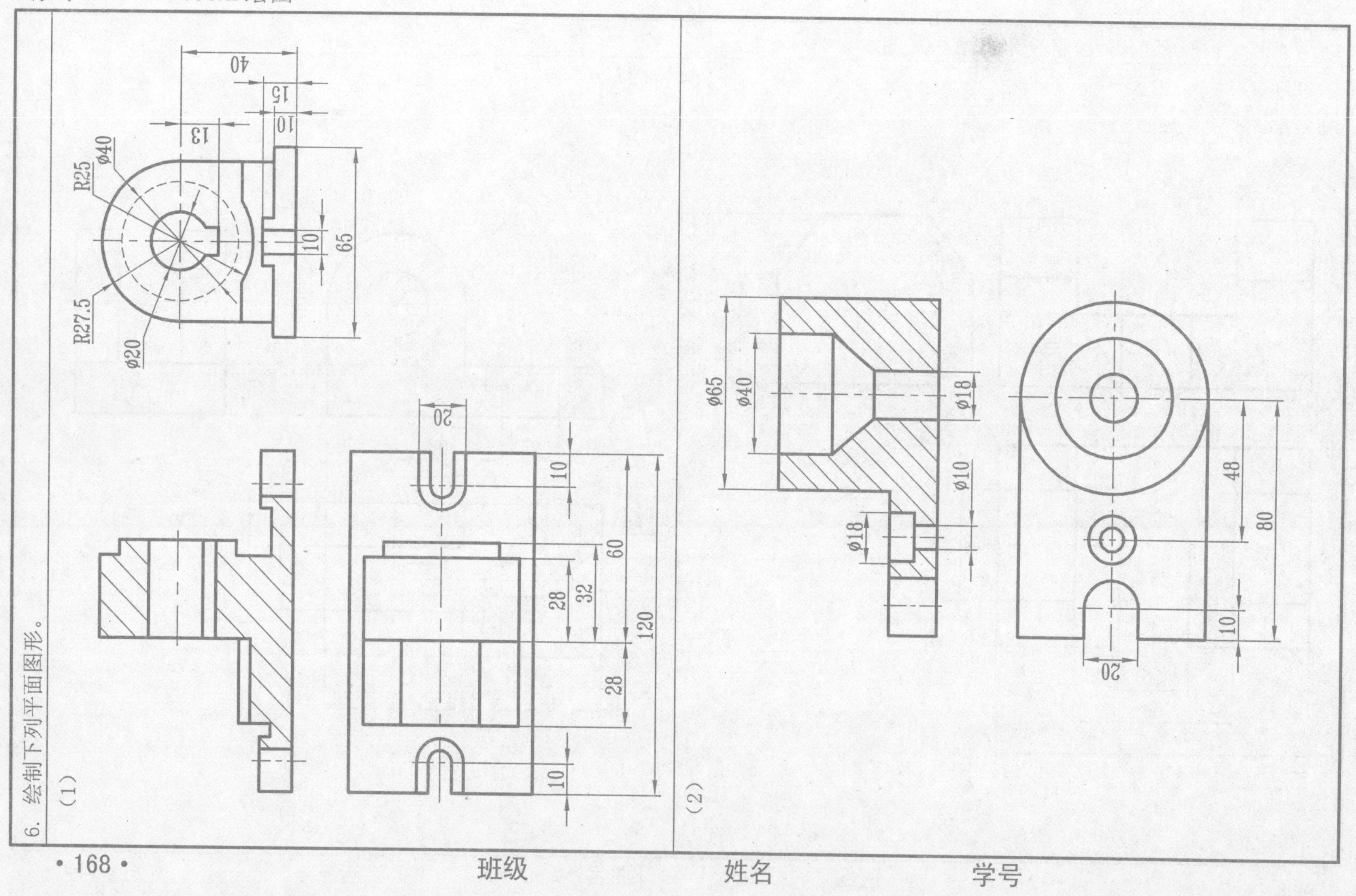
(1)
40
15
10
13
R25
ϕ40
10
65
R27.5
ϕ20
20
10
60
32
28
120
28
10
(2)
ϕ65
ϕ40
ϕ18
ϕ10
ϕ18
48
80
10
20

班级　　　　　姓名　　　　　学号

7. 在A3图幅上抄画泵体的零件图（选择合适比例）。

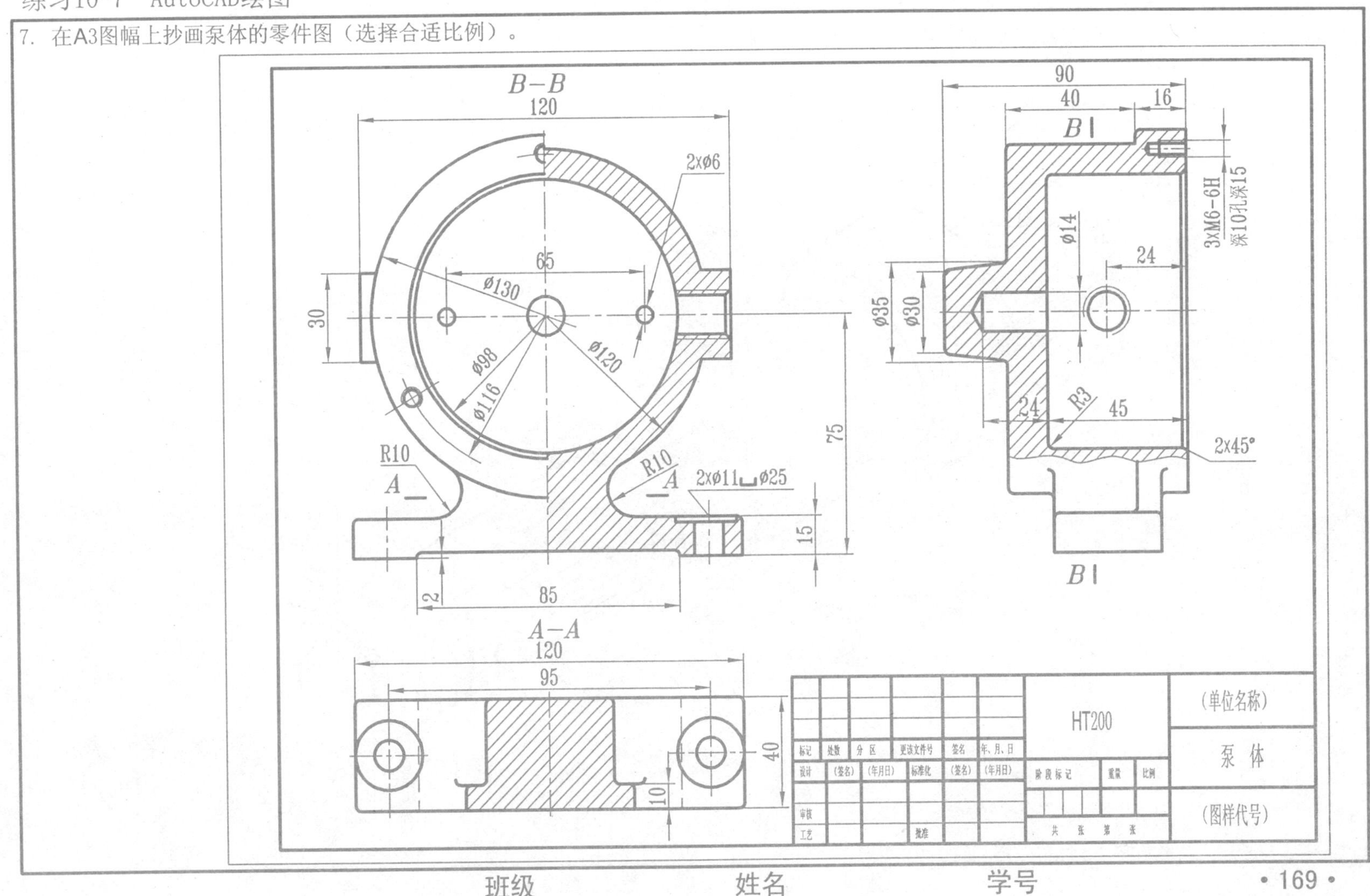
B—B
120
2xϕ6
65
ϕ130
30
ϕ98
ϕ120
ϕ116
R10
A
R10
A
2xϕ11⌴ϕ25
75
15
2
85
90
40
16
B
3xM6-6H
深10孔深15
ϕ14
24
ϕ35
ϕ30
24
R3
45
2x45°
B
A—A
120
95
40
10
HT200
(单位名称)
泵 体
(图样代号)

8. 按所给的轴测图在A3图幅上画出轴的零件图。

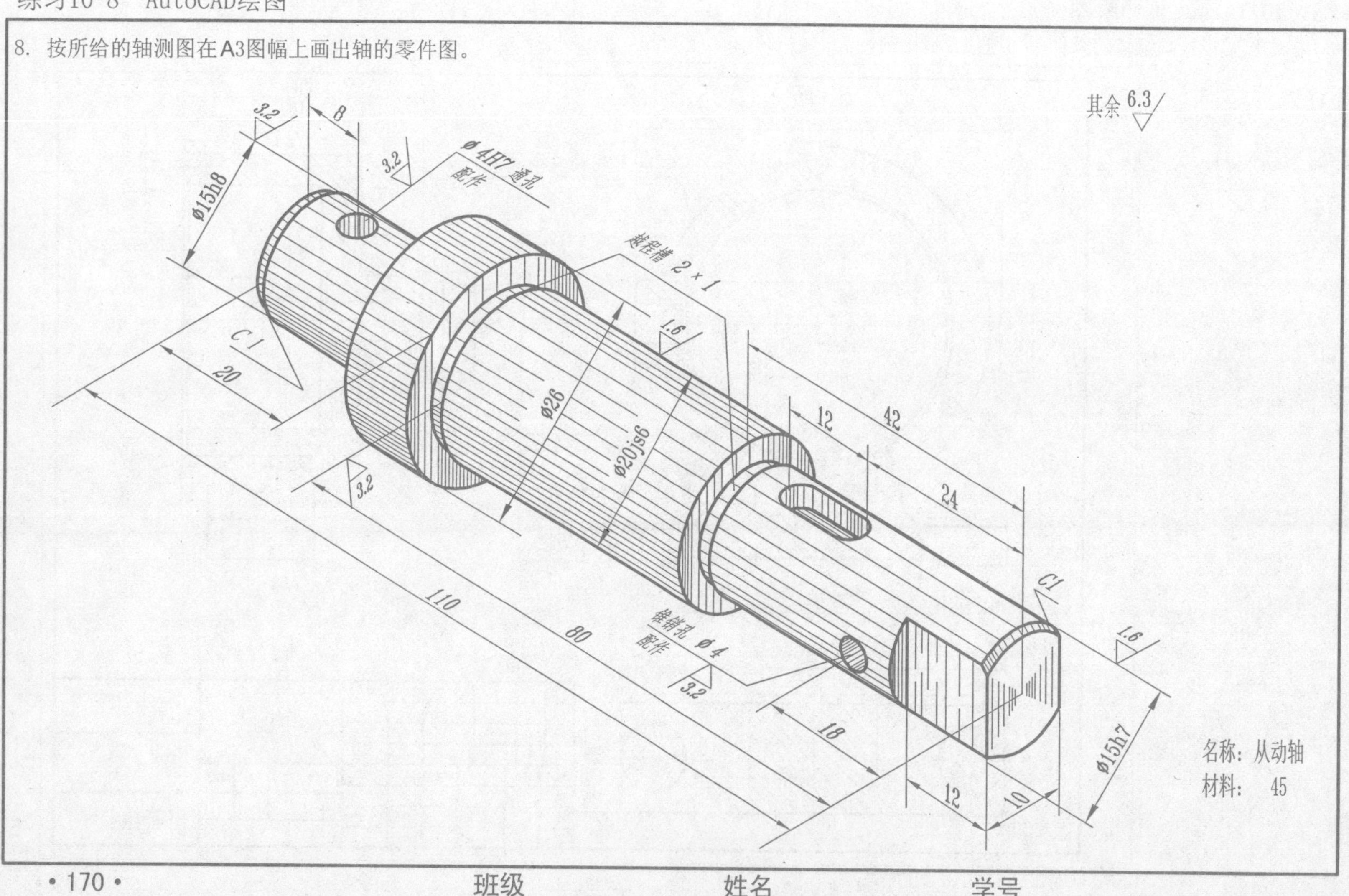
其余 6.3
3.2
8
3.2
ø4H7 通孔
配作
ø15h8
越程槽 2×1
1.6
C1
20
ø26
ø20js6
12
42
3.2
24
110
80
C1
锥销孔 ø4
配作
1.6
3.2
18
ø15h7
12
10
名称：从动轴
材料： 45

 班级 姓名 学号

练习10-9　AutoCAD绘图

9. 在A3图幅上绘制下列装配图。

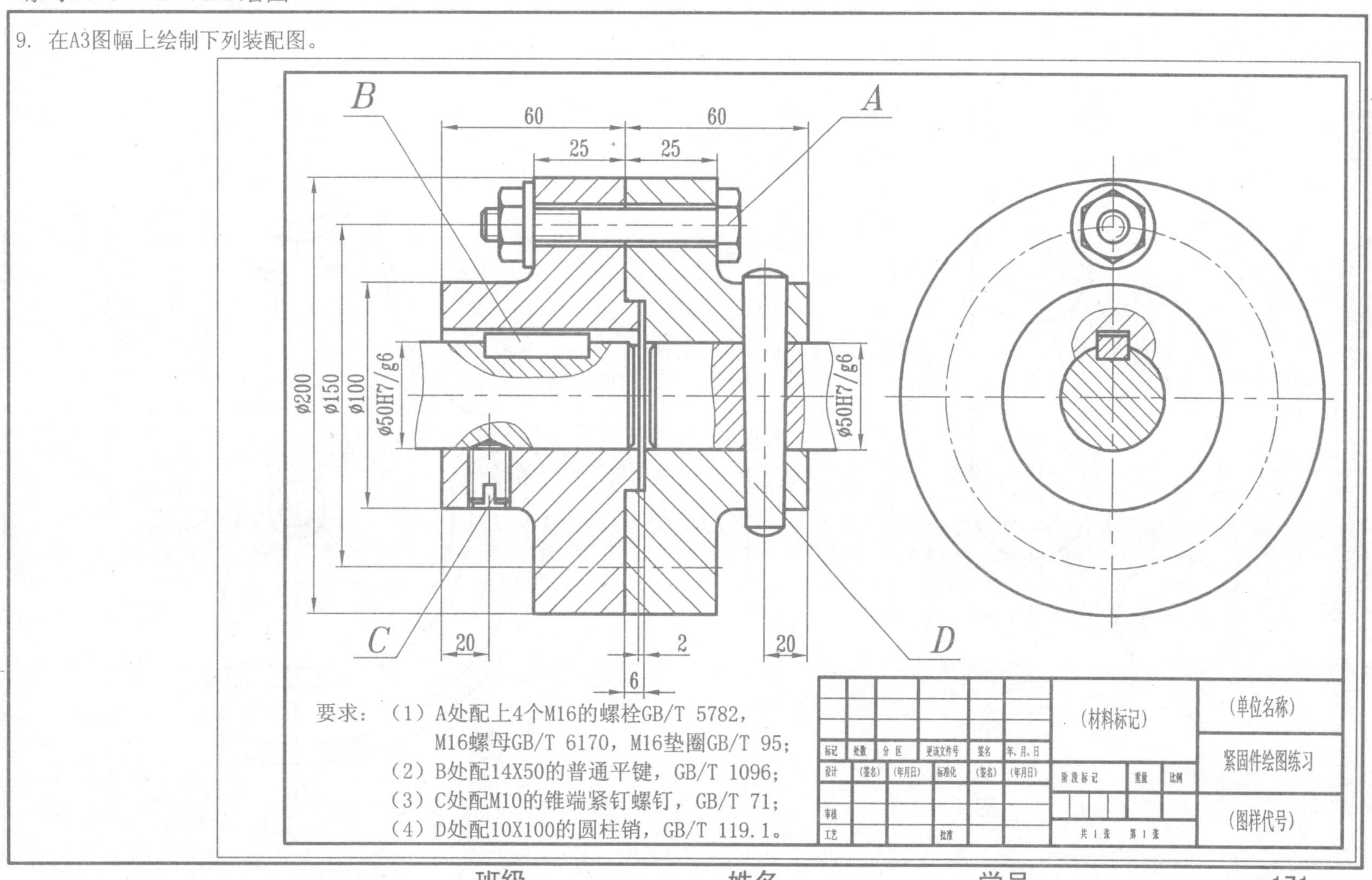

B
A
60
60
25
25
ø200
ø150
ø100
ø50H7/g6
ø50H7/g6
C
D
20
2
20
6
要求：（1）A处配上4个M16的螺栓GB/T 5782，
M16螺母GB/T 6170，M16垫圈GB/T 95；
（2）B处配14X50的普通平键，GB/T 1096；
（3）C处配M10的锥端紧钉螺钉，GB/T 71；
（4）D处配10X100的圆柱销，GB/T 119.1。
(材料标记)
(单位名称)
紧固件绘图练习
(图样代号)
标记
处数
分 区
更改文件号
签名
年、月、日
设计
(签名)
(年月日)
标准化
(签名)
(年月日)
阶 段 标 记
重量
比例
审核
工艺
批准
共 1 张
第 1 张

练习11 SolidWorks绘图

练习11-1 SolidWorks绘图

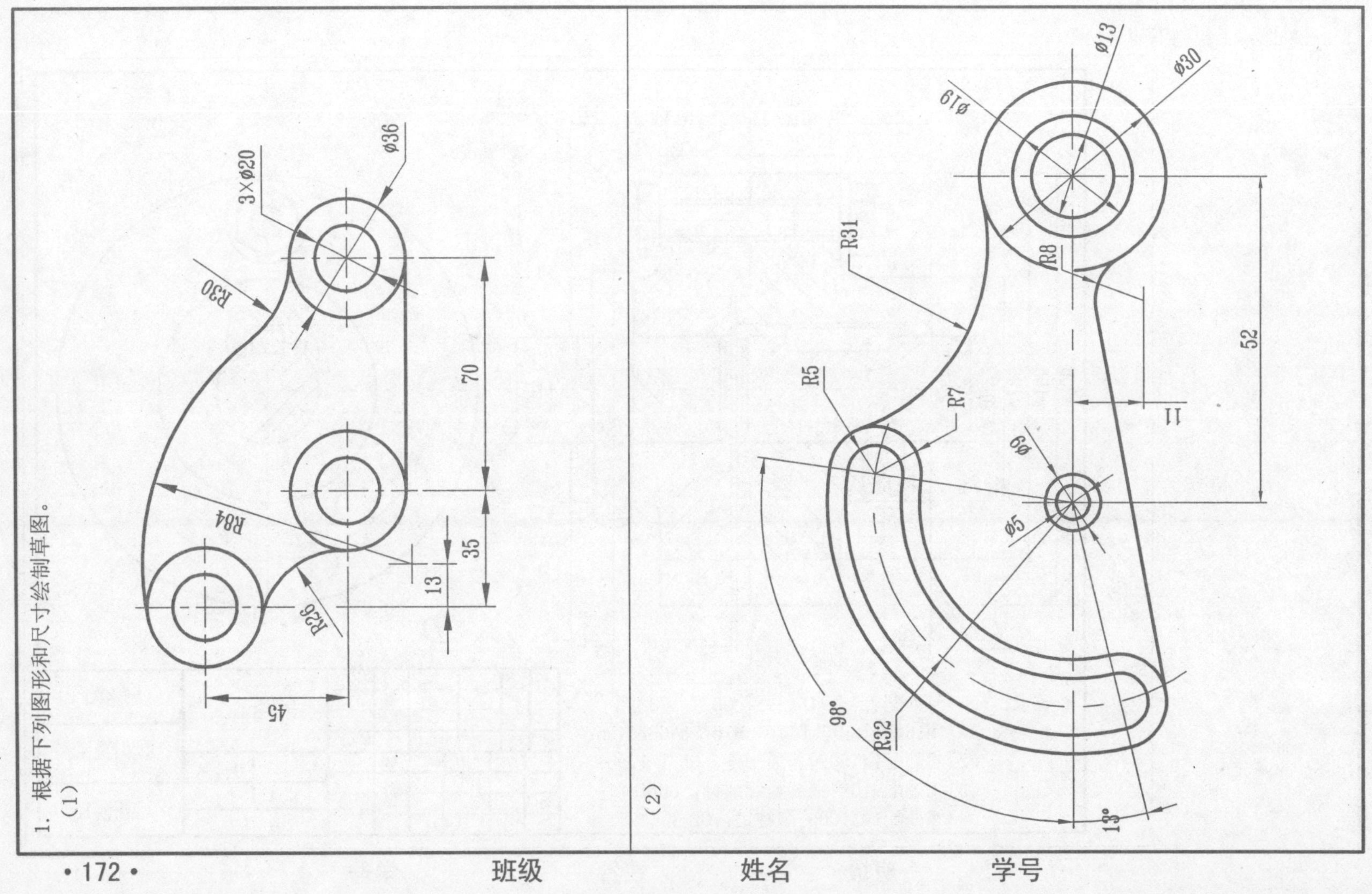

1. 根据下列图形和尺寸绘制草图。
(1)
3×Ø20
Ø36
R30
70
R84
35
13
R26
45
(2)
Ø13
Ø30
Ø19
R31
R8
52
R5
R7
11
Ø9
Ø5
98°
R32
13°

 班级 姓名 学号

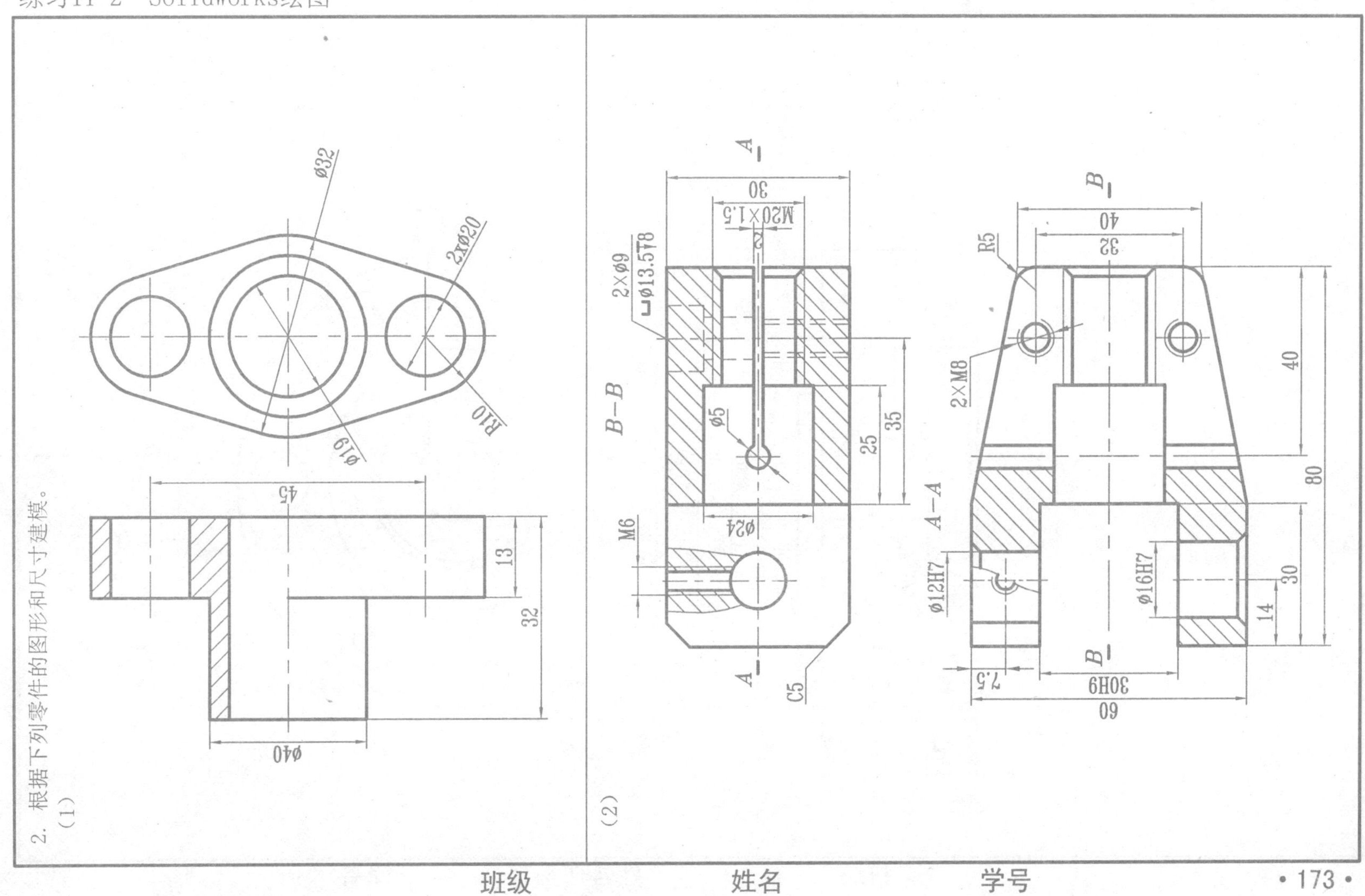

2. 根据下列零件的图形和尺寸建模。
(1)
ø32
2xø20
R10
ø19
45
13
32
ø40
(2)
A
30
M20×1.5
2
2×ø9
⌴ø13.5↧8
B–B
ø5
25
35
ø24
M6
C5
B
40
32
R5
2×M8
40
80
A–A
ø12H7
ø16H7
30
14
7.5
30H9
60

3. 根据零件的图形和尺寸建模。

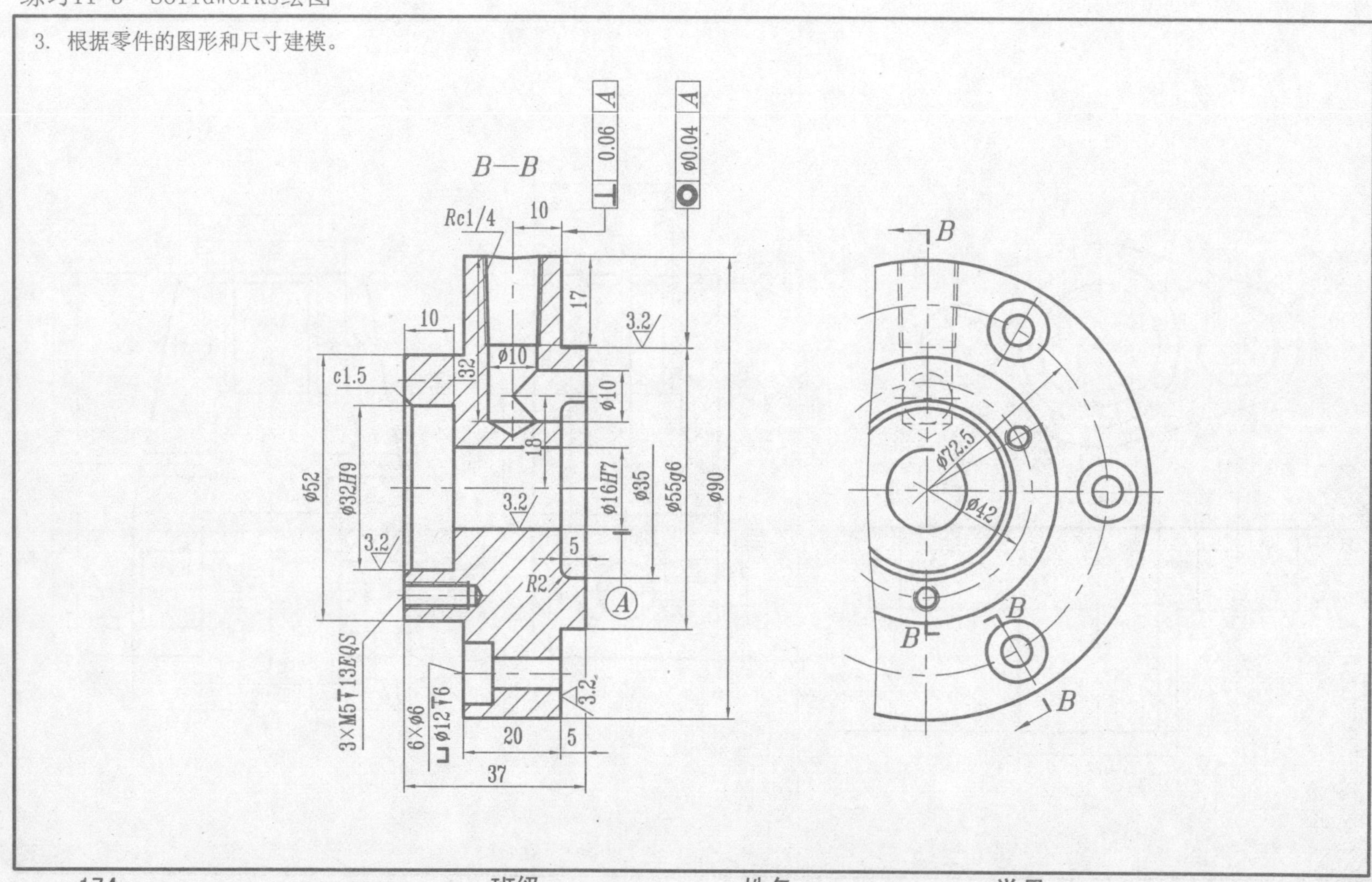
B—B
Rc1/4
10
⊥ 0.06 A
◎ ϕ0.04 A
17
3.2
10
32
ϕ10
c1.5
ϕ10
18
ϕ52
ϕ32H9
3.2
ϕ16H7
ϕ35
ϕ55g6
ϕ90
3.2
5
R2
A
3×M5▼13EQS
6×ϕ6
⌴ϕ12▼6
3.2
20
5
37
B
ϕ72.5
ϕ42
B
B
B

班级　　　　姓名　　　　学号

4. 根据零件的图形和尺寸建模。

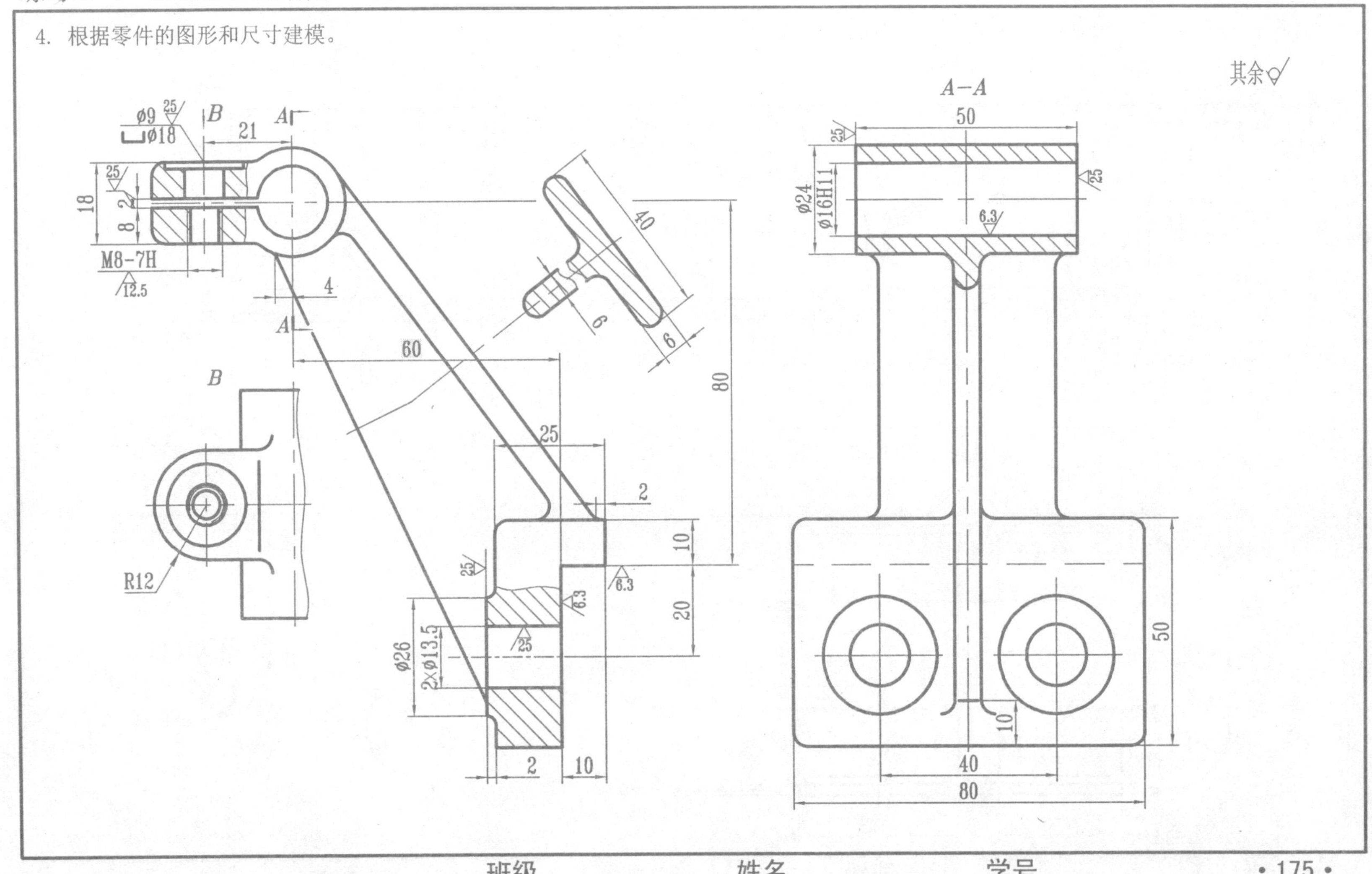
其余
A-A
B
A
21
ø9
ø18
25
18
2
8
M8-7H
12.5
4
60
40
6
6
80
25
2
10
20
6.3
6.3
ø26
2×ø13.5
R12
2
10
50
ø24
ø16H11
50
10
40
80

班级　　姓名　　学号

5. 根据零件的图形和尺寸建模。

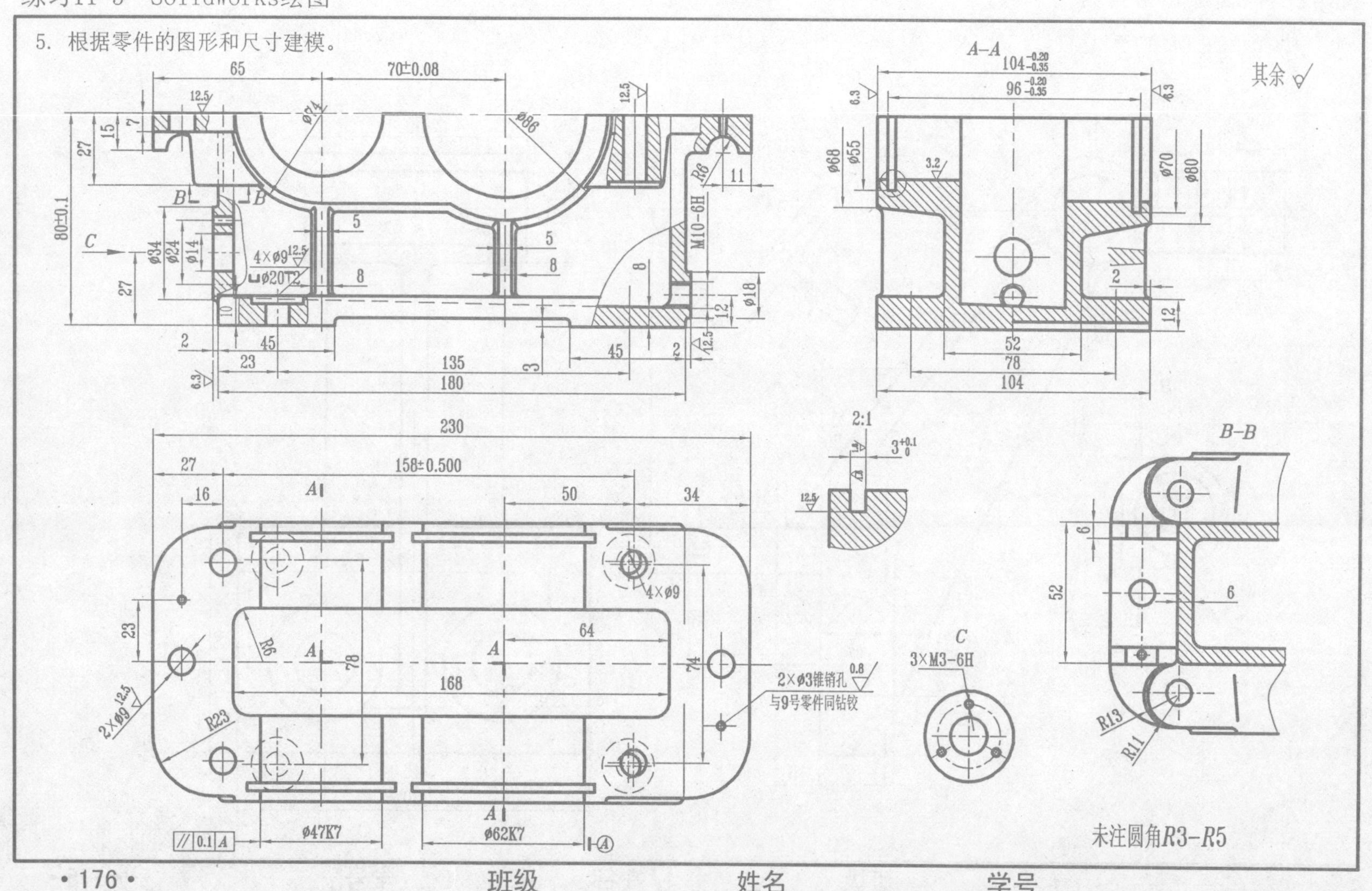
A–A
B–B
C
2:1
其余
3×M3-6H
2×ø3锥销孔
与9号零件同钻铰
未注圆角R3–R5

班级 姓名 学号